dtv
Reihe Hanser

Die Wahrheit, was ist das überhaupt? Damit beginnt das Buch über die Geschichte der Naturwissenschaften. Mit Leichtigkeit beschreibt Eirik Newth die Errungenschaften von Edison, Marie Curie und Einstein und beweist unerhörte Fantasie, wenn es darum geht, Elektrizität oder Quantenphysik zu erklären.

Eirik Newth, 1946 geboren, studierte Astrophysik an der Universität Oslo und lebt dort als freier Autor und Übersetzer. Neben Kindersachbüchern und Schulbüchern verfasst er Studien zur Geographie und Naturwissenschaften. 1996 gründete Eirik Newth das Internet-Forum ›Die Jagd geht weiter‹: http: www.gyldendal.no/jakten/.

Eirik Newth

DIE JAGD NACH DER WAHRHEIT

Die unendliche Geschichte der Welterforschung

Aus dem Norwegischen von
Gabriele Haefs

Deutscher Taschenbuch Verlag

Ungekürzte Ausgabe
In neuer Rechtschreibung
September 2000
Deutscher Taschenbuch Verlag GmbH & Co. KG,
München
www.dtv.de
© 1996 Tiden Norsk Forlag, Oslo
Titel der Originalausgabe:
›Jakten påsannheten‹
© 1998 der deutschsprachigen Ausgabe:
Carl Hanser Verlag, München · Wien
Umschlagbild: © Henriette Sauvant
Gesamtherstellung: Kösel, Kempten (www.KoeselBuch.de)
Gedruckt auf säurefreiem, chlorfrei gebleichtem Papier
Printed in Germany · ISBN 3-423-62032-3

Inhalt

- 7 Das neugierige Tier
- 11 Alles ist Wasser!
- 15 Alles ist Zahl!
- 21 Alles ist Atom!
- 23 Aristoteles
- 29 Praktische Philosophen
- 33 Archimedes
- 36 Die Bibliothek von Alexandria
- 43 Algebra und Alchimisten
- 55 Europa kommt wieder nach vorn
- 63 Die Renaissance
- 68 Die Sonne im Zentrum
- 75 Das Universum außerhalb von uns
- 85 Das Universum in uns
- 90 Die wissenschaftliche Revolution
- 94 Isaac Newton und der endlose Fall
- 105 Die industrielle Revolution
- 113 Die Elektrizität
- 119 Elektrische Erfindungen
- 124 Elektromagnetische Wellen
- 131 Der große Baum des Lebens
- 144 Die Gesundheitsrevolution
- 157 Die Bausteine der Natur
- 169 Die Quantenphysik
- 174 Die Atombombe
- 179 Ein riesiges Universum
- 184 Die Relativitätstheorie
- 194 Der Urknall
- 203 Die große Bibliothek in uns allen
- 213 Das Geheimnis des Lebens
- 221 Woher wir wissen, was wir wissen

- 233 Namen- und Sachregister
- 241 Zeittafel

Das neugierige Tier

Niemand weiß, wann die Neugier auf der Erde aufgetaucht ist. Vielleicht gab es sie schon bei dem Geschöpf, von dem alle auf dem Land lebenden Tiere abstammen, einer Amphibie (einem Tier, das an Land und im Wasser leben kann), das vor fast 350 Millionen Jahren existiert hat. Diese Amphibie hatte ein winzig kleines Gehirn, und da Neugier vom Gehirn abhängt, empfand dieses Tier vermutlich nicht dieselbe Neugier wie wir. Trotzdem kann es durchaus ein prickelndes Gefühl verspürt haben, als es anfing, das feste Land zu erforschen, diese spannende Welt, in der hundert Millionen Jahre lang nur Pflanzen und Insekten gelebt hatten.

Die Neugier hat sich auf jeden Fall früh eingestellt, sie ist schließlich eine nützliche Eigenschaft. Ein neugieriges Tier erforscht seine Umgebung und hat größere Chancen, dort einen sichereren Wohnort, reichere Jagdgründe und einen Partner zu finden, um sich dann zu vermehren. Solche Entdeckungsreisen sind für kleine Tiere gefährlich, denn in der Natur wimmelt es von hungrigen Fleischfressern; aber die Vorteile der Neugier wiegen die Nachteile dennoch auf.

Jeder hat schon mal beobachtet, wie Katzen und Hunde ihre Schnauzen in alles stecken und wie sie jeden Winkel und jede Ecke im Haus, in dem sie wohnen, auskundschaften. Sie müssen einfach immer wieder auf Entdeckungsreisen gehen. Genauso ist das bei den Schimpansen, die enge Verwandte von uns Menschen sind. Wenn ein Schimpanse etwas Neues und Unbekanntes sieht, zum Beispiel ein Zelt, in dem ein Affenforscher sitzt, dann hat er zuerst Angst und bleibt in sicherer Entfernung. Aber nach einer Weile siegt die Neugier. Der Affe kann sich nicht beherrschen, er muss das Zelt berühren, muss daran riechen und nachsehen, ob es etwas Spannendes oder Essbares enthält.

Bei Menschen und Tieren sind die Kinder neugieriger als die Erwachsenen. Das liegt daran, dass wir durch Neugier das Leben am besten erlernen können. Wenn ein Schimpansenjunges lernen soll,

Das neugierige Tier

allein zurechtzukommen, kann seine Mutter ihm nicht alles beibringen. Das Kleine muss so neugierig sein, dass es sich traut, auf Bäume zu klettern, alle möglichen Nahrungsmittel zu probieren und in Erfahrung zu bringen, um welche Tiere es lieber einen Bogen machen sollte.

Menschenkinder experimentieren wie Affen, gleichzeitig aber stellen sie auch immer wieder bohrende Fragen. Mit vier oder fünf Jahren beginnt das „Fragealter". Sobald ein Erwachsener in der Nähe ist, werden die seltsamsten Fragen gestellt, zum Beispiel, warum das Telefon klingelt und was es vor dem Universum gegeben hat. Dieses Fragealter ist eine der wichtigsten Phasen im Leben. Durch Fragen und Antworten legen Kinder sich das Wissen zu, das sie brauchen, um als Erwachsene zurechtzukommen.

Es gibt noch einen weiteren wichtigen Unterschied zwischen der Neugier von Affen und der von Menschen. Anders als die Schimpansen fügen wir Menschen gern Wissensbrocken zu einem Ganzen zusammen, ungefähr so wie bei einem Puzzlespiel. Wir möchten Zusammenhänge finden, begreifen, warum etwas passiert. Diesen seltsamen Drang verspüren wir vermutlich seit mindestens hunderttausend, vielleicht auch dreihunderttausend Jahren, so lange, wie wir unser großes Gehirn haben.

Altmesopotamischer Stein aus dem 12. Jhd. Der kassitische König Melischipak II. führt seine Tochter einem Gott zu. Darüber die Symbole von Sonne, Mond und Sternen als Zeichen für den göttlichen Wohnort im Himmel.

Manches lässt sich leicht erklären. Dass es ohne Wolken keinen Regen geben kann und dass im Sommer die Tage lang sind, konnten auch die Menschen der Urzeit ohne Probleme verstehen. Aber in der Natur gibt es auch viele schwer erklärbare Phänomene. Alltägliche Dinge wie Sonne und Sterne, Blitz und Donner – und neugeborene Kinder – waren große Rätsel. Die Menschen suchten Antworten auf ihre Fragen, aber ihnen fehlten die Hilfsmittel, die wir heute haben. Zum Beispiel ist es von großem Nutzen, schreiben zu können, wenn wir etwas Überraschendes beobachtet haben und uns dazu unsere Gedanken machen, aber die Schrift wurde erst vor 5500 Jahren erfunden. Vorher verflog alles Wissen, das nicht weitererzählt wurde.

Deshalb kann man auch gut verstehen, dass die Menschen glaubten, Gottheiten steckten hinter allem, was sie nicht erklären konnten. Eine Gottheit ist

Das neugierige Tier

ein Wesen, das viel größere Macht über die Natur besitzt als die Menschen. Die Gottheiten waren oft unsichtbar, sie konnten aber auch Menschen- oder Tiergestalt annehmen. Sie konnten die Menschen bestrafen, sie konnten sie für gutes Benehmen belohnen. Es war wichtig, die Gottheiten milde zu stimmen, und die Menschen beteten sie an und brachten ihnen Opfer, um sich reiche Ernten, gutes Wetter und viele Kinder zu sichern.

Der Sternenhimmel war für Menschen, die an Götter glaubten, besonders wichtig. Während vieles von dem, was in der Natur geschieht, zufällig und unsicher wirkt, vermitteln uns die Sterne ein Gefühl von Sicherheit. Die Sterne wandern auf festen Bahnen über den Himmel, ihr Aussehen ändert sich nicht im Lauf eines Menschenlebens, sie gehen zu festen Zeiten auf und wieder unter. In alten Bauerngesellschaften fanden auch wichtige Ereignisse wie Saat, Ernte und die Geburt der Lämmer immer in derselben Jahreszeit statt.

Da immer dieselben Sterne zu sehen waren, wenn im Herbst das Getreide eingebracht wurde, glaubten die Menschen, die Sterne hätten das Reifen des Korns bewirkt. Die Sterne wurden zu Gottheiten, die das Leben der Menschen lenkten, und die Sterndeuterei wurde deshalb zu einem wichtigen Beruf. Als die Schrift erfunden worden war, wurden darum sehr bald Beobachtungen von Sternen und Planeten notiert. Viele Religionen gehen noch immer davon aus, dass Gott (oder die Gottheiten) oben im Himmel wohnen.

Der Glaube an Götter war für die Menschen von großer Bedeutung, und noch immer ist er vielen wichtig. Aber das Problem dabei ist, dass die Menschen sich dann oft mit den Erklärungen zufrieden geben, die sie in ihrer Religion finden.

Die alten Ägypter hielten zum Beispiel die Sonne für das Auge des Sonnengottes Ra. In Ägypten wurde nicht weiter über die Sonne geforscht, alle wussten schließlich, dass sie Ras Auge ist. Und

Der Sternbilderhimmel, gezeichnet von Franz Niklaus König (1826). Lange dienten die Sternbilder als wichtige Orientierungspunkte, um sich in dem funkelnden Gewimmel am nächtlichen Himmel zurechtzufinden und den Weg der Planeten und des Mondes zu beschreiben. Bereits die Babylonier ordneten den kosmischen Raum um den Himmelsäquator in zwölf Tierkreisbilder, die von Fixsternen und Fixsterngruppen bestimmt wurden.

Das neugierige Tier

Gott schleudert Blitze vom Himmel auf die Erde. Die Wahrheit über die Naturphänomene konnte sich nur schwer gegen herrschende religiöse Vorstellungen durchsetzen.

da in der Bibel steht, Gott habe die Welt innerhalb von sechs Tagen erschaffen, fanden es viele Christen überflüssig, sich für die Entstehung der Erde und des Lebens auf unserem Planeten zu interessieren. Auf diese Weise haben Religionen die Neugier der Menschen stark eingeschränkt. Oft wurden Menschen, die nicht an die Götter glaubten, bestraft, und deshalb behielten sie ihre Gedanken lieber für sich.

So ist es auch kein Wunder, dass die Menschen mehrere hunderttausend Jahre auf der Erde gelebt hatten, ehe sie entdeckten, dass sie auch auf andere Weise denken konnten. Diese wichtige Entdeckung wurde vor gut 2500 Jahren in einem kleinen Land namens Griechenland gemacht.

Alles ist Wasser!

Wenn man etwas verstehen will, muss man mit einer Frage anfangen. Die Frage braucht nicht besonders gescheit zu sein. Vieles von dem, was wir heute wissen, haben wir gelernt, weil Menschen vor langer Zeit Fragen gestellt haben, die anderen dumm vorkamen. Das hat sich zahllose Male wiederholt, seitdem es auf der Erde neugierige Menschen gibt. Bei der Jagd nach der Wahrheit sind alle Fragen erlaubt, ob sie nun schwieriger sind („Was war vor dem Universum?") oder einfacher („Warum haben die Marienkäfer Pünktchen?").

Ab und zu müssen wir auch unsere Forschungen hinterfragen. Eine solche Frage ist: „Was ist Wahrheit?"

Das ist eine einfache Frage. Mit der Antwort sieht es da schon ganz anders aus. Die Forscher sagen gern, in der Natur sei Wahrheit das, was wir mit unseren Sinnen beobachten können, also das, was sich sehen, hören, fühlen, riechen und schmecken lässt. Wenn jemand ein rotes Auto sieht, sagt er die Wahrheit, indem er erklärt, es sei rot. Aber viele Menschen sind farbenblind und sehen keinen Unterschied zwischen Rot und Grün. Wenn also ein Farbenblinder ein rotes Auto als grün bezeichnet, lügt er deshalb trotzdem nicht. Für ihn ist es die Wahrheit, dass Rot und Grün dasselbe sind – für jemand anderen nicht.

Ähnlich geht es auch mit unseren anderen Sinnen: Gehör, Geruchssinn, Tastsinn der Haut. Alle Sinne funktionieren so, dass die Menschen die Wirklichkeit auf ihre eigene Weise erleben. Dieses Buch erzählt von vielen unterschiedlichen Ansichten, was die Wahrheit über die Natur ist, und es zeigt sich, dass es auf die Frage nach der Wahrheit keine abschließende Antwort gibt. Vielleicht werden wir niemals eine solche Antwort finden.

Das Problem mit der Wahrheit oder Unwahrheit gilt auch für das, was hier steht. Die Geschichte der Jagd nach der Wahrheit handelt davon, was die Menschen gedacht haben. Es ist für uns schwer zu verstehen, was in den Köpfen unserer Bekannten vor sich

Alles ist Wasser!

geht. Selbst bei nächsten Angehörigen ist es schwierig. Wie schwer ist es da erst, die Gedanken von Leuten zu verstehen, die vor mehreren Jahrtausenden in einem fremden Land gelebt haben.

So ein Fall ist Thales, der als der erste Forscher gilt. Er wurde um das Jahr 625 v. Chr. in der griechischen Stadt Milet geboren. Er soll ein berühmter Kaufmann und Politiker und außerdem ein fähiger Astronom und Mathematiker gewesen sein. Er sagte für das Jahr 585 v. Chr. eine Sonnenfinsternis voraus, und er riet den Seeleuten, sich am Sternbild des Kleinen Bären zu orientieren, das immer nach Norden weist und das auf hoher See als eine Art „Himmelskompass" dienen kann. Thales hat noch viele andere wichtige Entdeckungen gemacht und gilt als einer der klügsten Griechen aller Zeiten.

Ihm werden viel mehr großartige Leistungen zugeschrieben, als ein einzelner Mensch überhaupt erbringen kann. Alles jedoch, was wir über ihn wissen, ist erst lange nach seinem Tod aufgeschrieben worden. Die Forscher wissen in Bezug auf Thales nur eins ganz sicher: Er hat die Antwort auf die Frage „Woraus ist alles in der Natur gemacht?" gesucht.

Jeder weiß heute, dass die Erde und alles, was es darauf gibt, aus Stein, Metall, Erde, Wasser und Luft besteht und Menschen und Tiere aus Fleisch, Fett und Knochen. Das wusste Thales natürlich auch. Was er wissen wollte, war, ob alles, was wir sehen, wirklich aus einem einzigen Stoff besteht, der sich auf unterschiedliche Weise verhält. Und Thales fand eine Antwort: Alles ist Wasser!

Thales glaubte, dass Menschen, Tiere, Pflanzen und alles, was es in der Natur sonst noch gibt, aus Wasser besteht und dass die Erde eine flache Scheibe ist, die in einem riesigen Meer schwimmt. Er glaubte außerdem, dass es vor langer Zeit nur Wasser gegeben hat, aus dem dann alles andere entstanden ist. Deshalb hat er das Wasser als „Urstoff" bezeichnet.

Es ist schon seltsam, dass Thales sich für das fließende, durchsichtige Wasser entschieden hat, das so wenig Ähnlichkeit mit Gegenständen wie Steinen oder Bäumen hat. Aber die Stadt Milet, in der Thales lebte, liegt am Mittelmeer, in warmem, trockenem Klima. Die meisten Menschen ernährten sich von der Landwirtschaft und vom Fischfang, für sie war das Wasser deshalb lebenswichtig. Thales war auch viel gereist, und er wusste, dass die größten Reiche seiner Zeit, Babylon und Ägypten, an großen Strömen lagen. Ohne Wasser können die Menschen sich nirgendwo ansiedeln, und ohne Wasser stirbt jegliches Leben. Das war einer der Gründe, weshalb Thales das Wasser für einzigartig hielt.

Eine andere Besonderheit des Wassers ist, dass es in drei unter-

Alles ist Wasser!

schiedlichen Formen auftritt. Diese Formen kann man in der Küche sehen. Aus dem Wasserhahn kommt Wasser in flüssiger Form. Im Kühlschrank ist es als Eis vorhanden, also in fester Form. Und wenn man einen Topf Wasser zum Kochen bringt, dann bilden sich graue Wolken aus Wasserdampf.

Alles, was wir in der Natur sehen, tritt entweder in fester Form, als Flüssigkeit oder als Gas auf. Thales kannte nur einen Stoff, den es in allen drei Formen gibt und der sich aus einer Form in eine andere verwandeln kann: Wasser. Deshalb hielt er auch so unterschiedliche Dinge wie Bäume und Milch und Wolken nur für unterschiedliche Erscheinungsformen von Wasser.

Thales hatte eine gute Frage gestellt, spätere Forscher erkannten seine Antwort jedoch als falsch. Und dennoch: Das Wichtige an Thales ist, dass er wie ein Forscher dachte. Er hatte begriffen, dass hinter vielen komplizierten Erscheinungen in der Natur eine einfache Ursache stecken kann. Thales hatte außerdem begriffen, dass Religion unsere Fragen nach der Natur nicht beantwortet. Die Antworten liegen in der Natur selbst. Wie wir sie finden, das ist unsere Sache.

Thales behielt seine Überlegungen nicht für sich: Er fing an zu unterrichten, und nach und nach hatte er viele Schüler. Diese Schüler stellten ihrerseits Fragen, und einige gelangten zu anderen Antworten als ihr Lehrer. Zum Beispiel glaubte sein Schüler Anaximenes, alles bestehe aus Luft. Solche Meinungsverschiedenheiten waren auch etwas Neues.

Eine Religion fordert in der Regel, dass alle einer Meinung sind. Wenn jemand ein Christ sein möchte, muss er allem zustimmen, was Jesus gesagt hat. Er muss auch hinnehmen, was in der Bibel steht, obwohl ihm manches davon seltsam oder falsch vorkommt.

Wenn jemand wie ein Forscher denken will, liegt der Fall anders. Dann muss er alle möglichen Fragen stellen und seine eigenen Antworten finden. Er darf nichts nur deshalb für die Wahrheit halten, weil irgendwer es behauptet hat.

Als Thales dieses neue Denken erfunden hatte, war damit auch ein neuer Beruf entwickelt: Philosoph. Dieses griechische Wort bezeichnet jemanden, der „das Wissen liebt". Es ist die Aufgabe der Philosophen, die Natur und die Menschen zu studieren, zu diskutieren und Bücher zu schreiben.

Einige Jahrhunderte nach dem Tod des Thales hatten sich die Philosophen spezialisiert. Die einen interessierten sich für die Natur, sie wurden „Naturphilosophen" oder „Wissenschaftler" genannt. Anderen ging es mehr um die Frage, wie die Menschen denken und leben. Heutzutage nennt man nur noch diese Leute

„Philosoph". Wenn dieses Buch von der Jagd nach der Wahrheit handelt, sind hier nur die Naturphilosophen gemeint.

Es war kein Zufall, dass die ersten Philosophen aus Griechenland stammten. Die alten Griechen waren tüchtige Kaufleute, kühne Seefahrer und Entdecker. Zur Zeit des Thales hatten sie rund um das Mittelmeer Kolonien gegründet. Die Griechen beschlossen auch als Erste, dass das Volk entscheiden sollte, wer regiert. Noch immer wird ein solches System mit dem griechischen Wort für „Volksregierung" als „Demokratie" bezeichnet.

In Griechenland fanden neue Gedanken leichter Gehör als anderswo. Das galt nicht nur für Philosophen, sondern auch für Schriftsteller, Dichter und Bildhauer. Da unsere moderne Gesellschaft weiterhin von den Gedanken der alten Griechen beeinflusst ist, nennen wir Griechenland auch „die Wiege unserer Kultur".

Alles ist Zahl!

Warum ist Mathematik so schwierig, und wozu müssen wir uns überhaupt mit ihr herumschlagen? Die Antwort auf die erste Frage ist einfach: Es haben so viele Menschen Schwierigkeiten mit Mathematik, weil unser Gehirn nicht zum Rechnen angelegt ist. Früher lebten die Menschen in einer Natur, in der Zahlen keine Rolle spielten und wo es darum ging, von einem Tag auf den andern zu überleben. Unser Körper hat sich seit damals nicht sehr verändert, und deshalb haben wir ein Gehirn, mit dem wir leichter im Dickicht einen Säbelzahntiger entdecken als zwei und zwei zusammenzählen können.

Dieser Mangel lässt sich leicht beweisen, zum Beispiel indem man die Augen schließt und versucht, sich fünf Gegenstände vorzustellen, Flaschen zum Beispiel, die auf einem Tisch stehen. Es gilt, fünf Flaschen deutlich vor sich zu sehen. Und dann soll das Gehirn noch eine weitere Flasche auf den Tisch stellen. Es fällt ungemein schwer, sie zu sehen. Beim Versuch, eine siebte Flasche hinzuzufügen, ist es fast unmöglich, alle Flaschen zu sehen, ohne sie der Reihe nach durchzuzählen. Nur sehr wenige Menschen können acht oder neun Flaschen gleichzeitig sehen.

So ist es auch kein Wunder, dass manche Völker Wörter für Zahlen nicht kennen. Sie haben nur ein Wort für „ein Ding" und eins für „viele Dinge", aber keines für „zwei", „drei" oder „vier".

Und doch findet unsere Gesellschaft, wir sollten uns über Mathematikbüchern unser Höhlenmenschengehirn zermartern. Warum? Auf diese Frage gibt es zwei Antworten. Die eine wird gern von Lehrern und Eltern gepredigt, aber ich wiederhole sie trotzdem noch einmal: Wer im Leben zurechtkommen will, muss Ahnung von Zahlen haben.

Denken wir nur mal ans Geld. Um mit Geld umzugehen, muss man über Zahlen Bescheid wissen. Ein Taschenrechner ist gut und schön, aber man muss auch feststellen können, ob man vielleicht beim Zahlentippen die falschen Tasten gedrückt hat.

ALLES IST ZAHL!

Es lohnt sich also, rechnen zu können. Und das war einer der Gründe, weswegen vor über 5000 Jahren die Mathematik erfunden worden ist, und zwar von den Sumerern, die im Gebiet zwischen den großen Strömen Euphrat und Tigris die ersten großen Städte bauten.

Die Sumerer stellten fest, dass das Leben in großen Städten ganz besondere Probleme mit sich bringt. Lebensmittel müssen zentral bevorratet, verwaltet und verteilt werden. Die Behörden müssen dafür sorgen, dass tausende von Menschen Steuern und Zollgebühren bezahlen. Sie sind für den Bau von Kanälen und Straßen, Häusern, Tempeln und Palästen zuständig. Zu allem sind wesentlich mehr Arbeiter und viel mehr Baumaterialien nötig, als auf dem Dorf je gebraucht worden waren. Gleichzeitig fingen viele Menschen an, vom Handel zu leben. Sie brauchten eine Übersicht über das, was sie kauften und verkauften.

Eine frühe sumerische Bilderschrift (um 2800 v. Chr.), die in Iamdat Nasr im Irak gefunden wurde. Die Symbole und Bilder wurden dabei in den Lehm eingedrückt.

Solche Probleme konnten gelöst werden, als die Sumerer das erste Zahlensystem erfunden und Regeln dafür aufgestellt hatten, wie Zahlen zusammengezählt und voneinander abgezogen, wie sie malgenommen und geteilt werden können. Wenn es zum Beispiel dreihundert Tage dauerte, einen Tempel zu bauen, und tausend Arbeiter pro Tag zwei Schalen Weizen brauchten, dann konnte ein sumerischer Bauherr schnell berechnen, dass er sechshunderttausend Schalen Weizen herbeischaffen musste. Er konnte mithilfe der Rechenkunst also gewissermaßen die Zukunft voraussagen.

Die Sumerer erkannten auch, dass die Bewegungen am Himmel etwas mit Zahlen zu tun hatten. Sie sahen natürlich, dass zur selben Jahreszeit, Jahr für Jahr, am Himmel dieselben Sterne zu sehen sind. Sie entdeckten auch, dass immer 365 Tage vergehen, bis die Sonne im Sommer den höchsten Punkt am Himmel erreicht. Und dass zwischen zwei Vollmonden immer 29 Tage vergehen. Das Seltsamste war jedoch, dass ein besonderer Sternentyp sich im Verhältnis zu den anderen Sternen bewegt. Diese „Wandersterne", die wir heute Planeten nennen, taten das aber auf ebenfalls regelmäßigen Bahnen.

Der Himmel bietet natürlich immer einen spannenden Anblick, doch dass Sterne, Sonne und Mond offenbar auch Tage zählen, muss auf die Sumerer einen tiefen Eindruck gemacht haben. Jedenfalls fingen sie an, die Sterne regelmäßig zu beobachten. Die ersten Astronomen waren aller Wahrscheinlichkeit nach Sumerer.

Vor knapp viertausend Jahren eroberten die Babylonier das sumerische Reich. Sie übernahmen nicht nur das Land der Sumerer,

Alles ist Zahl!

sondern auch deren Schrift und Zahlenkenntnisse. Sie verbesserten die Mathematik und stellten unter anderem genaue Regeln auf, mit denen die Bewegungen von Sonne, Mond, Sternen und Planeten berechnet werden konnten. Diese mathematischen Regeln ermöglichten es auch, das zukünftige Aussehen des Himmels vorherzusagen.

Dieses Wissen muss auf die Menschen damals wie pure Zauberei gewirkt haben. Und das war auch der Sinn der Sache, denn die Babylonier glaubten, dass die Ereignisse am Sternenhimmel das Geschehen auf der Erde beeinflussten. Die babylonischen Astronomen waren im Grunde so etwas wie Priester, die versuchten, die Zukunft der Menschen zu berechnen. Diese alte Sternenreligion lebt bis heute unter dem Namen Astrologie weiter, eine Art Weissagung, die mithilfe der babylonischen Sternenmathematik getroffen wird.

Die Babylonier schrieben mit Holzstäbchen auf Tontafeln. Von diesen Tafeln sind mehrere hunderttausend erhalten, die meisten enthalten Listen über Warenbestände, Rechnungen und astronomische Tabellen. Das sagt uns, wie wichtig Rechnen (und Geld) im babylonischen Alltag gewesen sein muss.

In Babylon wurde auch die Geometrie erfunden, eine Form der Mathematik, die sich mit Figuren wie Dreiecken, Kreisen, Vierecken und mit Linien befasst. Das Wort „Geometrie" bedeutet „Erdvermessung". Die Nachbarn der Babylonier, die Ägypter, hatten ein besonderes Problem, an dem wir begreifen, wie die Geometrie angewandt werden konnte.

Die Ägypter waren (und sind) abhängig vom Nil, der jedes Jahr über seine Ufer steigt. Der Nil bringt fruchtbaren Schlamm mit sich, der auf den Feldern liegen bleibt, wenn sich das Wasser wieder zurückzieht. Das Problem war, dass der Nil auch Zäune und Steine mitreißen konnte, die die Grenzen eines Grundbesitzes anzeigten. Und dann brauchten die Bauern Hilfe von Menschen, die die Grenzen zwischen den Äckern neu vermessen konnten. Das war möglich mithilfe der Geometrie – der Erdvermessung.

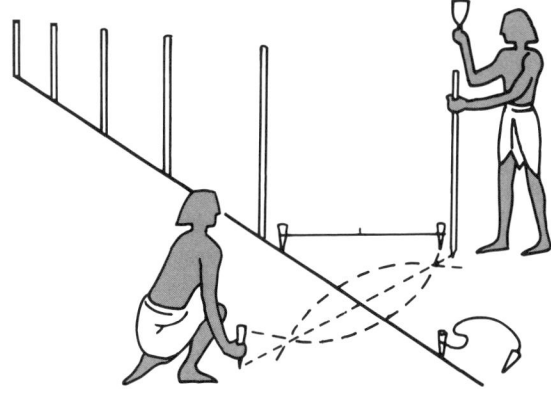

Ägyptische Landmesser erzeugten einen rechten Winkel, indem sie von zwei Punkten auf einer Geraden mit gleichem Radius Kreisbögen zogen und deren Schnittpunkte durch eine gerade Linie verbanden.

Als die Griechen anfingen, sich für die Natur zu interessieren, war die Mathematik schon im ganzen Mittleren Osten verbreitet.

Alles ist Zahl!

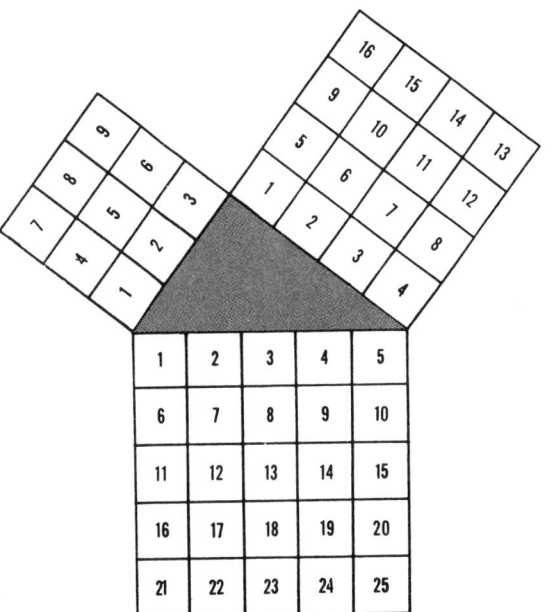

Die Griechen bildeten sich gern ein, alles selber erfunden zu haben, und deshalb bezeichneten sie Thales als den ersten wirklichen Mathematiker.

Wir dagegen wissen, dass sich nur wenige griechische Philosophen mit den Babyloniern messen konnten. Einer von diesen wenigen war Pythagoras. Er wurde um 570 v. Chr. auf der Insel Samos geboren und war möglicherweise ein Schüler des Thales. Pythagoras ist vor allem durch zwei Entdeckungen berühmt geworden, von denen die eine nicht einmal von ihm stammt, nämlich der berühmte Satz des Pythagoras, der in der Geometrie wichtig ist.

Dieser Satz bezieht sich auf die Längen der Seiten eines Dreiecks. Er gilt für eine bestimmte Art von Dreieck, bei der zwei Seiten im rechten Winkel zusammentreffen. Einen rechten Winkel erhält man, wenn man einen Faden mit einem Lot nach unten hängen lässt. Der Winkel zwischen dem Faden und dem Boden ist ein rechter. Auch die Ecken dieser Buchseite sind rechte Winkel.

Bei einem Dreieck mit einem rechten Winkel kann man die Länge der längeren Seite berechnen, wenn man die der beiden kürzeren Seiten kennt. Am einfachsten lässt sich das in einer mathematischen Formel ausdrücken. Wenn die beiden kurzen Seiten a und b und die längere c genannt werden, dann lautet die Formel:

$c \times c = a \times a + b \times b.$

Jeder Mensch kann nachprüfen, ob die Formel stimmt, indem er einfach die vorliegende Buchseite ausmisst. Dazu nimmt man eine Linie an, die aus der Ecke oben rechts in die Ecke unten links führt. Diese Linie teilt die Seite in zwei Dreiecke, von denen jedes einen rechten Winkel aufweist (eine Ecke der Seite). Jetzt kann man mit einem Lineal die Länge der Querlinie ausmessen. Und das Ergebnis mit sich selber malnehmen. Danach misst man Höhe und Breite der Buchseite aus. Diese beiden Zahlen mit sich selber malgenommen und dann addiert beweisen, dass die Länge der Querlinie mit sich selber multipliziert so groß ist wie die Summe von Höhe und Breite mit sich selber multipliziert.

Eigentlich hatten die Ägypter den Satz des Pythagoras entdeckt,

Bereits die Ägypter wussten, dass Dreiecke mit beispielsweise 3, 4 und 5 Längeneinheiten gegenüber der längsten Seite einen rechten Winkel haben. Aber erst der Grieche Pythagoras erkannte, dass das Quadrat der längsten Seite gleich der Summe der Quadrate der beiden anderen Seiten ist.

als sie beim Pyramidenbau Dreiecke berechnen mussten. Später wurden mit diesem Satz die Höhe von Bergen und die Entfernung zu den Sternen berechnet (vgl. S. 182).

Die zweite Entdeckung dagegen stammt vermutlich wirklich von Pythagoras. Wenn die Saiten einer Harfe eine bestimmte Länge haben, dann werden die Töne jeder Saite klar und rein. Die Länge einer Saite lässt sich als Zahl schreiben, und Pythagoras glaubte, dass hinter dem schönen Klang Zahlen steckten. Deshalb stellte er für Musik mathematische Regeln auf.

Da Pythagoras in Babylon studiert hatte, wusste er auch, wie dort die Bewegungen von Sternen und Planeten berechnet wurden. Dass zwei dermaßen unterschiedliche Dinge wie die Musik und der Sternenhimmel mathematischen Regeln zu folgen schienen, brachte Pythagoras zu der Annahme, dass hinter allem in der Natur Zahlen stecken. Die Zahl war für ihn der „Urstoff", so wie es für Thales das Wasser gewesen war.

Aber Pythagoras ging viel weiter als Thales. Er gründete eine neue Religion, in der die Zahlen Gottheiten waren. Diese Religion fand viele Anhänger. Solche „Pythagoreer" gab es noch Jahrhunderte nach dem Tod des Meisters, und sie hielten ihren Glauben so geheim, dass jemand, der laut darüber sprach, zum Tode verurteilt werden konnte.

Obwohl uns die Vorstellungen des Pythagoras heute seltsam vorkommen, hat er doch etwas Wichtiges herausgefunden. Und jetzt kommen wir zu dem zweiten Grund, weshalb es wichtig ist, Mathematik zu lernen: Vieles von dem, was in der Natur geschieht, folgt tatsächlich mathematischen Gesetzen. Wenn auch nicht alles Zahl ist, so lässt sich doch fast alles mit Zahlen beschreiben. Es ist nicht leicht, die Ereignisse in der Natur zu verstehen, wenn man keine Ahnung von Mathematik hat.

Das wussten die griechischen Philosophen, und es war einer der Gründe, warum sie sich jahrhundertelang von der Mathematik faszinieren ließen. Zu Lebzeiten des Pythagoras war die Mathematik oft noch chaotisch und ungenau. Deshalb wurde eine neue Form von Mathematik mit festen Regeln zur Erforschung der Welt der Zahlen benötigt. Und diese Form wurde um das Jahr 300 v. Chr. entwickelt. Damals schrieb der Mathematiker Euklid sein Buch „Die Elemente". Dieses Buch enthielt klare Vorschriften für die An-

Der Lehrsatz des Pythagoras verbreitete sich in kürzester Zeit auch in der arabischen Welt. Das Bild zeigt eine arabische Kopie des Beweises, dass der Lehrsatz richtig ist und immer gilt. Dieser Beweis wurde von dem griechischen Mathematiker Euklid erbracht, der im 4. Jhd. v. Chr. in Alexandria lehrte.

wendung der Geometrie und erklärte, wie mathematische Beweise geführt werden können.

Ein mathematischer Beweis soll zeigen, dass mathematische Regeln immer zutreffen. Zum Beispiel der Satz des Pythagoras. Woher sollen wir wissen, ob seine Aussage über Dreiecke immer zutrifft? Es wäre doch denkbar, dass für große Dreiecke andere Regeln gelten als für kleine. Mathematiker, die das Buch des Euklid gelesen hatten, konnten beweisen, dass der Satz des Pythagoras auf alle Dreiecke mit rechtem Winkel zutrifft, egal, wie groß sie sind.

Die Forschungen des Euklid waren so wichtig, dass seine „Elemente" bis in unsere Zeit als mathematisches Lehrbuch benutzt wurden.

Alles ist Atom!

Viele Philosophen glaubten nicht, dass die Natur aus Wasser oder aus Zahlen besteht. Da niemand beweisen konnte, wer Recht hatte, konnte jeder seine eigene Theorie aufstellen. Der Philosoph Empedokles, der um 490 v. Chr. geboren wurde, ging von vier Urstoffen aus: Feuer, Erde, Luft und Wasser. Diese Stoffe nannte er „Elemente".

Der Philosoph Anaxagoras stimmte dem nicht zu. Er glaubte an eine unbegrenzte Menge von Elementen und meinte außerdem, der Mond bestehe aus Erde und die Sonne sei ein glühender Metallklumpen von der Größe der Halbinsel Peloponnes westlich von Athen. Diese beiden Himmelskörper waren für ihn also ein Teil der Welt der Natur, so wie Bäume und Steine. Die meisten Griechen hielten Sonne und Mond aber für mächtige Gottheiten, und viele Menschen waren über Anaxagoras empört. Er wurde ins Gefängnis gesteckt und am Ende aus seiner Heimatstadt Athen vertrieben.

Aber weder Empedokles noch Anaxagoras konnten erklären, woraus die Stoffe oder Elemente denn nun bestanden. Für sie waren die Elemente eine feste Masse. Und das stimmte ja mit dem überein, was wir im Alltag beobachten können. Wenn man einen Klecks Butter zwischen Zeigefinger und Daumen nimmt und dann zudrückt, bleibt die Butter trotzdem glatt. Man kann quetschen, so viel man will, die Butter wird sich nicht klumpig anfühlen. Das gilt auch für feste Stoffe. Wenn man ein Zuckerkorn zerstößt, erhält man ein feines Pulver aus kleineren Zuckerkörnern – Puderzucker. Wenn man ein winziges Puderzuckerkörnchen zerstoßen könnte, dann würde man noch winzigere Puderzuckerkörner erhalten.

Nichts weist darauf hin, dass die Stoffe in der Natur aus winzigen „Bausteinen" zusammengesetzt sind. Aber irgendwo muss doch alles anfangen? Wenn wir uns vorstellen, dass ein Stoff, zum Beispiel Wasser, eine Art Einheitsbrei ist, bedeutet das dann nicht, dass sich das Wasser aus unendlich vielen kleinen Partikeln zusammensetzt?

Alles ist Atom!

Solche Fragen stellte sich der Philosoph Demokrit. Und er kam zu dem Schluss, dass es in der Natur „Bausteine" geben muss. Er stellte sich eine Art winzigster Partikel vor, das Kleinste, was es in der Natur überhaupt gibt und was nicht mehr in kleinere Bestandteile zerlegt werden kann. Deshalb bezeichnete er diese Partikel mit dem griechischen Wort für „unteilbar": Atom. Laut Demokrit schweben die Atompartikel durch den leeren Raum, und alle Veränderungen in der Natur werden durch Atomzusammenstöße hervorgerufen.

Die Atome sind zu klein, als dass man sie mit dem bloßen Auge sehen könnte, und sie sind von unterschiedlicher Form. Deshalb schließen sich manche Atome zu größeren Klumpen zusammen. Fester Stoff besteht aus solchen Atomzusammenballungen, und er löst sich auf, wenn sich die Atome voneinander entfernen. Atome können nicht verschwinden, sie können sich nur zu neuen Formen zusammenschließen.

Demokrit stellte sich vor, dass die Atome vor allem anderen existiert hatten und dass Sonne, Erde und alles andere in der Natur in einem gewaltigen Atomwirbel durch puren Zufall entstanden seien. Die Atome folgten ihren eigenen Gesetzen, und die Götter hatten auf sie keinen Einfluss. Deshalb waren die Götter für die Natur nicht von Bedeutung.

Diese Vorstellung erinnert an moderne Wissenschaft, und noch immer nennen wir die kleinsten „Bausteine" in der Natur Atome. Aber zu Lebzeiten Demokrits ließ sich kaum jemand von seiner Vorstellung überzeugen. Viele Philosophen weigerten sich, etwas zu glauben, was sie nicht sehen konnten. Als viel überzeugender erschienen ihnen die Elemente des Empedokles, denn die bestanden aus Stoffen, die alle kannten.

Dass die Atome im leeren Raum treiben, mochten viele auch nicht glauben. Ein leerer Raum muss doch ein Nichts sein. Aber was ist denn überhaupt nichts? Und kann die Natur wirklich eine Mischung aus nichts und winzigen Partikeln sein? Solche Fragen waren ein wichtiger Grund, weshalb sich Demokrits Atomlehre niemals durchsetzen konnte. Aber sehr wichtig für den Misserfolg war auch, dass der am Ende bedeutendste Naturphilosoph von allen ihr seine Unterstützung verweigerte: Aristoteles.

Aristoteles

Aristoteles gehört zu den wenigen griechischen Philosophen, über die uns recht viel bekannt ist. Das liegt unter anderem daran, dass noch über zweitausend Seiten seiner Schriften erhalten sind. Deshalb wissen wir mit ziemlicher Sicherheit, dass er im Jahr 384 v. Chr. in der Stadt Stagira geboren wurde und dass sein Vater Leibarzt des Königs von Makedonien, einem Königreich in Nordgriechenland, war.

Was Aristoteles als junger Mann gedacht hat, wissen wir nicht, vielleicht weckte der Beruf seines Vaters bei ihm das Interesse an allem, was in der Natur wuchs, kroch und krabbelte. Als Sohn eines reichen Mannes konnte Aristoteles lernen, was er wollte, und deshalb begab er sich mit siebzehn Jahren nach Athen, der wichtigsten Stadt in Griechenland.

Dort gab es die Akademie, eine Art Philosophenschule. Die Akademie war im Jahr 387 v. Chr. von dem Philosophen Platon gegründet worden, der noch immer unterrichtete, als Aristoteles sein Studium aufnahm.

Platon interessierte sich nicht sonderlich für die Natur. Er hielt das, was wir sehen können, nicht für die wahre Wirklichkeit. Er glaubte, dass sich hinter allem in der Natur ein unsichtbarer Plan oder eine Idee dieses Gegenstandes versteckt, und nur diese Idee sei wirklich, nicht das Ding selber. Platon würde sagen, das Buch, das wir in Händen halten, ist nur ein Schatten des wirklichen Buches, einer weit über unsere Welt erhabenen Idee.

Nach Platons Vorstellung sollten sich die Philosophen auf die Ideen konzentrieren, und das war nur durch Denken möglich. Platon fand es sinnlos, die Natur zu studieren. Da sich die Mathematik oft mit Zahlen und Figuren beschäftigt, die nur in der Vorstellung der Menschen existieren, hielt Platon sie für die einzige Wissenschaft, die überhaupt der Mühe wert war.

Platons Gedanken waren nichts Neues. Sein großer Lehrmeister, Sokrates, hielt das Studium der Natur sogar für gleichbedeutend mit einer Geisteskrankheit. Es liegt auf der Hand, dass solche Vorstellungen Naturforscher nicht gerade weiterbringen. Trotzdem gelang Platon etwas, das für alle Forscher von großer Bedeutung war. Seine Gründung der Akademie erwies sich als gute Idee. Denn wenn sich Philosophen aus dem ganzen Land an einem Ort treffen, können sie voneinander lernen und mit anderen Philosophen diskutieren.

An der Akademie wurden mehr als achthundert Jahre lang Philosophen ausgebildet, und noch heute haben alle Forscher Schulen besucht, die Ähnlichkeit mit dieser Akademie haben. Heute heißen solche Schulen zwar Universitäten, aber die dort ausgebildeten Leute werden weiterhin als Akademiker bezeichnet.

Aristoteles freundete sich mit Platon an, aber er war nicht immer derselben Meinung wie sein Lehrer. Er glaubte zum Beispiel, dass das, was wir sehen, wirklich ist, nicht eine bloße Idee. Deshalb glaubte er auch, dass wir aus der Beobachtung der Natur sehr viel lernen können. Aristoteles war der erste griechische Philosoph, der ernsthafte Naturstudien betrieben hat.

Das war keine leichte Aufgabe, denn in der Natur geht es nicht gerade ordentlich zu. Steine, Wolken, Wasser, Tiere und Pflanzen, alles wuselt durcheinander, und nur wenig scheint auf einen Zusammenhang zwischen den verschiedenen Bestandteilen der Natur hinzuweisen.

Für unser Alltagsleben spielt das keine große Rolle. Das menschliche Gehirn hat sich dem Chaos in der Natur angepasst und löst das Problem dadurch, dass alles, was wir sehen, in Gruppen eingeteilt wird. Alles, was einen braunen Stamm und eine grüne Krone hat, landet in der Gruppe „Bäume". Alles, was groß und weiß ist und sich am Himmel bewegt, gilt für uns als Wolke. Alles, was ein Fell, vier Beine und scharfe Zähne hat, wird von uns sehr schnell in die Gruppe „Raubtier" einsortiert. Man braucht nicht über alles nachzudenken, was man sieht, sondern kann es in einer passenden Gruppe unterbringen. Dadurch kann man schneller denken, und das kann sich bezahlt machen, wenn man plötzlich einem Wesen mit Fell, vier Beinen und scharfen Zähnen gegenübersteht.

Aber man braucht nicht lange im Wald unterwegs gewesen zu sein, um zu erkennen, dass es verschiedene Bäume gibt. Manche haben runde Blätter, andere gezackte. Manche scheinen überhaupt keine Blätter zu haben, sondern spitze Nadeln. Ähnliche Beobachtungen lassen sich auch bei Blumen, Tieren und Steinen machen. Es gibt tausende und abertausende von verschiedenen Typen, ob wir es nun mit lebenden Wesen oder leblosen Gegenständen zu tun haben.

Das wusste auch Aristoteles, und im Lauf einiger Jahrzehnte studierte er über fünfhundert unterschiedliche Tier- und Pflanzenarten. Aristoteles interessierte sich für die Ähnlichkeiten der unterschiedlichen Arten, mit denen er sich beschäftigte. Tanne und Kiefer sind zwar unterschiedliche Baumarten, aber sie haben doch mehr Ähnlichkeit untereinander als beispielsweise Tanne und Birke. Aristoteles glaubte, dass Tier- und Pflanzenarten, die Ähnlichkeit miteinander haben, auf irgendeine Weise miteinander verwandt sind. Deshalb bezeichnete er auch Affen als eine Art Mittelding zwischen Menschen und anderen Säugetieren.

Besonders interessierte Aristoteles zunächst das Meer. Er beschäftigte sich ausgiebig mit Tintenfischen und Krustentieren. Er stellte auch fest, dass Delfine keine Fische sind, sondern Säugetiere, die Luft einatmen.

Viel Zeit verbrachte er damit, die Vermehrung von Tieren zu untersuchen. Wenn er ein Hühnerei in verschiedenen Stadien der Befruchtung öffnete, sah er, dass ein kleiner Punkt im Ei zu einem Embryo und dann zu einem Küken wurde. Aristoteles gilt als Begründer der Wissenschaft vom Leben – der Biologie – und der Wissenschaft der vorgeburtlichen Entwicklung von Tieren – der Embryologie.

Aristoteles stellte eine „Rangliste" auf, in der Tiere und Pflanzen aufgeführt wurden. Ganz unten in dieser Rangliste standen die Pflanzen, die sich nur vermehren und wachsen können. Über ihnen stehen die Tiere, denn sie können sich außerdem noch bewegen. Ganz oben stehen die Menschen, die auch denken können. Von dieser Rangordnung sind bis heute die meisten Menschen überzeugt.

Aristoteles schrieb viele Bücher über seine Beobachtungen. Er beschreibt darin, wie Lebewesen aussehen, wie sie sich bewegen, was sie essen und wie sie sich vermehren. Kein anderer Philosoph hatte so viele Interessen wie Aristoteles. So schrieb er auch Bücher über Politik, Kunst, Moral und Astronomie.

Viele Griechen hatten damals bereits den Sternenhimmel studiert, aber Aristoteles hielt als Erster die Erde für eine Kugel – ein mutiger Gedanke in einer Zeit, in der die meisten Philosophen und überhaupt die meisten Menschen die Erde als flache Scheibe betrachteten. Dazu hatten sie schließlich allen Grund, da die Welt nun einmal nicht kugelförmig wirkt.

Beobachtungen bei einer Mondfinsternis hatten Aristoteles zu der Überzeugung kommen lassen, dass die Welt eine Kugel ist. Mondfinsternisse sind nur bei Vollmond möglich; sie beginnen damit, dass der Mond sich nach und nach orange verfärbt. Dann schiebt sich eine runde, dunkle Fläche vor den Mond. Diese Fläche verdeckt den Mond eine Zeit lang, dann verschwindet sie wieder.

Viele Menschen glaubten, die Götter färbten den Vollmond schwarz, um den Menschen Angst einzujagen. Aristoteles dagegen hielt die runde Fläche für den Schatten, den die Erde wirft, wenn sie von der Sonne beschienen wird. Der Schatten ist immer rund, und das ist nur möglich, wenn die Welt eine Kugel ist. Wenn die Welt eine Scheibe wäre, würde sie ab und zu schräg zur Sonne liegen. Und dann könnten wir bei einer Mondfinsternis nur einen dunklen dünnen Schattenstreifen sehen.

Aristoteles hatte noch ein weiteres Argument: Schiffe, die sich vom Land entfernen, scheinen hinter dem Horizont zu verschwinden. Zuerst verschwindet der Rumpf, dann das Segel und schließlich die Mastspitze. Das ist nur möglich, wenn die Welt kugelförmig ist, erklärte er. Die meisten Philosophen ließen sich davon überzeugen, und seither hielten die Akademiker die Welt für eine Kugel.

Aristoteles wandte dieselbe Technik an wie Thales von Milet. Er versuchte, ein Phänomen in der Natur durch Dinge zu erklären, die in der Natur vorkommen. Mondfinsternisse sind keine göttliche Mahnung, sie entstehen ganz einfach dadurch, dass eine Kugel einen Schatten wirft. Man kann selber sehen, wie Aristoteles sich das vorgestellt hat, wenn man den Schatten, den ein Tennisball an die Wand wirft, mit dem eines Tellers vergleicht. Wenn man den Teller in verschiedenen Positionen hält, sieht man, was ich meine.

Aber es reicht nicht, die Natur zu beobachten und eine Erklärung für das zu suchen, was wir sehen. Für dasselbe Phänomen gibt es oft mehrere Erklärungen, die ein Forscher auseinander halten muss. Aristoteles stellte eine Reihe von Regeln auf, wie Forscher vorgehen sollten. Solche Denkregeln werden „Logik" genannt, und ein Großteil der Arbeit des Aristoteles handelt von Logik. Darüber schreibt er in einem Buch namens *Organon* (das bedeutet „Werkzeug"). Der Titel ist gut gewählt, denn Aristoteles hat den Forschern mit seinem Buch ein echtes Werkzeug an die Hand gegeben.

An dieser Stelle möchte ich mit einem für die Jagd nach der Wahrheit wichtigen Wort bekannt machen: Theorie. Das Wort kennt jeder. Manchmal hat es einen negativen Beiklang. Ein unpraktischer Mensch, der im Alltag nicht zurechtkommt, wird zum Beispiel oft als „Theoretiker" bezeichnet. Und wenn wir sagen: „Ach, das ist ja nur eine Theorie", dann bringen wir damit zum Ausdruck, dass eine Behauptung so vage ist, dass wir uns nicht weiter drum zu kümmern brauchen.

Aber die Forscher sehen das alles ganz anders. Wenn sie erklären wollen, was sie in der Natur sehen, dann brauchen sie dazu

Theorien. Deshalb gehört es zur Aufgabe der Forscher, solche Theorien zu entwickeln. Wir können durchaus behaupten, die Jagd nach der Wahrheit sei eine Jagd nach neuen Theorien.

Zwischen einer Theorie und einer Idee besteht ein großer Unterschied. Wir alle können Ideen über das, was sich in der Natur abspielt, jederzeit aus dem Ärmel schütteln. Es ist kein Problem, eine andere Erklärung für Mondfinsternisse zu finden als die, die Aristoteles uns hinterlassen hat. Ich kann zum Beispiel sagen: „Eine Mondfinsternis findet statt, wenn eine große Vogelschar am Mond vorbeifliegt."

Das ist eine lustige Idee, aber keine Theorie. Wenn andere Forscher meine Idee ernst nehmen sollen, muss ich Fragen beantworten können wie: „Warum bleiben die Vögel stumm, wenn sie am Mond vorbeifliegen? Warum fliegt die Vogelschar immer in Kreisformation, wenn sie sich über den Mond bewegt? Vogelscharen fliegen normalerweise dicht über unseren Köpfen. Wie ist es also möglich, dass die Menschen an verschiedenen Orten die dunkle Fläche vor dem Mond gleichzeitig sehen?"

Wenn meine Idee als Theorie durchgehen soll, muss ich all diese Fragen und noch viele weitere beantworten können. Und wenn meine Theorie eine Überlebenschance haben soll, muss ich andere Forscher überzeugen, dass meine Vogelschar-Idee eine bessere Erklärung für Mondfinsternisse bietet als die Theorie des Aristoteles.

Eine Theorie zu entwickeln lässt sich mit dem Bau eines Hauses vergleichen (und unter Forschern ist wirklich vom „Aufbau einer Theorie" die Rede). Es ist eine mühselige Arbeit. Wie ein Maurer die Steine so aufeinander legen muss, dass ein solides Haus entsteht, so muss ein Forscher dafür sorgen, dass viele verschiedene Fragen eine Antwort finden. Und dabei hilft ihm die Logik des Aristoteles. Sie hilft Forschern, die Gedanken ihrer Theorie in die richtige Reihenfolge zu bringen und eventuelle Fehler und Mängel zu entdecken.

Oft heißt es, die Naturforschung habe mit Aristoteles eingesetzt. Aber sie hat auch mit ihm aufgehört – für nahezu achtzehnhundert Jahre. Denn Aristoteles war so bedeutend, dass viele spätere Philosophen nicht glauben mochten, dass er sich jemals geirrt haben könnte. Sie vergaßen ganz einfach, dass Aristoteles gesagt hat: „Wahrheit ist der Gedanke, der am ehesten mit der Natur übereinstimmt." Sie dachten stattdessen: „Wahrheit ist der Gedanke, der am ehesten mit Aristoteles übereinstimmt."

Das führte dazu, dass sich tüchtige Philosophen, die anderer Ansicht waren als Aristoteles, mit ihren Ideen nicht durchsetzen konnten. Ein solcher Fall war Aristarchos von Samos, der um das

Aristoteles

Aristarchos maß auch die Entfernungen zum Mond und zur Sonne. Der Mond (1) bildet im ersten Viertel mit der Sonne (3) einen rechten Winkel (90°) zur Erde (2). Den Winkel zwischen Sonne und Mond maß Aristarchos allerdings fälschlich mit 87° statt mit 89°52'. Deshalb errechnete er, dass die Sonne 19-mal weiter von der Erde entfernt sei als der Mond. In Wirklichkeit ist sie aber 390-mal weiter entfernt. Der kleine Messfehler führte zu einer gewaltigen Abweichung. Der Grund: Wann der Winkel am Mond 90° beträgt, ist schwer festzustellen, weil das Bodenprofil des Mondes keine scharfe Schattenkante zulässt.

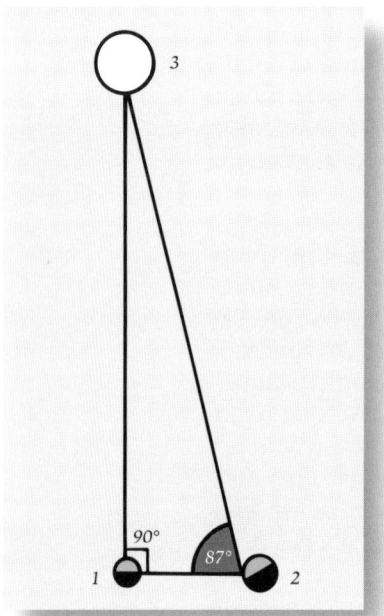

Jahr 320 v. Chr. geboren wurde. Wie Aristoteles hatte er beobachtet, dass sich Sonne, Mond und Planeten über den Himmel bewegen. Aber er hatte dafür eine ganz andere Erklärung als der berühmte Aristoteles.

Aristoteles glaubte, die Erde stehe im Zentrum des Universums, während Sonne, Planeten und Sterne, an großen, durchsichtigen Kugeln befestigt, um sie kreisen. Diese Vorstellung lag durchaus nahe, denn der Himmel scheint sich wirklich um die Erde zu drehen. Die Sonne geht jeden Tag im Osten auf und im Westen unter, und das gilt auch für die Sterne und alle anderen Himmelskörper.

Aristarchos glaubte aber, dass sich die Sonne im Zentrum des Universums befindet und die Erde und die anderen Planeten sich um sie drehen. Der Himmel scheint sich von Osten nach Westen zu bewegen, weil sich die Erde in die Gegenrichtung dreht, von Westen nach Osten. Davon kann man sich selber ein Bild machen.

Man richte seinen Blick auf einen Gegenstand, zum Beispiel auf ein Bild an der Wand, und drehe den Kopf von rechts nach links. Das Bild scheint sich nach rechts zu bewegen. Man dreht seinen Kopf in eine Richtung, und das, was man sieht, wandert in die Gegenrichtung. Genauso ist es am Himmel, meinte Aristarchos. Die Erde dreht sich von Westen nach Osten, und der Himmel scheint in die Gegenrichtung zu rotieren.

Aristarchos versuchte auch, unsere Entfernung zu Sonne und Mond zu berechnen. Er kam zu dem Ergebnis, die Sonne sei zwanzigmal weiter von der Erde entfernt als der Mond. Diese Zahl ist etwa zwanzigmal zu klein, aber wenn man bedenkt, dass Aristarchos kein Fernrohr und keine modernen Instrumente hatte, war es doch eine beeindruckende Leistung.

Obwohl Aristarchos seine Ansicht mit ebenso guten Argumenten untermauern konnte wie Aristoteles, wissen wir doch fast nichts über ihn. Die Philosophen, die nach ihm kamen, haben seine Schriften nicht aufbewahrt. Er interessierte sie nicht weiter, weil er anderer Ansicht war als Aristoteles. Fast achtzehnhundert Jahre mussten vergehen, ehe seine Gedanken wieder auftauchten, diesmal an einem ganz anderen Ort in Europa.

Praktische Philosophen

Nach heutigen Maßstäben gemessen, führten die meisten Menschen im alten Griechenland ein beklagenswertes Leben. Nur wohlhabende Männer durften wählen, sich ausbilden lassen und zu Philosophen werden. Frauen und Sklaven wurden kaum höher geachtet als Tiere, und für alle armen Menschen spielte es vermutlich kaum eine Rolle, ob die Philosophen glaubten, dass alles aus Wasser oder aus Atomen bestand.

Heutzutage gehen wir davon aus, dass unsere Kenntnisse über die Natur auch praktische Anwendung finden sollen. Wenn ein Forscher eine neue Entdeckung macht, ist eine der ersten Fragen, die dann gestellt werden: Welchen Nutzen bringt uns dieses Wissen? In Griechenland dachte man nicht so. Viele Philosophen waren reiche Männer, die körperliche Arbeit verachteten. Sie kamen gar nicht auf die Idee, dass ein philosophischer Gedanke das Los der Bäuerinnen, die sich auf den Feldern abmühten, oder der Sklaven, die sich in den Bergwerken zu Tode schufteten, verbessern könnte.

Für Philosophen wie Aristoteles wird oft als Entschuldigung angeführt, so wie er hätten damals „alle" gedacht. Das ist nicht ganz falsch. Wir können schließlich nicht erwarten, dass ein Reicher, der in einer Gesellschaft mit vielen Sklaven aufgewachsen ist, Sklaverei für ein Übel hält. Oder können wir es vielleicht doch? Ist es nicht die Aufgabe von Philosophen und Wissenschaftlern, neu zu denken? Das ist eine schwierige Frage, und ich erwähne sie hier, weil sie noch immer alle Forscher auf der ganzen Welt betrifft. Es wird sich zeigen, dass auch später solche Fragen immer wieder eine Rolle gespielt haben.

Außerdem war Griechenland wirklich in jeder Hinsicht die „Wiege unserer Kultur". Viele der negativen Seiten unserer Gesellschaft haben unsere Vorfahren von den Griechen übernommen. Dass die Griechen keine Philosophinnen zulassen wollten, hat zum Beispiel dazu geführt, dass erst in unserer Zeit Frauen forschen dürfen.

PRAKTISCHE PHILOSOPHEN

Das griechische Marmorrelief zeigt den Gott der Heilkunst, Äskulap, wie er einem kranken Jungen ärztliche Hilfe leistet. Eines der berühmtesten Heiligtümer des Gottes war auf der Insel Kos, wo Hippokrates seine Ärzteschule unterhielt und seine medizinische Arbeit nach dem Vorbild des Gottes ausrichtete. Noch heute ist der von der heiligen Schlange umwundene Äskulapstab Sinnbild aller Heilberufe und findet sich u.a. im Apotheken-Symbol.

Noch heute gibt es viel mehr Wissenschaftler und Philosophen als Wissenschaftlerinnen und Philosophinnen.

Ein Ausnahmephilosoph, der sich für das Wohlergehen von einfachen Menschen interessierte, war Hippokrates. Er wurde im Jahr 460 v. Chr. auf der Insel Kos geboren, und er ist eine ebenso geheimnisvolle Gestalt wie Thales. Im Grunde wissen wir über Hippokrates nur eins sicher: Die alten Methoden, mit denen Kranke behandelt wurden, passten ihm nicht.

Jahrtausendelang hatten die Menschen Krankheiten für eine Strafe der Götter gehalten, und oft war der einzige „Arzt" ein „Medizinmann", der versuchte, die Götter gnädig zu stimmen. Die Krankheit Epilepsie zum Beispiel wurde als „göttliche Krankheit" bezeichnet. Die Menschen glaubten, böse Geister oder Götter riefen die unerklärlichen Anfälle der Epileptiker hervor. Aber ein Schüler des Hippokrates schrieb über diese Krankheit: „Sicher hat sie, wie jede andere Krankheit, ihre ganz natürliche Ursache."

Hippokrates und seine Schüler waren der Meinung, dass die Götter die Gesundheit der Menschen nicht beeinflussten. Eine Krankheit habe eine natürliche Erklärung und beruhe auf einer Art Ungleichgewicht im Körper. Das Gleichgewicht muss wiederhergestellt werden, und das können nur ausgebildete Ärzte. Hippokrates forderte die Medizinstudenten auf, ihre Patienten zu untersuchen und ihren Befund mit dem zu vergleichen, was sie gelernt hatten. Heutzutage nennen wir das „eine Diagnose stellen". Der Patient muss den Ratschlägen des Arztes folgen, er muss Medizin nehmen, sich vernünftig ernähren und sich bewegen. Der Körper muss sich selber heilen, und dazu ist die Hilfe des Arztes vonnöten. Es kann durchaus besser sein, nichts zu unternehmen, als dem Patienten Medizin zu verabreichen.

Auf Kos richtete Hippokrates eines der ersten Krankenhäuser der Welt ein, wo Patienten auch operiert wurden (ohne Betäubung). Zwar wurde sehr viel von der Arbeit, durch die er berühmt wurde, von seinen Schülern geleistet, aber Hippokrates gilt trotzdem als der Begründer der medizinischen Wissenschaft. Noch heute müssen alle Ärzte den „hippokratischen Eid" ablegen, mit dem sie schwören, für ihre Patienten ihr Bestes zu geben.

Auch Hippokrates und andere griechische Ärzte hatten Probleme mit der Religion. Damals wie heute fand man es wichtig, den Toten Respekt zu erweisen. Aber ein Leichnam konnte den Forschern verraten, wie ein Mensch von innen aussieht. Im Jahr 470 v. Chr. begann der Arzt Alkmäon, Leichen aufzuschneiden – wir nennen das heute „sezieren" –, um die Eingeweide der Menschen zu studieren. Er stieß damit auf heftigen Widerstand, und in Griechenland wurde das Sezieren verboten.

So mussten die Ärzte die Position der inneren Organe oft mühsam erraten, indem sie den Bauch der Patienten abtasteten oder Tiere sezierten. Weil sie so wenig über den Körper wussten, glaubten viele griechische Philosophen, dass wir mit dem Herzen denken. In gewisser Weise hat ein Teil dieses Glaubens bis heute überlebt. Das Herz gilt als Symbol für die Liebe, und wir sprechen noch immer von „einem guten Herzen", wenn sich jemand um andere kümmert.

Galenos, der sechshundert Jahre später als Hippokrates lebte, gilt als Begründer der Wissenschaft vom Aufbau des Körpers, der Anatomie. Galenos hat sein Wissen über den Körper zum großen Teil durch das Sezieren von Schweinen, Ziegen und Hunden erworben. Die Bücher des Galen – wie er später genannt wurde – wurden ein Jahrtausend lang von Ärzten benutzt, obwohl leicht zu sehen war, dass sie auch Fehler enthielten.

Die Ärzte waren übrigens auch nicht besser als die anderen griechischen Wissenschaftler und Philosophen. Nachdem Hippokrates die Heilkunst zu einem Bereich der Philosophie erhoben hatte, wurde Frauen das Heilen von Kranken verboten, obwohl jahrtausendelang Frauen heilende Kräuter und Techniken gekannt hatten, um

Knochen zu schienen, Wunden zu behandeln und Fieber und Schmerzen zu lindern.

Die Ärztin Agnodike kämpfte gegen das neue Verbot, und sie konnte immerhin durchsetzen, dass Frauen als Hebammen bei Geburten helfen durften. Es dauerte aber noch über 2200 Jahre, bis Frauen ganz normal Medizin studieren konnten. Weil sie nicht Ärztin werden durften, wurden sie „weise Frauen" und griffen zu ihrem alten Wissen über die Heilkunst. Noch im letzten Jahrhundert suchten Kranke die Hilfe von weisen Frauen.

Archimedes

Wenn wir von Erfindern reden, fallen uns viele Namen ein. Heutzutage gehören Thomas Edison (der Erfinder des Phonographen), die Brüder Wright (Motorflugzeug) und Marconi (Radioapparat) zu den berühmtesten. Sie alle verbindet, dass sie auf den wissenschaftlichen Erkenntnissen ihrer Vorgänger aufbauten und nützliche Erfindungen machten. So ist es noch immer. Ohne Erfinder hätte die Wissenschaft für die meisten Menschen kaum eine Bedeutung.

Wir wissen aber inzwischen auch, wie die alten Griechen das sahen, und deshalb überrascht es uns nicht weiter, dass es bei ihnen nur wenige bedeutende Erfinder gab. Der Größte unter ihnen war Archimedes. Er lebte von 287 bis 212 v. Chr. und war gelernter Philosoph. Wie viele Philosophen faszinierten ihn Mathematik und Geometrie. Archimedes entwickelte Regeln, um die Oberfläche und das Volumen (den Inhalt) von Zylindern, Kugeln und anderen geometrischen Körpern zu berechnen.

Aber vor allem bekannt gemacht hat ihn das archimedische Prinzip, das uns erzählt, was passiert, wenn wir einen Gegenstand ins Wasser werfen. Dann versucht nämlich eine Kraft, ihn an die Oberfläche hochzudrücken. Diese Kraft wird „Auftrieb" genannt. Man kann den Auftrieb messen, indem man berechnet, wie viel Wasser der Gegenstand verdrängt, wenn er im Wasser landet. Dazu muss man eine Schüssel bis zum Rand mit Wasser füllen und einen Stein hineinlegen. Das Wasser wird steigen und über den Schüsselrand fließen.

Wenn das übergelaufene Wasser dann in einer Schale aufgefangen und gewogen wird, hat man die Auftriebskraft gemessen. Die entspricht nämlich dem Gewicht des übergelaufenen Wassers.

Das archimedische Prinzip besagt, dass der Gegenstand, den wir ins Wasser legen, sinken wird, wenn er mehr wiegt als das übergelaufene Wasser. Sein Gewicht ist dann größer als der Auftrieb. Wenn der Gegenstand weniger wiegt als das übergelaufene Wasser,

Archimedes

schwimmt er. Steine sind schwerer als der Auftrieb, deshalb sinken sie. Holzstücke sind leichter, deshalb schwimmen sie.

Dieses Gesetz erklärt auch, warum Schiffe trotz Metallrumpf nicht sinken: Das Schiff ist hohl, und deshalb wiegt es weniger als das Wasser, das vom Rumpf verdrängt wird.

Angeblich hat Archimedes dieses Prinzip entdeckt, als er sich in die Badewanne setzte und zusah, wie das Wasser überlief. Archimedes sprang auf, rief „Heureka!" („Ich hab's!") und rannte splitternackt durch die Straßen seiner Heimatstadt Syrakus.

Es ist typisch für Archimedes, dass dieses Gesetz sich nutzbringend anwenden lässt. Die Sage berichtet, dass der König von Syrakus sich eine goldene Krone anfertigen ließ. Danach kamen ihm aber Zweifel, ob die Krone wirklich aus purem Gold war oder ob der Goldschmied auch noch andere Metalle verwendet haben könnte. Der König ließ Archimedes kommen und bat ihn, das Problem zu lösen.

Archimedes legte die Krone in eine mit Wasser gefüllte Schüssel und fing das überlaufende Wasser in einer Schale auf. Dann nahm er einen Goldklumpen, der so viel wog wie die Krone, legte ihn in die Schüssel und fing abermals das überlaufende Wasser auf. Danach wiederholte er dieses Experiment mit einem Klumpen aus mit anderen Metallen vermischtem Gold, der ebenfalls so viel wog wie die Krone.

Schließlich verglich Archimedes die drei Wassermengen. Es stellte sich heraus, dass bei der Krone und beim Mischklumpen genau gleich viel Wasser überlief. Beim Klumpen aus reinem Gold dagegen war die Wassermenge geringer. Damit stand für Archimedes fest, dass für die Krone auch andere Metalle verwendet worden waren.

Als Syrakus später von römischen Schiffen angegriffen wurde, soll Archimedes Kriegsmaschinen konstruiert haben, die es der Stadt ermöglichten, eine dreijährige Belagerung zu überdauern. Zu diesen Kriegsmaschinen gehörten angeblich auch das Katapult, das Steine über weite Entfernungen schleudern konnte, und große Spiegel, die die Sonnenstrahlen bündelten und auf die feindlichen Schiffe richten konnten, die daraufhin Feuer fingen. Doch das mit den Brennspiegeln war wahrscheinlich nur eine Idee von ihm, praktisch konnte man zu jener Zeit Spiegel für so große Entfernungen noch nicht bauen.

Die wichtigste Erfindung des Archimedes aber war die archimedische Schraube, eine einfache Pumpe, die mit den Füßen oder von Ochsen oder Pferden angetrieben werden kann. Ihre Herstellung ist billig und leicht, und deshalb benutzen die Bauern im Mittleren

Osten noch heute archimedische Schrauben, um Wasser auf ihre Felder zu pumpen. Auch in modernen Maschinen, dem Mähdrescher zum Beispiel, gibt es archimedische Schrauben. Von allen Erfindungen der griechischen Philosophen war diese für die einfachen Leute wohl die wichtigste.

Ein anderer großer Erfinder war Heron von Alexandria, der im ersten Jahrhundert n. Chr. lebte. Heron erfand eine Art Dampfmaschine: eine Kugel, auf der aus jeder Seite ein geknicktes Rohr herausragte. In die drehbar aufgehängte Kugel wurde Dampf geleitet und sie rotierte, wenn der Dampf aus den Rohren strömte. Herons Dampfmaschine war zu schwach, um einen großen Gegenstand, zum Beispiel ein Fahrzeug, anzutreiben. Aber sie war eine Maschine – ein Ding, das sich ganz von selber drehte.

Warum hat damals niemand begriffen, wie nützlich eine solche Maschine sein konnte? Vielleicht lag es daran, dass die alten Griechen keine Dampfmaschinen brauchten. Sie hatten ja schon „Maschinen" in Form von Sklaven. Herons Dampfmaschine wurde eine Zeit lang als lustiges Spielzeug betrachtet. Dann geriet sie in Vergessenheit. Erst nach über fünfzehnhundert Jahren wurde die Dampfmaschine zum zweiten Mal erfunden. Und dieses Mal veränderte sie die Weltgeschichte.

Die Bibliothek von Alexandria

Die Schrift ist eine seltsame Erfindung. Wenn wir diesen Satz lesen, dann scheint in unserem Kopf eine Stimme zu sprechen. Die Worte, die diese Stimme ausspricht, werden im Gehirn gelagert, jedenfalls für einige Zeit. Denn das allermeiste von dem, was wir lesen (und hören, sehen, schmecken, riechen und fühlen), vergessen wir bald wieder. Das muss auch so sein, sonst wäre unser Gehirn bald von Eindrücken und Wissen überfüllt.

Ein Buch ist eine Art erweitertes Gedächtnis, das Wissen unverändert über Jahrhunderte hinweg aufbewahrt. Nirgendwo können wir Gedanken besser lagern als in Büchern, und deshalb ist es kein Wunder, dass Philosophen und Forscher schon früh Bücher verfasst haben. Im Lauf der Zeit kam eine ziemliche Büchermenge zusammen. Tausende und abertausende von Büchern. Ein ganzes Meer von Wissen.

Wissen ist eine schöne Sache, aber zu viel des Guten wird zum Problem. Angenommen, ein Wissenschaftler hat eine gute Idee. Wie kann er sicher sein, dass vor ihm noch niemand diese Idee hatte? Das geht nur, wenn er sich in eine große Bibliothek begibt und die Bibliothekare um Hilfe bittet.

Das Wort Bibliothek ist griechisch und bedeutet „Buchlager", und genau das ist eine Bibliothek. Dort werden viele Bücher aufbewahrt, und ohne Bibliothekar wären wir in ihr ganz und gar hilflos. Ein Bibliothekar ist wie der Steuermann auf einem Schiff: Er kann nicht alle Seekarten auswendig, aber er weiß, wie er den richtigen Kurs finden kann. Der Bibliothekar hilft, das Wissen zu finden, das wir brauchen.

Bibliotheken sind für die Gesellschaft so wichtig, dass es sie vermutlich schon in den ersten Großstädten gab. Die älteste uns bekannte Bibliothek ist eine viertausend Jahre alte Sammlung von Tontafeln, die aus der babylonischen Stadt Nippur stammt. Die

Die Bibliothek von Alexandria

Griechen hatten viele Bibliotheken. Die größte stand in Alexandria in Ägypten. Sie soll rund eine halbe Million Papyrusrollen enthalten haben – bis zu neun Meter lange Streifen eines papierähnlichen Stoffes, der aus Papyrusschilf vom Nil hergestellt wurde. Auf diesen Rollen wurde niedergeschrieben, was griechische Forscher, Philosophen und Künstler im Lauf der Jahrhunderte dachten.

Aus allen griechischen Städten und Kolonien kamen Philosophen und Forscher, um in diesen Rollen zu lesen. Viele blieben in Alexandria und machten so die Stadt zu einem wichtigen Forschungszentrum. Auch die Bibliothekare forschten. Einer der Leiter der Bibliothek, Eratosthenes, berechnete als Erster den Erdumfang. Mit einer einfachen Technik kam er zu einem fast richtigen Ergebnis.

Eratosthenes hatte gehört, dass die Sonne im Sommer genau über der Stadt Syene südlich von Alexandria stand. Mittags warfen Gebäude, Menschen oder Bäume dort keine Schatten. Eratosthenes wusste, dass das in Alexandria anders war. Die Sonne stand um diese Jahreszeit tiefer am Himmel, und alle Gegenstände hatten kurze Schatten.

Dass die Sonnenstrahlen zur selben Zeit auf Syene gerade auftrafen, während sie in Alexandria schräg fielen, brachte Eratosthenes zu der Überzeugung, dass es möglich sein müsse, die Erdkrümmung zu berechnen.

Eratosthenes stellte einen Mann an, der die Entfernung zwischen den beiden Städten messen musste, indem er auf dem Weg nach Syene seine Schritte zählte. Danach maß Eratosthenes aus, wie die Sonne über beiden Städten am Himmel stand. Als er die Entfernung zwischen den Städten mit dem Unterschied der Sonnenposition am Himmel verglich, kam er zu dem Ergebnis, dass der Erdumfang irgendwo zwischen 35 000 und 45 000 Kilometern liegen musste (die wirkliche Zahl beträgt 40 075 Kilometer). Das ist ein gutes Ergebnis, wenn man bedenkt, dass Eratosthenes nur über sehr einfache Hilfsmittel verfügte.

Eratosthenes galt als klügster Mann seiner Zeit, und er wusste viel darüber, was griechische Entdecker, Kaufleute und Krieger auf ihren Reisen gesehen

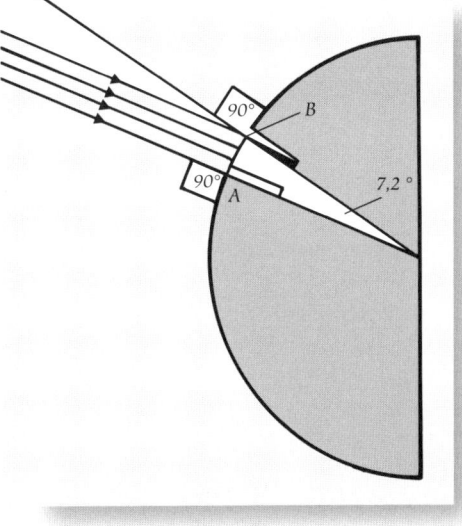

Eratosthenes beobachtete, dass die Sonne über Syene (A) senkrecht stand, wenn sie in Alexandria (B) 7,2° vom Zenit entfernt war. Die Entfernung von A nach B war durch Abschreiten bekannt. 7,2° ist genau der fünfzigste Teil des vollen Kreisumfangs (360°). Also betrug der Umfang der Erdkugel nach Eratosthenes das Fünfzigfache der Entfernung von Alexandria nach Syene.

Die Bibliothek von Alexandria

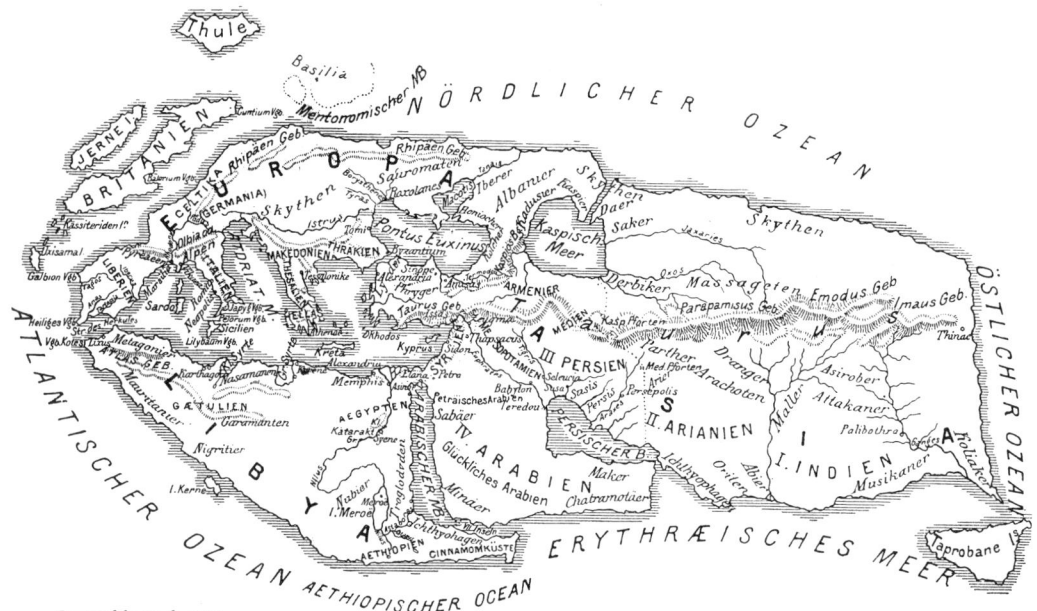

Die Weltkarte des Eratosthenes (ca. 200 v. Chr.), ergänzt von Strabon (ca. 20 n. Chr.). Die deutschen Namen wurden nachträglich eingefügt, um eine leichtere Orientierung zu ermöglichen.

hatten. Deshalb konnte er eine Weltkarte zeichnen. Damals gab es mehrere Weltkarten, aber die des Eratosthenes war vermutlich die erste, auf der die Maßstäbe im Verhältnis zur Größe der Erde stimmten. Eratosthenes war einer der Forscher, die die Wissenschaft Geografie begründet haben. Dieses Wort ist griechisch und bedeutet „die Erde zeichnen", schließlich wird in der Geografie das Aussehen der Erde beschrieben.

Einige Jahrhunderte später versuchte ein anderer Wissenschaftler in Alexandria eine noch bessere Weltkarte zu zeichnen. Er hieß Ptolemäus und lebte ca. 100 bis 178 n. Chr. Ptolemäus wird oft als letzter großer griechischer Naturphilosoph bezeichnet. Vor allem sein Buch über Astronomie hat ihn berühmt gemacht.

Wie fast alle anderen Naturphilosophen seiner Zeit war Ptolemäus, wie er auch genannt wird, ein Anhänger des aristotelischen Bildes der Welt und des Universums. Aber er wusste auch, dass Aristoteles nicht alles hatte erklären können, was sich am Himmel abspielte. Sonne, Mond und Sterne waren kein Problem. Die bewegten sich, als seien sie an durchsichtigen Kugeln befestigt, die um die Sonne kreisten, genau wie Aristoteles es behauptet hatte.

Anders sah die Sache bei den fünf den Griechen bekannten Planeten aus: Merkur, Venus, Mars, Jupiter und Saturn. Normalerweise bewegen sie sich langsam von Osten nach Westen. Aber ab und zu ändern sich ihre Bewegungen, die Planeten machen kehrt und wandern einige Monate lang nach Osten. Dann machen sie abermals kehrt und bewegen sich wieder ganz normal von Osten nach Westen. Wie kann das möglich sein?

Die einfachste Erklärung war, dass die Planetenkugeln aus irgendeinem Grund bremsen und sich rückwärts drehen. Aber Ptolemäus war mit dieser Erklärung nicht zufrieden. Wie Aristoteles glaubte er, dass im Weltraum strenge Ordnung herrsche. Die Planetenkugeln hatten sich in sauberen Kreisen und immer in derselben Richtung und im selben Tempo zu bewegen.

Deshalb entwickelte er seine eigene Variante des aristotelischen Kugelsystems. Ptolemäus stellte sich vor, dass jede von diesen riesigen Planetenkugeln noch kleinere, ebenfalls rotierende Kugeln aufwies. Und die Planeten waren an diesen kleinen Kugeln befestigt. Vermutlich baute Ptolemäus ein mechanisches Modell seiner Himmelsmaschinerie. Und das „ptolemäische System" zeigte eine Planetenbewegung, die ungefähr mit dem übereinstimmte, was am Himmel zu beobachten war.

Die Vorstellung, die Welt sei von an Kugeln befestigten Kugeln umgeben, die in hohem Tempo durch das Weltall wirbelten, wirkte auch damals schon reichlich sonderbar. Aber Ptolemäus hielt das nicht für ein großes Problem. Er lebte zu einer Zeit, in der nicht das als Wahrheit galt, was mit der Wirklichkeit übereinstimmte. Wahrheit war das, was mit den Gedanken des Aristoteles übereinstimmte.

Ptolemäus behandelt all diese Themen in seinem Buch „System der Mathematik", das auf Griechisch *Syntaxis mathematike* hieß. Dieses Buch enthielt auch eine erweiterte Liste der hellsten Sterne am Himmel, die auf den Schriften des Astronomen Hipparchos beruhte. Die meisten Namen von Sternbildern, die wir noch heute verwenden, stammen aus der *Syntaxis*. Über vierzehnhundert Jahre lang war dieses Werk das wichtigste astronomische Lehrbuch.

Die Tatsache, dass Ptolemäus eigentlich seine Vorgänger nur noch ergänzte, war ein Hinweis darauf, dass die große Zeit der griechischen Philosophie ihrem Ende entgegenging. Ein Grund für diesen Niedergang war der Aufstieg Roms zur europäischen Großmacht. Die Römer waren praktisch denkende Leute, sie entwickelten einfache Maschinen und Geräte, und noch immer können wir ihre Bauwerke und Straßen bewundern. Die Römer entwickelten auch Gesetze und Regeln, die in unserem Rechtswesen bis heute zu finden sind, und wir verwenden weiterhin den römischen Kalender und die römischen Monatsnamen. Sogar die Buchstaben, wie sie hier stehen, haben die Römer als Erste verwendet.

Aber tieferes Denken und Forschen fanden die Römer nicht weiter interessant. Das überließen sie den Griechen. Für die Römer galt als Wahrheit über die Natur zumeist das, was die Griechen gedacht hatten, und nicht das, was sie selber sehen konnten. Die Römer hatten zum Beispiel gute Krankenhäuser, deren Ärzte gemerkt haben müssen, dass das, was griechische Wissenschaftler über die inneren Organe der Menschen geschrieben hatten, nicht immer mit ihren eigenen Erfahrungen übereinstimmte. Aber irgendwelche Konsequenzen haben sie offenbar nicht daraus gezogen.

Da die römischen Kaiser die Philosophie nicht verboten hatten, wurden während der ganzen Römerzeit an der Akademie und an ähnlichen Schulen weiterhin Wissenschaftler und Philosophen ausgebildet. Und so hätte die Philosophie vielleicht für einige Jahrhunderte auf Sparflamme weitermachen können, ehe sie einen neuen Aufschwung nahm. Vielleicht wäre ein neuer Aristoteles aufgetreten, um der Forschung frisches Leben einzuhauchen.

Stattdessen endete alles mit einer Katastrophe. Denn die große Bibliothek von Alexandria, in der es schon einmal beim Angriff Cäsars im Jahr 47 v. Chr. gebrannt hatte, ging endgültig in Flammen auf.

Da nur sehr wenige Kopien der leicht brennbaren Papyrusrollen existierten, ging durch diesen Brand sehr viel vom griechischen Wissen über Geschichte, Kunst und Kultur für immer verloren.

Wir wissen, dass vermutlich Brandstiftung im Spiel war, kennen aber die Brandstifter nicht. Wir wissen auch, wer zuletzt die Bibliothek geleitet hat: die Mathematikerin und Philosophin Hypatia nämlich, die so berühmt war, dass Studenten aus dem gesamten Römischen Reich nach Alexandria kamen, um von ihr unterrichtet zu werden.

Hypatia wurde im Jahr 370 n. Chr. geboren, ihr Vater war Mathematiker. Vermutlich versuchte sie, die mathematischen Regeln zu verbessern, die wir in Euklids Buch „Die Elemente" (vgl. S. 19–20) und in der *Syntaxis mathematike* des Ptolemäus finden.

Ihre Aufgabe war bestimmt nicht leicht, wir wissen ja schließlich, was die meisten griechischen Philosophen von philosophierenden Frauen hielten. Außerdem ließen sich damals in Alexandria viele zum christlichen Glauben bekehren. Ihnen galt die Philosophie als Symbol für das vermeintlich heidnische griechische Wissen. Hypatia war eine sehr wichtige Philosophin, und vermutlich aus diesem Grund wurde sie im Jahr 415 von den Christen ermordet. Dieser Mord hatte zur Folge, dass die restlichen Philosophen Alexandria verließen.

Bald darauf zerfiel auch das Römische Reich, und in Europa kam es zu einer endlosen Folge von Kriegen. Die christliche Kirche wurde derweil immer mächtiger. In Griechenland rieten die Priester

Die Bibliothek von Alexandria

den Menschen, sich auf die christlichen Tugenden zu konzentrieren und ihre Zeit nicht mit Grübeleien über den Ursprung aller Dinge zu vergeuden. Im Jahr 529 wurde die Athener Akademie geschlossen, was für die griechische Wissenschaft das Ende bedeutete.

Historiker, die erforschen, wie die Menschen zu verschiedenen Zeiten gelebt haben, teilen die Geschichte der Menschheit gern in Perioden ein. Die Glanzzeit der griechischen Philosophie wird als „klassische Periode" oder „Antike" bezeichnet, die achthundert Jahre nach dem Ende des Römischen Reiches heißen „Mittelalter". Oft

Der 1799 in Ägypten entdeckte Stein von Rosette trägt Inschriften in Hieroglyphen, in Demotisch und in Altgriechisch. Im Vergleich des Griechischen mit den älteren Schriften ließen sich erstmals die altägyptischen Hieroglyphen deuten. Damit war wieder ein erster Zugang zur verlorenen Kultur der Ägypter möglich.

ist vom „finsteren Mittelalter" die Rede, weil sich damals eine Art geistige Finsternis über Europa legte.

Viele Christen glaubten nun wieder, die Erde sei eine flache Scheibe. Krankenhäuser wurden geschlossen, weil die Priester erzählten, Kranke könnten geheilt werden, wenn sie zu Gott beteten. Freie Diskussionen wurden verboten, und eine neue Vorstellung von Wahrheit machte sich breit: Das einzig Wahre war das, was mit der Bibel übereinstimmte. Wer etwas anderes hören wollte, musste andere Erdteile aufsuchen.

Algebra und Alchimisten

Wir alle neigen dazu, uns für etwas Besseres zu halten als andere. Jungen halten sich für besser als Mädchen, Christen glauben, Muslimen überlegen zu sein, Weiße verachten Dunkelhäutige.

Das liegt zum Teil an unserer Erziehung. Aber Affenforscher haben nachgewiesen, dass Schimpansen ähnlich empfinden. Die Schimpansen leben in Gruppen, genau wie die Menschen. In der Regel fürchten sie sich und werden wütend, wenn ein fremder Schimpanse sich ihrer Gruppe nähert. Schlimmstenfalls bringen sie den Fremden um. Affen und Menschen sind eng miteinander verwandt. Dass wir dieselbe Angst empfinden, weist eigentlich darauf hin, dass sie Menschen und Affen angeboren ist.

Bei der Jagd nach der Wahrheit dürfen wir das nicht vergessen. Forscher sind nicht anders als andere Menschen, wenn es um Gefühle geht. Deshalb haben auch sie fremde Völker verachtet und nicht glauben wollen, dass auch die sich ihre Gedanken machten und die Natur erforschen konnten. In Europa war es üblich, Völker, die im Dschungel ein einfaches Leben führten, als „primitive Wilde" zu bezeichnen. Erst seit einigen Jahrzehnten sehen wir das anders.

Nehmen wir zum Beispiel die Polynesier, die auf Inseln im Stillen Ozean leben. Dieses riesige Meer bedeckt die Hälfte unseres Planeten, und die Inseln, die die Polynesier bewohnen, sind im Vergleich dazu winzig klein. Im Stillen Ozean von einer Insel zur andern zu segeln ist ungefähr so, als würde ein Raumschiff in einem Sonnensystem von Planet zu Planet geschickt, in dem die Entfernungen riesig groß sind, weshalb man ganz genau steuern muss, um sein Ziel zu erreichen.

Die Polynesier hatten nur einfache Karten aus geflochtenem Stroh und Muscheln, aber sie wussten sehr viel über Sonne, Mond, Sterne, Meeresströmungen, Vögel, Wind und Wolken. Dieses Wissen hatten sie vermutlich teuer erkauft – mit Menschenleben. Das gilt für das meiste Wissen, das die Menschheit sich im Lauf der Zeit angeeignet hat. Damit wir wissen, dass eine Pflanze giftig ist, muss irgendwer diese Pflanze essen und krank werden.

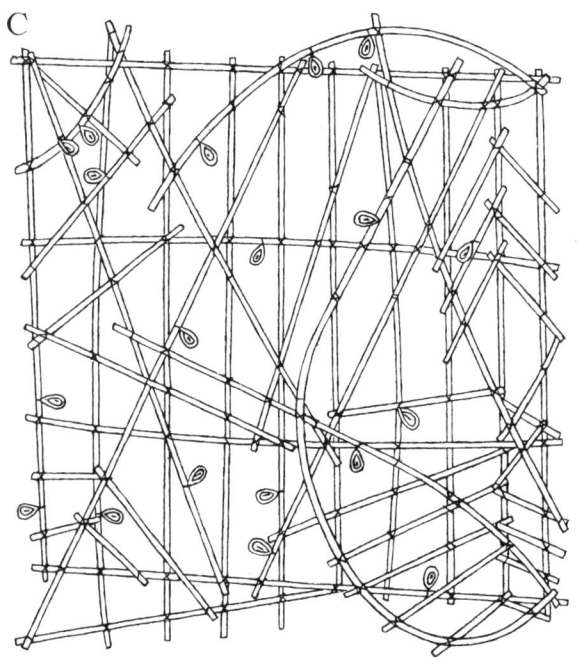

Eingeborenenkarte von den Marshall-Inseln aus Stroh und Muscheln oder Korallenstücken. Sie zeigen die verschiedenen Inseln und ihre Lage zueinander an. Die Entfernungen zwischen den Inseln waren dagegen oft unbekannt, was aber für ihr Auffinden von viel geringerer Bedeutung war als die Richtung.

Das erinnert an die Jagd nach der Wahrheit, wie die alten Griechen sie betrieben haben. Aber das bedeutet nicht, dass alle Völker ihre Philosophen hatten. Es gibt wichtige Unterschiede. Erinnern wir uns an Thales und das Wasser. Er interessierte sich nicht für Wasser, weil es nützlich ist oder weil er glaubte, die Götter würden sich über sein Interesse freuen. Thales versuchte, eine einfache Erklärung für das zu finden, was in der Natur vor sich geht.

Die Polynesier wussten sehr viel über die Bewegungen von Sternen und Planeten am Himmel. Aber wir wissen nicht, ob sie versucht haben zu erklären, warum der Himmel sich zu bewegen scheint. Und ob jemand die Frage gestellt hat: „Was sind Planeten und Sterne überhaupt?" Aus Polynesien kennen wir keine dem Thales vergleichbare Gestalt, ebenso wenig wie unter den Wikingern und Samen in Nordeuropa, den Mongolen in Asien, den Massai in Afrika und den meisten anderen Völkern. Aber das kann natürlich auch daran liegen, dass wir nicht genug über die Geschichte dieser Völker wissen.

Der Wunsch, die Natur zu erforschen, ist so alt wie die Menschheit selber, aber nicht alle Menschen stellen Fragen so wie die Griechen. Uns sind nur zwei andere Regionen bekannt, in denen solches Denken vor unserer Zeit üblich war: China und das arabische Reich vor etwa tausend Jahren.

Ungefähr zu dem Zeitpunkt, als in Athen die Akademie geschlossen wurde, waren die meisten Araber arme Nomaden, die die Wüstengebiete der arabischen Halbinsel durchstreiften (die Gegend, in der das heutige Saudi-Arabien liegt). Kaum jemand außerhalb dieses Gebietes wusste damals etwas von der Existenz dieses Volkes.

Aber schon zweihundert Jahre später erstreckte sich das arabische Reich von Indien bis Spanien. Nur selten ist in der Geschichte

Algebra und Alchimisten

der Menschheit ein Volk so rasch so mächtig geworden. Wie war das möglich?

Vor allem war dafür der Kaufmann Mohammed verantwortlich, der um 570 n. Chr. in der Stadt Mekka auf der arabischen Halbinsel geboren wurde. Mit vierzig Jahren gelangte Mohammed zu der Überzeugung, er sei ein Prophet – jemand, der einen besonders guten Kontakt zu Gott hat. Obwohl Mohammed anfangs auf großen Widerstand stieß, konnte er schließlich die Macht über seine Landsleute gewinnen, weil er ein glänzender Redner und Heerführer war.

Nach seinem Tod waren die Araber überzeugt, dass nur Mohammed die Wahrheit über Gott gesagt hatte. Und wie die Christen wollten die Mohammedaner, die auch Muslime oder Moslems genannt werden, andere Völker davon überzeugen, dass sie Recht hatten. Deshalb eroberten sie zunächst die Nachbarländer der arabischen Halbinsel. Das mächtige Römische Reich gab es nicht mehr, und die tüchtigen arabischen Heerführer konnten fast alle Gegner besiegen. In manchen Ländern bedeutete der Islam für Frauen, Arme und Sklaven ein besseres Leben. Deshalb ließen sich viele gern zu dieser neuen Religion bekehren.

Anfangs hatten die arabischen Herrscher nichts gegen Forschung und Philosophie. Die Araber waren ein neugieriges Volk, und nachdem sie so lange in öden Wüstengegenden gelebt hatten, interessierten sie sich für die Länder, die sie eroberten. Sie versuchten, von den besiegten Völkern zu lernen. Die Araber hatten große Achtung vor den griechischen Philosophen und bewahrten viele griechische Bücher auf, die sie bei ihren Kriegszügen erbeutet hatten.

In Bagdad wurde eine Kopie von Platons Akademie gegründet, das sogenannte „Haus der Weisheit". Hier wurden die Schriften Platons, Aristoteles' und anderer Philosophen von arabischen Forschern übersetzt, zum Beispiel um das Jahr 800 n. Chr. die *Syntaxis* des Ptolemäus. Auf Arabisch hieß dieses Buch *Almagest*, das bedeutet „das Größte", und unter diesem Namen ist es noch immer bekannt. Der *Almagest* hat auch dafür gesorgt, dass viele Sterne arabische Namen haben. Wenn wir zum Beispiel in einer Winternacht zum rötlichen Stern Beteigeuze (ausgesprochen „Betelgös") im Orion hochblicken, dann wissen wir jetzt, dass dieser Name aus dem Arabischen stammt und „Schulter des Riesen" bedeutet.

Die Araber übersetzten auch die Bücher von Hippokrates und Galenos und bauten die damals besten Krankenhäuser der Welt. Das größte davon war das Mansur-Krankenhaus von Kairo in Ägypten, in dem es eigene Abteilungen für Kranke mit Fieber, Durchfall,

Algebra und Alchimisten

Augenleiden und Verletzungen gab. Patienten, die aus dem Mansur-Krankenhaus entlassen wurden, erhielten fünf Goldstücke, damit sie überleben konnten, bis sie wieder arbeitsfähig waren. Auf diese Weise haben die Araber auch eine Art Krankenkasse eingeführt, was in Europa erst im 20. Jahrhundert passierte.

Ähnliches ließ sich in vielen weiteren Bereichen beobachten. Die Araber sammelten Wissen und wandten es nutzbringend an. Sie waren keine so fähigen Forscher wie die alten Griechen und hatten auch keinen Philosophen, der sich mit Aristoteles messen konnte. Aber zum Ausgleich griffen sie bereitwillig Erfindungen auf, die andere Völker gemacht hatten.

Die wichtigste Erfindung, die die Araber übernahmen, stammte nicht aus Griechenland, sondern aus Indien. Diese Erfindung wird noch immer in aller Welt genutzt, wir alle haben jeden Tag damit zu tun, ohne weiter über ihre Herkunft nachzudenken. Bei dieser Erfindung geht es um Zahlen. Die Inder hatten seit Jahrtausenden Zahlen verwendet. Wie die Sumerer (vgl. S. 16) bauten die Inder schon vor mehreren tausend Jahren große Städte, und das geht bekanntlich nicht ohne Zahlen und Mathematik. Aber in Indien gab es noch einen weiteren Grund, sich für Zahlen zu interessieren. Die indische Religion, der Hinduismus, operiert nämlich mit Zahlen – mit sehr großen Zahlen.

Diese arabischen Zahlenzeichen ähneln bereits stark unseren heute gebräuchlichen Ziffern.

Wenn eine Religion uns erzählen will, wie alt die Welt ist, heißt es oft, die Welt sei vor einigen Jahrtausenden erschaffen worden. Die Bibel berichtet, die Welt sei etwas älter als viertausend Jahre. Aber der Hinduismus liebt höhere Zahlen: Dort heißt es, die Welt sei vor Jahrmilliarden entstanden. So große Zahlen wurden damals im Alltag der Menschen nicht gebraucht – erst im 20. Jahrhundert rechnen wir mit Milliardenbeträgen. Deshalb gab es anfangs keine Möglichkeiten, um solche Zahlen aufzuschreiben.

Die Griechen lösten dieses Problem, indem sie alle großen Zahlen als „Myriade" bezeichneten, mit einem Wort also, das wir heute nur noch sehr selten benutzen und nur dann, wenn etwas in unbestimmt großer Anzahl vorhanden ist. Aber die Inder wollten sich damit nicht begnügen. Deshalb machten sie eine wichtige Erfindung: eigene Zeichen für die Zahlen nämlich.

Die Griechen benutzten für die verschiedenen Zahlen normale Buchstaben. Die römischen Zahlen, die in einigen Zusammenhängen noch heute verwendet werden, werden ebenfalls durch Buchstaben dargestellt. Bei den Römern ist der Buchstabe I dasselbe wie 1, V bedeutet 5, X ist 10, L ist 50, C ist 100 und M 1000. Man kann sich vorstellen, zu welchen Problemen das geführt hat. Zahlen und

Algebra und Alchimisten

I 1, II 2, III 3. IV 4, V 5, VI 6, VII 7, VIII 8, IX 9, X 10, XI 11, XIV 14, XIX 19, XX 20, XXIV 24, XXX 30, XL 40, L 50, LX 60, LXX 70, LXXX 80, LXXXIX 89, XC 90, C 100, CC 200, D 500, M 1000, MDCCCLXXVIII 1878

Wörter ähnelten einander, und wenn Zahlen und Wörter nebeneinander standen, konnte das einen Mathematiker ziemlich in Verwirrung stürzen. Ein weiteres Problem war, dass in der römischen Schreibweise sogar kleine Zahlen lang und kompliziert werden konnten. Die Zahl 337 zum Beispiel wird als römische Zahl so geschrieben: CCCXXXVII.

Wenn für Zahlen eigene Zeichen entwickelt werden sollen, ergibt sich das Problem, wo wir die Grenze ziehen wollen. Es gibt schließlich eine unendliche Menge von Zahlen. Wir können eine so große Zahl nennen, wie wir wollen, wir werden immer eine noch größere finden. Deshalb ist es unmöglich, für jede Zahl ein eigenes Zeichen zu entwickeln.

Die Inder fanden heraus, dass jede Zahl dargestellt werden kann, indem wir einfach zehn Zeichen immer neu miteinander kombinieren. Aber das geht nur, wenn die Stellung des Zeichens verrät, womit es malgenommen werden muss. Beim indischen Zahlensystem ist die Reihenfolge der Zahlen sehr wichtig.

Das ist nicht ganz leicht zu erklären, und ich will versuchen, es an einem Beispiel zu verdeutlichen. Schauen wir uns die Zahl 3764 an, deren Schreibweise mithilfe des indischen Zahlensystems entstanden ist. Der Platz am weitesten rechts im indischen Zahlensystem ist der Einerplatz. Dass bei der Zahl 3764 die 4 am weitesten rechts steht, bedeutet, dass ihr Wert gleich 4 mal 1 ist. Links neben dem Einerplatz kommt der Zehnerplatz. Wenn dort die 6 steht, bedeutet das eigentlich 6 mal 10. Jedes Mal, wenn wir einen Schritt weiter nach links gehen, erhält das Zahlensymbol, das dort steht, einen größeren Wert. Deshalb muss die Zahl links vom Zehnerplatz mit 100 malgenommen werden. Da dort eine 7 steht, ist der Wert dieser Zahl 7 mal 100. Die 3 ganz links steht auf dem Tausenderplatz. Das bedeutet, dass ihr Wert 3 mal 1000 beträgt. Alles zusammen ergibt 3000 + 700 + 60 + 4.

Wenn wir bei unserem Beispiel die 3 und die 7 vertauschen, erhalten wir die Zahl 7364, die fast doppelt so groß ist. Allein die Stellung der verschiedenen Zeichen bestimmt also die Größe der Zahl. Bei den römischen Zahlen ist das anders. Die Zahl 3764 wird dort so geschrieben: MMMDCCLXIV, die Zahl 7364 wird dagegen so

Römische Zahlen. Die mögliche Entstehung der Zeichen ist z.T. noch vorstellbar: V dürfte die Form der Hand gemeint haben und somit auf die Zahl der Finger verweisen, X wird als zwei V erklärt, die sich an der Spitze berühren. Zwei V verweisen auf zwei Hände, also zehn Finger. Umgekehrt erklärt sich das L für 50 als die Hälfte von Ḻ = C für 100.

Algebra und Alchimisten

dargestellt : MMMMMMMCCCLXIV. Daran sieht man, wie verwirrend die Mathematik im alten Rom gewesen ist.

Aber nicht alle Zahlen enthalten einen Einer, und was machen wir dann? Es ist vielleicht nicht leicht zu glauben, aber mit diesem Problem haben sich Mathematiker jahrhundertelang herumgequält. Auch dieses Problem konnten die Inder lösen. Sie dachten sich ein Zeichen aus, um anzuzeigen, dass dieser Platz in der Zahl leer war. Dieses Zeichen sieht so aus: 0. In der Zahl 450 bedeutet 0, dass es in dieser Zahl keine Einer gibt. In der Zahl 703 bedeutet 0, dass es keine Zehner gibt.

Ohne das Zeichen, das wir Null nennen, könnte das indische Zahlensystem nicht richtig funktionieren. Wir wissen nicht, wann diese geniale Idee aufgetaucht ist. Einer der ersten Mathematiker, die über die Null schrieben, war Brahmagupta, der im Jahr 598 n. Chr. in der Stadt Sind im heutigen Pakistan geboren wurde.

Ein Riesenvorteil liegt bei den indischen Zahlen darin, dass sich mit ihnen sehr viel leichter rechnen lässt. Wenn man zwei große indische Zahlen addieren will, braucht man nur die eine unter die andere zu schreiben und die Zahlen an den verschiedenen Plätzen zusammenzuzählen. Die Zehner werden zu den Zehnern dazugezählt, die Hunderter zu den Hundertern und so weiter.

Für Griechen und Römer dagegen war das viel schwerer. Auch für einfache Rechenarten wie Malnehmen und Teilen brauchten sie einen Rechenschieber, eine Art Zählgerät.

Den Arabern ging sehr schnell auf, dass sich mit den indischen Zahlen sehr viel leichter rechnen ließ als mit römischen oder griechischen. Der erste arabische Wissenschaftler, der begriff, wie wichtig das für die Wissenschaft war, war Al-Khwarizmi aus dem Iran. Er arbeitete in Bagdad im „Haus der Weisheit", und er schrieb unter anderem Bücher darüber, wie sich mithilfe der Mathematik eine Erbschaft unter den Hinterbliebenen verteilen ließ. Er schrieb auch ein wichtiges Mathematikbuch namens *Al-Gebr* (das bedeutet: „Verbindung getrennter Teile"). Seither wird der Zweig der Mathematik, der sich mit Zahlen befasst (alles, was nicht Geometrie ist), als Algebra bezeichnet.

Auch Kaufleute machten sich die neuen Zahlen zu Nutze und halfen, dieses Wissen in der ganzen arabischen Welt zu verbreiten. Mit dem indischen Zahlensystem konnten die Kaufleute viel leichter kopfrechnen. Schnell rechnen zu können ist für Kaufleute in die-

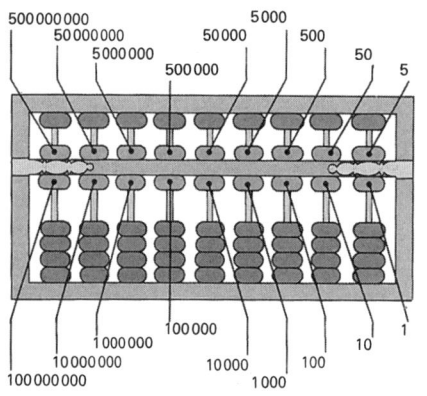

Die einfachste Rechenmaschine ist der hölzerne Zählrahmen oder Abacus (Rechenbrett) mit Kugeln, die verschiebbar auf Stäben aufgereiht sind und den Stellenwert von Einern, Zehnern, Hundertern usw. haben. Die Kugeln oberhalb des Querriegels haben jeweils einen Wert von fünf Einheiten, diejenigen unterhalb einen Wert von einer Einheit. Beim Rechnen sind immer nur die Kugeln gültig, die an den Querriegel in der Mitte des Abacus herangeschoben werden. Das Rechenbrett ist schon vor Jahrtausenden in China verwendet worden und so alt, dass man die genaue Zeit und den Ort seiner Erfindung nicht mehr nachweisen kann.

Algebra und Alchimisten

sem Teil der Erde noch immer wichtig. Denn während wir Gegenstände kaufen, die mit Preisschildern versehen sind, diskutiert in vielen Ländern noch immer der Käufer mit dem Verkäufer über den Preis der Ware.

Obwohl es unserem Gehirn Probleme macht, große Zahlen zu erfassen, hat die indische Erfindung uns doch immerhin ein Gefühl für Zahlen gegeben. Automatisch wissen wir, welche Zahl größer ist, 1000 oder 228. Die Länge der Zahl verrät alles. Wie viel schwieriger war das für die Römer: Die Zahl CCXXVIII (228) ist kleiner als die Zahl M (1000), sieht aber viel größer aus.

Im 12. Jahrhundert begannen die Araber, mit europäischen Kaufleuten Handel zu treiben. In Europa wurden damals noch die römischen Zahlen benutzt. Die Europäer merkten wahrscheinlich schnell, wie viel besser die Araber rechnen konnten, aber sie durften die neue Technik nicht erlernen. Im christlichen Europa galten die Araber nämlich als Gehilfen des Teufels, deren Kundschaft angeblich aus der Hölle stammte. Erst im 16. Jahrhundert wurden die indischen Zahlen fast überall in Europa eingeführt.

Andere Erfindungen ließen sich nicht so leicht übergehen. Im 13. Jahrhundert lernten die Araber eine fantastische neue Erfindung aus China kennen: ein schwarzes, scharf riechendes Pulver.

Europäer und Araber führten immer neue Kriege gegeneinander, und auf dem Schlachtfeld lernten die Europäer die neue Erfindung kennen. Wenn Schießpulver angezündet wird, kommt es zu einer heftigen Explosion. Das lässt sich waffentechnisch nutzen. Wenn zum Beispiel Schießpulver in ein am einen Ende geschlossenes Rohr gepresst wird, dann jagt das Rohr in hohem Tempo durch die Luft, sobald wir das Pulver anzünden. Solche Raketen waren in China seit dem 10. Jahrhundert bekannt.

Wenn eine geringere Pulvermenge in einem an einem Ende geschlossenen Metallrohr untergebracht wird und wir eine Kugel darauf legen, dann saust die Kugel aus dem Rohr, sobald wir das Pulver anzünden. Die Kugeln aus solchen Kanonen waren viel gefährlicher als die Steine, die mit den von den Griechen verwendeten Katapulten geschleudert werden konnten.

Rechenbeispiel

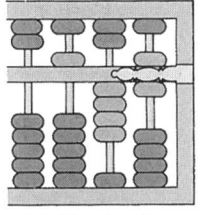

5   4   6

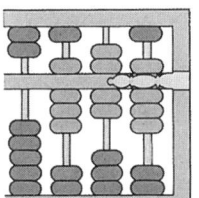

8   12   8

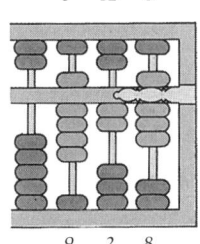

9   2   8

Erste Einstellung
Um zwei Zahlen zu addieren – hier 546 + 382 – stellt man zunächst die erste Zahl ein, indem man die entsprechenden Kugeln an den Querriegel heranschiebt.

Addieren
Am Einerstab werden zwei weitere Kugeln hochgeschoben. Am Zehnerstab wird acht hinzugefügt, indem man zwei obere Kugeln zum Querriegel hin und zwei untere Kugeln von ihm wegschiebt. Am Hunderterstab werden drei Kugeln hochgeschoben.

Ermitteln der Summe
Am Zehnerstab wird eine Einheit übertragen, indem man die beiden oberen Kugeln wieder zurückschiebt und dafür am Hunderterstab eine weitere Kugel hochschiebt. Nun kann man die Summe 928 ablesen.

Schießpulver war also für die Entwicklung neuer Waffen von ungeheurer Bedeutung, und es hat im Lauf der Zeit zahllosen Menschen das Leben gekostet. Deshalb ist es eine wirklich betrübliche Feststellung, dass der Erfinder des Schießpulvers vermutlich eine Medizin entwickeln wollte, die helfen sollte, das Leben der Menschen zu verlängern.

Wir wissen nicht, wer das Pulver erfunden hat, vermutlich war es ein chinesischer Alchimist. Als Alchimisten wurden Menschen bezeichnet, die alle möglichen Stoffe miteinander vermischten. Metalle wurden geschmolzen, Steine zerschlagen und in Wasser aufgelöst, Pflanzen und Bäume wurden zu Pulver verbrannt. Es gab fast überall auf der Welt Alchimisten, die tüchtigsten aber fanden sich in Arabien und China.

Die Alchimisten waren keine wirklichen Naturforscher, wie es die alten Griechen gewesen waren. Sie wollten zwar die Unterschiede zwischen den verschiedenen Stoffen in der Natur kennen lernen, aber es interessierte sie nicht weiter, warum diese Stoffe sich so sehr unterschieden. Die meisten Alchimisten wollten Reichtum erwerben. Sie hielten es für möglich, aus anderen Metallen Gold herzustellen. Diese Vorstellung hatten sie vermutlich von den Sumerern (vgl. S. 16) übernommen, die rund drei Jahrtausende v. Chr. durch das Vermischen der Metalle Kupfer und Zinn das neue Metall Bronze hergestellt hatten.

Da der Entdecker eines Verfahrens zur Herstellung von Gold der reichste Mensch der Welt werden würde, verbrachten manche Alchimisten ihr ganzes Leben mit dem Vermischen von Stoffen. Sie kamen niemals zu der Erkenntnis, dass es unmöglich ist, Gold durch das Einschmelzen und Vermischen von anderen Metallen herzustellen. Trotzdem war ihre Arbeit nicht ganz vergebens.

Die Alchimisten erfanden nämlich das Labor, einen Raum, der nur zum Forschen eingerichtet ist, und sie erfanden auch viele Instrumente, die in einem Labor verwendet werden. Glaskolben, Schmelzöfen und genaue Waagen wurden zuerst von Alchimisten benutzt. Außerdem entdeckten sie einige wichtige chemische Stoffe. Im 8. Jahrhundert n. Chr. versuchte der arabische Alchimist Jabir ibn Hayyan, ein Lebenselixier herzustellen, eine Art Medizin, die gegen alle Krankheiten gleichzeitig wirksam sein sollte, ein so genanntes Allheilmittel. Das gelang ihm nicht. Stattdessen entdeckte er die Essigsäure, den Grundbestandteil des Essigs.

Essigsäure ist ein ätzender, stinkender Stoff, der heutzutage in der Industrie viel verwendet wird. Alchimisten stellten auch den nützlichen Stoff Salmiak her, der unter anderem in Waschpulvern enthalten ist, und Alkohol, der nicht immer so nützlich ist.

Algebra und Alchimisten

Die chinesischen Alchimisten waren mehr am Lebensexilier interessiert als am Gold. Aber da auch sie nicht begriffen, was beim Vermischen von Stoffen passierte, war das genausowenig von Erfolg gekrönt. Ihre Elixiere enthielten oft Giftstoffe wie Quecksilber und Arsen, und deshalb starben bisweilen Kranke, denen sie ihre „Lebensmedizin" verabreicht hatten. Auch mehreren Kaisern von China wurde dieses Schicksal zuteil.

Aber auf dieselbe unvorsichtige Weise erfanden sie auch das Schießpulver. Irgendwann im 9. Jahrhundert vermischte ein chinesischer Alchimist aus Zufall Holzkohle, Schwefel und einen Stoff namens Salpeter und zündete die Mischung an. Wir wissen nicht, ob er das überlebt hat. Ein Buch aus dem Jahr 850 berichtet jedoch, dass Alchimisten sich Hände und Bart versengten, wenn sie mit dieser Mischung experimentierten, und dass schon mehrere Laboratorien abgebrannt waren.

Vermutlich stellten die Alchimisten fest, dass Schießpulver einen dichten Behälter sprengt, wenn es angezündet wird. In China war Feuerwerk sehr beliebt, und deshalb wurde Schießpulver in Papierrollen gefüllt, die mit großem Krach explodierten, wenn das Pulver angezündet wurde. Solche „Chinaböller" sind noch immer über-

Holzschnitt aus dem 15. Jhd., der einen experimentierenden Alchimisten in seinem Laboratorium zeigt.

Algebra und Alchimisten

all auf der Welt beliebt, wenn es etwas zu feiern gibt. Die ersten Raketen wurden ebenfalls auf Festen zum Spaß abgeschossen, aber bald ging den Chinesen auf, dass das Pulver auch für Waffen verwendet werden kann. Bei einer großen Schlacht im Jahr 994 wurden erstmals Raketen benutzt. Bald darauf wurden in Fabriken hunderte von Kriegsraketen hergestellt.

Im 11. Jahrhundert verbreitete sich auch außerhalb von China das Wissen, wie Schießpulver hergestellt wird. Kaufleute brachten es ins arabische Reich und nach Europa. Der Kaiser von China erkannte sehr bald, wie gefährlich Schießpulver in den Händen der Feinde sein konnte. Deshalb verbot er im Jahr 1067 privaten Kaufleuten, die Bestandteile des Schießpulvers zu verkaufen. Aber der Kaiser kam zu spät. Schließlich war das Rezept zur Pulverherstellung wichtig, nicht die einzelnen Zutaten.

Eines der größten Probleme bei der Jagd nach der Wahrheit ist, dass wir nicht immer wissen, welche Folgen eine Erfindung nach sich ziehen kann. Es war kein purer Zufall, dass der Erfinder des Schießpulvers aus China stammte. Die Chinesen haben nämlich hunderte von wichtigen Entdeckungen und Erfindungen gemacht, die das Leben der meisten Menschen erleichterten. In China wurde zum Beispiel zum ersten Mal ein Eisenpflug benutzt, mit dem sich viel besser pflügen ließ als mit den alten Holzpflügen. Die Chinesen stellten auch als Erste fest, dass sich die Ernte vergrößert, wenn das Korn in Reihen gesät wird, und sie entwickelten das erste Gift, um schädliche Insekten zu töten.

Die Chinesen bohrten nach Öl, nutzten die Wasserkraft, stellten Kunststoffe her und benutzten schon tausend Jahre früher als die übrige Welt Papiergeld. Viele ihrer Erfindungen verwenden wir noch heute, zum Beispiel Landkarten, selbst leuchtende Farbe, Spielkarten, Streichhölzer, Schubkarren, mechanische Uhren, Spagetti, Regenschirme, das Schachspiel, Steigbügel, Bücher, Angelruten mit Kurbeln und das Steuerruder. Manches von dem wurde aber auch zwei- oder mehrmals an unterschiedlichen Orten und unabhängig voneinander erfunden.

In China fehlte zwar eine Einrichtung wie die Akademie in Athen, aber es gab dort dennoch viele tüchtige Forscher. Die Chinesen hatten schon lange vor den Griechen den Sternenhimmel studiert, und sie entdeckten unter anderem die Flecken auf der Sonne. Chinesische Mathematiker waren mindestens so tüchtig wie ihre indischen und arabischen Kollegen und erfanden ein Zahlensystem, das dem indischen ähnlich ist.

Chinesische Ärzte behandelten viele gefährliche Krankheiten und verfügten über verschiedene Impfstoffe (vgl. S. 151–154).

Der chinesische Arzt Chang Chi, der um das Jahr 200 v. Chr. lebte, erkannte, dass manche Krankheiten durch falsche Ernährung entstehen. Er erklärte, wie solche Mangelerkrankungen geheilt werden konnten. Erst im 18. Jahrhundert verfügten auch europäische Ärzte über dieses Wissen.

Diese vielen Entdeckungen und Erfindungen trugen dazu bei, dass China zu einem der reichsten und mächtigsten Länder der Welt wurde. Die Araber fürchteten und achteten die Chinesen aus gutem Grund.

Aber seit damals hat sich einiges geändert. Sowohl in China wie auch in Arabien wurde für lange Zeit die Jagd nach der Wahrheit eingestellt. Wie in Europa nach der Römerzeit wurden auch dort irgendwann keine bedeutenden Entdeckungen und Erfindungen mehr gemacht.

Einer der Gründe, warum es in China dazu kommen konnte, kann das chinesische Denken sein. Der größte Philosoph der chinesischen Geschichte hieß K'ung-fu-tzu. Er lebte um das Jahr 500 v. Chr. und stellte Regeln auf, wie die Gesellschaft funktionieren und wie die Menschen miteinander umgehen sollen.

Konfuzius, wie wir ihn heute schreiben, war auf Gesetz und Ordnung erpicht. Die Menschen sollten die Gesetze befolgen und dem Kaiser und anderen mächtigen Personen gehorchen. Ehefrauen mussten ihren Männern gehorchen, die Jugend musste die älteren Leute respektieren. Ein Problem bei diesem Denken ist, dass es nicht mehr leicht ist, Fragen zu stellen.

Am Anfang meines Buches habe ich dazu aufgefordert, zu zweifeln und nicht einfach alles zu glauben. Solche Zweifel sind in gewisser Hinsicht das genaue Gegenteil der Lehre von Konfuzius. Er empfiehlt uns, denen zu glauben, die älter sind und über eine längere Ausbildung verfügen als wir. Dieses Denken bringt uns beim Forschen jedoch nicht weiter. Oft stellen nämlich junge Menschen mit ausgefallenen Ideen die richtigen Fragen, während ältere Forscher oft in ihrem gewohnten Denken verharren.

Im Lauf der Zeit wurde es in China immer schwieriger, Fragen zu stellen und neue Ideen Gehör finden zu lassen. Auf diese Weise ging es damals bergab mit den Chinesen – am Ende vergaßen sie sogar ihre eigenen Erfindungen. Als europäische Priester im 17. Jahrhundert den Chinesen ihre mechanischen Uhren zeigten, waren die Chinesen zutiefst beeindruckt. Sie wussten nicht mehr, dass sie einst selber vergleichbare Zeitmesser erfunden hatten.

Auf ähnliche Weise entwickelte sich die Lage im arabischen Reich. Obwohl arabische Wissenschaftler tüchtig waren, konnten sie nicht so viele Fragen stellen wie die griechischen Philosophen.

Ihre Religion behauptete, die Antworten auf die wichtigsten Fragen zu kennen, weshalb sie sich nicht weiter damit befassen sollten. Deshalb wagten nur wenige Araber, dasselbe zu sagen wie Demokrit: dass Gott für die Natur und das Leben der Menschen keine Bedeutung habe.

Die arabische Gesellschaft hatte teilweise dieselben Probleme wie die griechische. Die Araber verboten ihren Frauen das Forschen, und sie hatten Sklaven, weshalb es nicht nötig war, arbeitssparende Erfindungen zu machen. Im Lauf der Zeit wurde die Religion immer strenger, und immer mehr Fragen wurden verboten. Die Entwicklung war in dieser Hinsicht dieselbe wie in Europa. Die Religion läutete ein Mittelalter ein, in dem als Wahrheit galt, was im Koran stand, dem heiligen Buch.

Die Jagd nach der Wahrheit erinnert an einen Staffellauf. Nicht jeder Läufer hat die ganze Zeit die Stafette in der Hand, aber sie ist immer unterwegs. Und um das Jahr 1300 gaben die Araber die Stafette wieder an die Europäer zurück.

Europa kommt wieder nach vorn

Als in Europa die Neugier auf die Natur wieder erwachte, geschah das zuerst innerhalb der Kirche, die die Verantwortung für alles Wissen und Denken trug. Wer im Mittelalter eine Ausbildung haben wollte, musste Priester, Mönch oder Nonne werden. Mönche und Nonnen lebten in besonderen Gebäuden, die „Kloster" genannt werden. Dort sollten sie ihre Zeit vor allem mit Beten verbringen. Sie durften nicht heiraten und mussten strenge Regeln einhalten.

In Wirklichkeit war dieses Leben aber nicht immer so streng. Wer „Robin Hood" gelesen hat, diese Geschichte eines englischen Helden aus dem Mittelalter, der erinnert sich vielleicht noch an Bruder Tuck, den fetten und faulen Mönch, der gern trank und sich prügelte. Sein Beispiel zeigt, dass sehr unterschiedliche Menschen ins Kloster gingen, nicht nur die frommen.

Zum Beispiel die Neugierigen. Vor tausend Jahren gab es in Europa kein „Haus der Weisheit" und keine Akademie mehr. Im Kloster dagegen war eine Art Ausbildung möglich, und dort gab es auch Bibliotheken. Im 11. Jahrhundert wurden dort neue Bücher in Gebrauch genommen, Bücher, die Aristoteles, Ptolemäus und andere griechische Philosophen geschrieben hatten.

Die Araber hatten die Werke der griechischen Philosophen aufbewahrt, und viele Bücher in den Klöstern waren aus dem Arabischen übersetzt worden. Bücher zu übersetzen ist immer schon ein schwieriges Handwerk gewesen, manchmal kann es sogar lebensgefährlich sein. Im Mittelalter führten Araber und Europäer gegeneinander Krieg. Mönche mussten sich als Muslime verkleiden oder sogar die Religion wechseln, um sich die Bücher zu verschaffen. Ein solches Konvertieren wurde manchmal mit dem Tode bestraft.

Wenn die arabischen Bücher in den Klöstern eintrafen, wurden sie nicht ins Englische oder Italienische übersetzt, sondern ins Lateinische, die alte Sprache Roms. Das Latein hatte den Untergang des Römischen Reiches überlebt, weil die Kirche es benutzte. Die Bibel war schon längst ins Lateinische übersetzt worden, und Messen wurden auf Latein gelesen. Die Menschen sprachen Gebete in einer Sprache, die die meisten von ihnen nicht verstanden! Aber die Verwendung des Lateinischen hatte auch ihre Vorteile. Da alle Nonnen und Mönche Latein lesen konnten, hatte ein Mönch in Mainz ebenso großen Nutzen von einem Buch wie eine Nonne in Rom.

Wenn ein Buch fertig übersetzt war, dauerte es aber noch lange, bis alle, die ein Exemplar haben wollten, auch wirklich eins besaßen. Damals mussten alle Bücher mit der Hand Wort für Wort abgeschrieben werden. Das so genannte Kopieren von Büchern wurde zu einem eigenen Beruf. Es ist klar, dass die Bücher deshalb von Fehlern nur so wimmelten, und wer damals Bücher las, konnte sich nicht darauf verlassen, dass zwei Kopien genau dieselben Wörter enthielten.

Bücher können gefährlich sein. Manche Mönche und Nonnen, die die griechischen Philosophen gelesen hatten, fingen an, auf neue Weise zu denken. Sie hatten gehört, dass die Wahrheit allein in der Bibel zu finden sei. Aber bei Aristoteles erfuhren sie, dass die Menschen die Wahrheit selber finden können, wenn sie die Natur studieren. Der bekannteste dieser Mönche war der Engländer Roger Bacon. Er gehörte zu Europas größten Aristoteles-Experten, und er wurde wegen seiner fantastischen Prophezeiungen über das Ende der Welt berühmt.

Um das Jahr 1250 schrieb Roger Bacon: „Es ist möglich, Wagen herzustellen, die sich ohne Pferde bewegen und die von einer wundersamen Kraft angetrieben werden. Es ist möglich, Flugmaschinen zu bauen, bei denen ein Mann, der mitten in der Maschine sitzt, die Flügel zum Schlagen bringen kann." Man kann sich denken, dass viele Bacon für verrückt hielten.

Aber was den Führern der christlichen Kirche Angst machte, waren Roger Bacons Vorstellungen von Forschung. Er war nämlich nicht nur ein Anhänger des Aristoteles, er fand außerdem, der Grieche sei nicht weit genug gegangen! Es reiche nicht aus, die Natur zu studieren, um Wissen zu erwerben. Die Menschen müssten auch durch Experimente zu neuen Erkenntnissen gelangen, schrieb Roger Bacon. Bei einem Experiment wird aktiv etwas mit der Natur gemacht, sie wird beeinflusst, und wir erfahren dadurch, ob unsere Annahmen wirklich zutreffen.

Bei einem Experiment kann man zum Beispiel ein kleines Modell der Natur herstellen und versuchen, mit seiner Hilfe eine Aussage über die ganze Natur zu machen. Ich werde das genauer erklären. Wenn man in einem Ruderboot sitzt, fällt einem auf, dass die Ruder, die ins Wasser ragen, in der Mitte einen Knick zu haben scheinen. Es sieht so aus, als wären sie gleich unterhalb der Wasseroberfläche verbogen. Wenn man die Ursache genauer untersuchen will, ist es reichlich mühselig, dabei die ganze Zeit in einem Boot zu sitzen. Man kann aber auch eine Schüssel mit Wasser füllen und einen Bleistift hineinhalten. Dann sieht man, dass auch der Bleistift einen Knick hat.

Schüssel und Bleistift sind ein Modell des Wassers in einem See und der Ruder, die man hineinhält. Es ist leichter, mit dem Modell zu arbeiten, und das, was man dabei lernt, gilt auch für die wirkliche Natur. Das war ein neuer Gedanke, und Roger Bacon hielt ihn für sehr wichtig. Er meinte, dass Forscher durch Experimente mehr Wissen erwerben als durch Beobachtung. Und eines Tages wissen sie dann genug, um eine Maschine zu bauen, die fliegen kann.

Wir können leicht verstehen, dass die meisten von Bacons Kollegen seinen Gedanken tiefes Misstrauen entgegenbrachten. Und Bacon hielt sich auch nicht an seine eigenen Worte. Vermutlich hat er nur wenige Experimente selbst ausgeführt. Das mit der Schüssel und dem Bleistift hat er allerdings wohl tatsächlich selbst ausprobiert. Roger Bacon hat nämlich sehr viel darüber geschrieben, wie Licht sich durch Wasser fortpflanzt.

Ihm war klar, dass ein Stock im Wasser deshalb einen Knick zu haben scheint, weil die Lichtstrahlen beim Übertritt von der Luft ins Wasser ihre Richtung ändern. Dieser Vorgang wird Lichtbrechung genannt. Bacon wusste auch, dass wir sehen, weil unsere Augen Lichtstrahlen erkennen. Wir sehen einen Bleistift, weil er die Lichtstrahlen zu unseren Augen reflektiert. Wenn die Lichtstrahlen ihre Richtung ändern, wie das im Wasser der Fall ist, dann ändert sich auch das Aussehen des Bleistifts.

Bacon wusste auch, dass Lichtstrahlen ihre Richtung ändern, wenn sie Glas durchdringen. Er war nicht der Einzige, der diese Entdeckung machte. Im 13. Jahrhundert war bereits vielfach bekannt, dass Lichtstrahlen sich in verschiedene Richtungen lenken lassen, wenn Glas auf unterschiedliche Weise geschliffen wird. Wenn eine runde Glasscheibe so geschliffen wird, dass sie in der Mitte am dicksten und an den Rändern am dünnsten ist, dann werden die Lichtstrahlen, die durch diese Scheibe gehen, so gebeugt, dass sie sich an einem

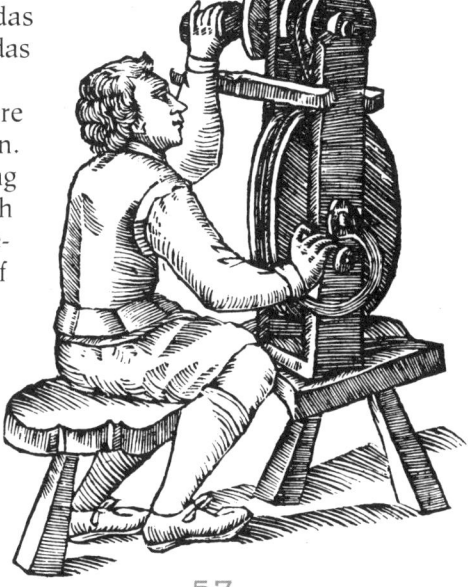

Linsenschleifer an einer mittelalterlichen Schleifmaschine. Die Illustration stammt aus dem 1660 erschienenen Lehrbuch Dioptrica Pratica.

Punkt hinter der Scheibe treffen. Wenn Sonnenlicht durch die Scheibe geht, wird dieser Treffpunkt glühend heiß. Deshalb wurde er Brennpunkt genannt. Da die geschliffenen Glasscheiben ähnlich aussahen wie das Gemüse Linsen, erhielten sie dessen Namen.

Im Jahr 1280 entdeckte der Italiener Salvina degli Armati, dass Glaslinsen mehr können, als nur das Sonnenlicht zu konzentrieren. Wenn wir älter werden, haben wir oft Probleme damit, Dinge in unserer nächsten Nähe zu sehen. Dieses Phänomen wird „Weitsichtigkeit" genannt. Schuld daran ist die Tatsache, dass die Augen im Alter ihre Form verändern. Wenn aber vor ein weitsichtiges Auge eine Linse gehalten wird, kann es wieder scharf sehen. Armati hielt vor beide Augen eine Linse, befestigte sie an einer Art Rahmen, der auf der Nase ruhte, und hatte die Brille erfunden.

Unscharfe Sicht ist und bleibt eines der häufigsten Probleme, mit denen wir Menschen uns herumschlagen. Wer eine Brille trägt, weiß, wie wichtig diese Erfindung war. Das älteste Bild eines Brillenträgers zeigt einen Mönch, und das ist kein Zufall. Mönche lasen sehr viel, und früher mussten sie damit aufhören, wenn die Weitsichtigkeit einsetzte. Aber die Brille ermöglichte es ihnen, ihre Arbeit bis ins hohe Alter fortzusetzen.

Die neue Erfindung war bald sehr beliebt bei allen, die sich eine Brille leisten konnten. Die Brillenmacher, die Optiker genannt wurden, öffneten in den großen Städten Europas ihre Läden. Aber die Optiker erkannten schnell, dass sie nicht bei allen Weitsichtigen die gleiche Linse verwenden konnten. Manche Leute brauchten dicke Linsen, andere dünne. Außerdem gab es viele Menschen mit Sehschwächen, denen die Optiker nicht helfen konnten. Nämlich die, die weiter entfernte Dinge nicht klar erkennen konnten, die Kurzsichtigen.

Wenn ich als Kurzsichtiger eine Brille für Weitsichtige aufsetze, sehe ich noch weniger. In ganz Europa versuchten Optiker, dieses Problem zu lösen. Aber erst im 16. Jahrhundert gelang es ihnen, Linsen herzustellen, die Kurzsichtigkeit ausglichen. Diese Linsen waren in der Mitte dünn und an den Rändern dick.

Weil immer neue Patienten zu den Optikern kamen, die unterschiedliche Brillentypen brauchten, mussten die Optiker experimentieren. Die Optiker mussten also das tun, wozu die Wissenschaftler so wenig Lust hatten.

Das galt nicht nur für die Optiker. Um das Jahr 1300 entwickelten sich die Verhältnisse in Europa ziemlich gut. Die Städte wurden größer, die Bevölkerungszahlen wuchsen, Wälder wurden gerodet, um neuen Boden urbar zu machen, und neue Erfindungen wurden in Gebrauch genommen. Zwei der wichtigsten Erfindungen waren

EUROPA KOMMT WIEDER NACH VORN

das Wasserrad und die Windmühle. Beide waren seit Jahrhunderten bekannt, erst jetzt aber erwiesen sie sich wirklich als nützlich. Vielerorts fehlte es an Arbeitskräften. Ein Wasserrad, das in einer Schmiede an eine Säge oder einen Blasebalg angeschlossen wurde, konnte die Arbeit von mehreren Menschen oder Tieren verrichten. Eine Windmühle drehte sich ganz von allein, und der Müller brauchte sie nur noch in Stand zu halten und Getreide nachzufüllen.

Die Maschinen mussten so gut wie möglich funktionieren, und deshalb wurden sie immer wieder verbessert. Deshalb gab es um diese Zeit die ersten Ingenieure, Fachleute für Maschinen und Technik. Für diese Erfindungen bezahlten häufig reiche Kaufleute, die noch reicher werden konnten, wenn sie noch effektivere Maschinen besaßen. Im belgischen Flandern gab es riesige Hallen, in denen mithilfe von Maschinen aus Wolle und Leinen Tuche hergestellt wurden. Die Hallen hatten große Ähnlichkeit mit modernen Fabriken. In England und Deutschland konstruierten Ingenieure Pumpen, um Bergwerksgänge trocken zu halten.

Es ist deutlich zu sehen, wie stark sich die griechische Gesellschaft und das Europa des Mittelalters voneinander unterschieden. Es gab zwar im Mittelalter noch Menschen, die ihre Arbeitskraft anderen zur Verfügung stellen mussten, und für Frauen waren noch immer die meisten Ausbildungswege versperrt, aber es war doch sehr viel üblicher, Kenntnisse über die Natur praktisch anzuwenden. Wissen war nicht nur spannend – mit Wissen ließ sich auch Geld verdienen. Italienische Kaufleute, die in Nordafrika mit den Arabern Geschäfte machten, hatten erfahren, wie sehr indische Zahlen das Rechnen erleichtern. Diese Kaufleute gründeten Banken, die Geld verliehen. Auf diese Weise wurden die indischen Zahlen zur Geheimwaffe der größten Banken und der reichsten Familien in einigen norditalienischen Städten.

Um diese Zeit setzte sich auch die Erkenntnis durch, dass Klöster nicht die beste Ausbildungsstätte für junge Menschen waren,

Während den Arabern die Windmühle schon im 7. Jahrhundert bekannt war, kam sie in Europa erst im 12. Jahrhundert in Gebrauch. Die frühen Windmühlen waren fast ausschließlich so genannte Bockmühlen, die dem Wind entsprechend gedreht wurden.

die in der Gesellschaft tätig sein sollten. Im 12. Jahrhundert wurden deshalb in Städten wie Oxford und Cambridge, Bologna und Paris Universitäten gegründet.

Anfangs waren die Universitäten eine Art Kopie von Platons Akademie. Sie waren Orte, an denen reiche junge Männer Philosophie, Mathematik, Alchimie, Astronomie und Theologie (die Lehre von der christlichen Religion) studieren konnten. Die Studenten wurden von Professoren unterrichtet, Fachleuten für die verschiedenen Wissensgebiete. Das Wort Professor stammt aus dem Lateinischen und bedeutet „dem Publikum etwas sagen", und genau das war anfangs die Aufgabe der Professoren. Sie forschten nur selten, viel lieber diskutierten sie miteinander. Und zwar oft über die unglaublichsten Themen.

Zum Beispiel zerbrachen sich die Theologen damals den Kopf über die Frage, ob die Seele eines Mannes nach seinem Tod sofort gen Himmel fährt oder ob sie bis zum Jüngsten Gericht warten muss. Sie überlegten auch, ob Frauen überhaupt eine Seele hätten, und sie versuchten zu berechnen, wie viele Engel auf einer Nadelspitze Platz hätten. Die Diskussionen der Professoren waren oft entsetzlich kompliziert, und sie brachten lange, verwickelte Argumente vor.

Daran hat sich bis heute nichts geändert. Wenn wir versuchen, einer Fernsehdiskussion zu folgen, dann stellen wir oftmals fest, dass die Teilnehmer lauter komplizierte Wörter verwenden, um etwas zu sagen, das sich auch viel einfacher sagen ließe. Komplizierte Argumente können sehr hilfreich sein, wenn wir versuchen, einer unangenehmen Frage auszuweichen. Aber sie erschweren auch das klare Denken. Und klares Denken ist bei der Jagd nach der Wahrheit unbedingt nötig.

Zu Beginn des 14. Jahrhunderts versuchte ein englischer Mönch, daran etwas zu ändern. Er hieß Wilhelm von Ockham und studierte an der Universität Oxford Theologie. Dabei legte er sich so heftig mit seinen Professoren an, dass er von der Universität flog, ehe er seine Ausbildung beendet hatte. Für den Rest seines Lebens wanderte er von einem Kloster zum andern und schrieb Bücher, die großes Aufsehen erregten.

Wilhelm von Ockham war natürlich ein Christ, und viele seiner Schriften handeln von Gott. Aber er interessierte sich auch für die Logik, wie Aristoteles sie beschrieben hatte (vgl. S. 26). Er vertrat die Ansicht, die Menschen müssten ihre Vernunft gebrauchen und sich auf ihre Sinne verlassen, wenn sie verstehen wollen, was in der Welt passiert. Vor allem wollte er etwas gegen die komplizierten Diskussionen unternehmen, die in Klöstern und an Universitäten so beliebt waren. Deshalb stellte er eine Regel auf, um das Leben für Diskussionsteilnehmer und für Menschen, die verstehen wollen, was andere sagen, leichter zu machen.

Die Regel lautete ungefähr so: „Wenn man etwas beweisen will, dann beschränkt man sich auf die wirklich notwendigen Argumente." In der Wissenschaft ist ein Argument oft etwas, was ein Forscher beobachtet hat, es kann sich um eine mathematische Berechnung oder um das Ergebnis eines Experiments handeln. Oft können sehr unterschiedliche Dinge darauf hinweisen, dass der Forscher Recht hat. Und dann ist es wichtig, alles Überflüssige zu streichen, damit er und die Menschen, die seine Berichte lesen, nicht verwirrt werden.

Wichtig ist das, was ein Wissenschaftler sagen will, nicht, ob er es auf eine besonders ausgefeilte Weise sagt. Ockhams Regel ist noch immer eine große Hilfe bei der Jagd nach der Wahrheit. Studenten lernen sie an der Universität, Forscher wenden sie immer wieder an. Die Regel ist auch als „Ockhams Rasiermesser" bekannt. Rasiermesser sind scharf, und Wilhelm von Ockham schnitt mit dieser Regel bei Diskussionen alles Überflüssige ab. Kein Wunder, dass er nicht sehr beliebt war!

Wilhelm von Ockham starb zwischen 1347 und 1350 im Alter von rund 65 Jahren in München. Es war kein Zufall, dass er gerade zu dieser Zeit starb, denn zu diesem Zeitpunkt erlagen in ganz Europa Millionen von Menschen einer Krankheit, die der „schwarze Tod" oder die „Pest" genannt wurde. Damals wusste niemand, wie diese Krankheit entstand. Die Menschen wussten nur, dass Kranke mit schwarzen Beulen am ganzen Leib und hohem Fieber fast immer zum Tode verurteilt waren. Ein Drittel der Bevölkerung Europas fiel dem schwarzen Tod zum Opfer, wie auch Millionen von Menschen in anderen Erdteilen. Der Pest war es egal, ob jemand arm oder reich war, und die damaligen Ärzte konnten nur zusehen, wie ihre Patienten starben. Auch Gebete, zu denen die Priester rieten, brachten keine Hilfe.

Man stelle sich vor, ein Drittel aller Menschen in unserer unmittelbaren Umgebung stirbt innerhalb weniger Wochen. Einer von drei Menschen im Haus, wo wir wohnen, in der Straße, der Schule oder der Familie. Was wäre das für ein Gefühl, überlebt zu haben? Was spielte sich nach einer derart einschneidenden Katastrophe in den Köpfen der Menschen ab? Da es damals noch keine Meinungsumfragen oder Zeitungen gab, wissen wir nicht, wie die einfachen Menschen reagiert haben. Aber vielleicht haben damals viele ihren Glauben an Gott verloren.

Das kann jedenfalls eine Erklärung für die seltsame Entwicklung sein, die in Italien einsetzte, nachdem die Pest abgeklungen war. Man sollte eigentlich annehmen, dass eine solche Katastrophe die Gesellschaft vollständig zerstört. Zahllose Bauern und Arbeiter waren umgekommen, Kinder hatten ihre Eltern, Klöster und Universitäten viele ihrer fähigsten Gelehrten verloren. Nach einigen Jahrzehnten jedoch, als die Lage sich endlich wieder stabilisiert hatte, machte sich eine erstaunliche Veränderung bemerkbar.

Die Renaissance

Alles fing in der Kunst an. Seit Jahrhunderten zeichneten und malten Künstler Bilder, die im Vergleich mit der wirklichen Welt flach und leblos waren. Die Welt war ihnen allerdings auch gar nicht so wichtig. Die meisten Bilder stellten Jesus, die Jungfrau Maria oder andere christliche Gestalten und Motive dar, um durch die Bilder die christliche Botschaft zu vermitteln.

Aber zu Beginn des 15. Jahrhunderts gelang italienischen Malern eine große Entdeckung. Sie lernten, die Perspektive anzuwenden, eine Technik, die es ermöglicht, naturgetreue Bilder anzufertigen. Die Perspektive nahm zum Beispiel Rücksicht darauf, dass Dinge, die weit weg sind, klein aussehen, und dass ein Weg, der in die Ferne führt, immer schmaler zu werden scheint. Mithilfe der

Diese Zeichnung aus einem 1604 in Leiden (Holland) gedruckten Buch von Jan Vredeman de Vries erklärt schematisch die Funktion der perspektivischen Darstellung mit dem Fluchtpunkt auf der ganz hinten in der Mitte stehenden Säule.

DIE RENAISSANCE

Perspektive konnten Menschen, Häuser und die Natur auf eine ganz neue Weise gezeichnet werden.

Damit setzte eine gewaltige Entwicklung in der Kunst ein. Viele der größten Kunstwerke, die wir kennen, sind damals geschaffen worden. Reiche Italiener bezahlten für diese Kunst. Sie waren so wohlhabend, dass sie Geld und Zeit für „unnütze" Dinge wie Kunst und Bücher ausgeben konnten.

Zusammen mit den Künstlern träumten sie vom alten Griechenland. Die griechischen Philosophen und Künstler waren ihre Vorbilder, und sie wollten Griechenland in Norditalien wieder geboren sehen. Wir bezeichnen diese Periode mit dem französischen Wort für Wiedergeburt: „Renaissance".

Für die Jagd nach der Wahrheit war die Renaissance sehr wichtig. Zum einen verlor damals die Kirche an Bedeutung. In Europa wurden zwar weiterhin Kirchen errichtet, aber man bewunderte das Wissen der nichtchristlichen Griechen. Und obwohl die Kirche noch immer versuchte, Wissenschaftler und Philosophen das freie Denken zu verbieten, griff sie nicht mehr so streng durch wie im Mittelalter.

Die Perspektivtechnik ermöglichte die Herstellung von realistischen Zeichnungen, was für die Forscher sehr wichtig werden sollte. Einer der Ersten, der das erkannt hatte, war Leonardo da Vinci. Jeder kennt sein berühmtestes Bild, die „Mona Lisa", das eine Frau mit einem rätselhaften Lächeln darstellt.

Leonardo wurde im Jahr 1452 in der kleinen norditalienischen Stadt Vinci geboren. Sein Vater war reich und konnte Leonardo in die Schule schicken. Dort lernte er lesen, schreiben und rechnen. Aber Leonardo zeigte auch früh seine zeichnerische Begabung, und deshalb wurde er zu einem berühmten Künstler in die Lehre gegeben. Damals gab es noch keine Kunstschulen, und junge Künstler mussten jahrelang für einen erfahrenen Meister arbeiten, ehe sie als ausgelernt galten.

Bei diesem Lehrmeister erwarb Leonardo das Wissen, das er brauchte, um Bilder und Skulpturen herstellen zu können. Die meisten Künstler hätten sich damit zufrieden gegeben. Wenn sie gelernt hatten, was sie brauchten, wollten sie sich so schnell wie möglich ihrer eigenen Kunst widmen.

Aber Leonardo war unzufrieden damit, wie die Menschen auf Bildern dargestellt wurden. Bis zur Renaissance waren keine nackten Menschen gemalt worden. Die Menschen auf den Bildern trugen bodenlange Kleider oder Gewänder, und die Künstler wussten genau, wie sie Stoffe darstellen konnten, die einen menschlichen Körper bedecken. Leonardo aber wollte wissen, wie der

DIE RENAISSANCE

Körper aussah, äußerlich und innerlich, um ihn besser zeichnen zu können.

Deshalb fing er an, Leichen zu sezieren. Eigentlich war das verboten, wie schon bei den alten Griechen. Aber Leonardo kümmerte sich nicht um dieses Verbot. Insgesamt schnitt er dreißig Leichen auf, betrachtete sie in allen Einzelheiten und fertigte von allem Zeichnungen an. Und dabei zeigte sich, wie nützlich die Perspektivtechnik war. Denn sie ermöglichte es, genaue Zeichnungen herzustellen, die auch anderen einen richtigen Eindruck vom Körperinneren vermitteln konnten. Leonardo wollte die erste richtige „Karte" des menschlichen Körpers zeichnen, eine Karte, die Ärzte und Künstler verwenden konnten.

Leonardo da Vinci fand auch das Wissen über alles andere in der Natur wichtig für Künstler. Deshalb studierte er Pflanzen und Tiere, und er untersuchte versteinerte Tierknochen, die wir heute Fossilien nennen. Vor allem den Vögeln widmete er seine Aufmerksamkeit. Jahrelang beobachtete er sie beim Fliegen, er sezierte sie und untersuchte, wie sich die einzelnen Knochen im Vogelkörper bewegen. Auf diese Weise stellte er unter anderem fest, dass Vögel ihre Flügel im Flug anders bewegen als beim Abheben oder beim Landen.

Leonardo machte das alles nicht nur aus purer Neugier. Sein großer Traum war es, eine Flugmaschine zu konstruieren, und er hat hunderte von detaillierten Zeichnungen dieser Maschine hinterlassen. Aber es gelang ihm nie, eine zu bauen, die tatsächlich

Leonardo entwarf u. a. verschiedene Flugapparate in Schwingenflügler-Form (Ornithopter). Für die weiche Landung dachte er sich Stoßdämpfer aus. Er errechnete, dass der Mensch durch seine Muskelkraft mit ca. 380 kg vom Boden abheben könne, und versuchte deshalb, seine Fluggeräte möglichst leicht zu konstruieren, um dieses Gewicht nicht zu überschreiten. Außerdem beobachtete er immer wieder Vögel, um festzustellen, wie sie ihre Flügel halten, damit sie den Auftrieb nutzen können.

Die Renaissance

funktionierte. Der Sage nach hat ein Mann versucht, mit einer solchen Maschine zu fliegen, aber das ist wirklich nur eine Sage. Denn Leonardo schrieb, dass menschliche Muskelkraft allein nicht ausreicht, um eine Flugmaschine anzutreiben. Eine Zeit lang spielte er mit dem Gedanken, eine Bogensehne als eine Art Treibriemen zu verwenden, dann gab er auf. Er versuchte es auch mit anderen Arten von Flugmaschinen, zum Beispiel einem Hubschrauber und einem Fallschirm, aber auch diese wurden nie gebaut.

Allerdings ließ sich Leonardo nicht von Misserfolgen aus der Bahn werfen. Ganz im Gegenteil. Im Lauf der Jahre hat er tausende von Maschinen gezeichnet, von solchen, die damals verwendet wurden, und seine eigenen Erfindungen. Mehrere Herrscher in Norditalien beschäftigten Leonardo als eine Mischung aus Künstler, Erfinder und Ingenieur. Er konstruierte Maschinen, die das Leben der Menschen erleichtern konnten, zum Beispiel eine, die optische Linsen schliff. Leonardo lebte jedoch in einer Zeit, in der es viele Kriege gab, und deshalb zeichnete er auch Kriegsmaschinen wie gepanzerte Wagen und U-Boote.

Nur wenige von Leonardos Erfindungen gelangten über das Papierstadium hinaus. Aber dass zu Lebzeiten Leonardos keine Flugmaschinen gebaut werden konnten, bedeutet eigentlich nicht viel, wenn wir es uns richtig überlegen. Wichtig war vielmehr, wie Leonardo dachte. Roger Bacon hatte vorausgesagt, dass der Mensch eines Tages fliegen werde. Auch Leonardo ging davon aus. Anders als Roger Bacon aber versuchte Leonardo, diesen Prozess in die Wege zu leiten. Er wusste, dass häufig ausgiebige Forschungsarbeiten nötig sind, ehe eine neue Erfindung gemacht werden kann.

Leonardo erkannte auch, wie wichtig Kenntnisse über den menschlichen Körper sein können. Er lehrte die zukünftigen Forscher, von allem, was sie sahen, genaue Zeichnungen anzufertigen. Bis die Fotografie erfunden wurde, waren viele Forscher nämlich auf solche Zeichnungen angewiesen.

Leonardo versuchte, Lehrbücher zu verfassen, von denen er hoffte, dass sie so wichtig werden würden wie die alten griechischen Werke. Neben seinem „Atlas" des Körpers wollte er eine Anleitung zum Bau von leistungsstarken Maschinen mit mechanischen Teilen wie Schrauben, Zahnrädern, Treibriemen und Kolben schreiben. Ein drittes Buch sollte vom Hausbau handeln, also von Architektur.

Keines dieser Bücher konnte er jedoch vollenden. Vermutlich nahm sich Leonardo immer zu viel vor. Heutzutage können wir uns nur mit Mühe einen Künstler vorstellen, der gleichzeitig als Wissenschaftler tätig ist – und umgekehrt. Aber damals fanden das vie-

Die Renaissance

le Menschen ganz richtig so. Am angesehensten waren die so genannten Universalgenies, Menschen also, die sich mit allem auskannten.

Einer derjenigen, die Leonardo mit Geld unterstützten, war Lorenzo Medici. Er gehörte zur steinreichen Medici-Familie, die große Teile Norditaliens beherrschte. Lorenzo gründete seine eigene „platonische Akademie", wo sich Künstler und Philosophen trafen, um über alle möglichen Fragen zu diskutieren. Er selber war ein fähiger Politiker, Dichter und Philosoph, von dem es hieß, niemand sonst könne sich mit ihm messen. Lorenzo galt als Universalgenie und trug den Beinamen „Il Magnifico", der Großartige.

Man kann sich vorstellen, wie schwierig es war, einen solchen Ruhm zu rechtfertigen. Es gab schon zu viel Wissen, deshalb konnte eigentlich niemand ein Experte für alles sein. Und mit jedem Tag vergrößerte sich dieses Wissen noch. Damals fanden auch die großen Entdeckungsreisen statt. Als junger Mann hörte Leonardo, dass Christoph Kolumbus weit im Westen neues Land gefunden habe. Andere Entdecker reisten nach Afrika oder Indien oder versuchten, die Erde zu umsegeln. Und alle brachten von ihren Fahrten neues Wissen mit zurück.

Wir erkennen leicht, dass es unmöglich ist, ein Universalgenie zu sein. Wenn wir in einem bestimmten Fach gut sein wollen, müssen wir diesem Fach so ziemlich unsere ganze Zeit widmen. Das heißt jedoch nicht, dass wir das Ideal ganz aufgegeben hätten. Wir gehen ja schließlich nicht zur Schule, um nur das zu lernen, was wir zum Überleben unbedingt brauchen (Lesen, Schreiben und Rechnen zum Beispiel). Aus sehr vielen Bereichen erfahren wir in der Schule ein bisschen, unsere Gesellschaft findet es nämlich wichtig, dass alle über so viel wie möglich ein bescheidenes Grundwissen haben.

Obwohl Leonardo da Vinci, Lorenzo de' Medici und andere „Universalgenies" der Renaissance keine wichtigen Entdeckungen über die Natur machten, zeigen sie uns doch, wie wichtig Achtung vor dem Wissen ist. Ohne diese Achtung hätte die Jagd nach der Wahrheit keinen Sinn.

Die Sonne im Zentrum

Eine alte Redensart handelt vom Tropfen, der das Fass zum Überlaufen bringt. Ein Mensch, ein Ereignis oder ein Buch können die Weltgeschichte verändern. Ein solches Buch war *De revolutionibus orbium coelestium* von Nikolaus Kopernikus, das im Jahr 1543 erstmals erschien. Der lateinische Titel bedeutet „Über die Umläufe der Himmelskörper", und genau davon handelt das Buch: wie Sonne, Mond und Planeten sich im Sonnensystem bewegen.

Nun waren Bücher über Astronomie nichts Neues. Das Besondere an diesem Buch war die Behauptung, dass Aristoteles und Ptolemäus sich geirrt hatten. Nicht die Erde stehe im Zentrum des Universums, sondern die Sonne, meinte Kopernikus. Um die Sonne kreisten die Erde und die Planeten Merkur, Venus, Mars, Jupiter und Saturn. Obwohl die alten Griechen keine Christen gewesen waren (Aristoteles hatte ja 250 Jahre vor Christus gelebt), glaubte die Kirche, ihre Vorstellungen stützten das Christentum. Deshalb bedeutete ein Angriff auf diese Philosophen zugleich einen Angriff aufs Christentum.

Anfangs lasen nur wenige das Buch des Kopernikus. Die Kirche hatte sich gerade in einen katholischen und einen protestantischen Teil gespalten, und die Christen fanden es aufregender, sich untereinander zu streiten, als sich für ein Buch über Sterne und Planeten zu interessieren. Außerdem war Kopernikus ein ziemlich bekannter Mathematiker, den der Papst selber schon um Rat gebeten hatte, deshalb konnte man sich kaum vorstellen, dass sein Buch gefährliche Ideen enthalten könnte.

Nikolaus Kopernikus hatte Theologie studiert, und er stand in seiner Heimatstadt Frauenburg (im heutigen Polen) im Dienst der Kirche. Wie konnte er da in seinem Buch Behauptungen aufstellen, die den Lehren der Kirche widersprachen? Es war einfach eine Frage der Wahrheit. Kopernikus hielt es nicht für wahr, dass die Erde im Zentrum des Sonnensystems stehen sollte. Und für ihn war die Wahrheit wichtiger als eine gute Beziehung zur Kirche.

DIE SONNE IM ZENTRUM

1497, mit vierundzwanzig Jahren, wurde Kopernikus auf die Universität von Bologna geschickt, um Mathematik, Medizin und Theologie zu studieren. Sein Onkel war Bischof und wollte dem Neffen ein gutes Einkommen als Priester und Arzt sichern. Schon als Junge hatte Kopernikus sich für den Sternenhimmel interessiert, und deshalb studierte er auch Astronomie.

Bologna liegt in Norditalien, wo hundert Jahre zuvor die Renaissance eingesetzt hatte. In Bologna wurde das Studieren so wichtig genommen, dass die Hälfte allen Geldes, das in dieser Stadt ausgegeben wurde, an die Universität ging. Deshalb war die Universität von Bologna eine der besten Europas, und sie zog Studenten aus allen Ländern an.

Kopernikus besuchte diese Universität in einer spannenden Zeit. Als er in Bologna eintraf, war Christoph Kolumbus zum zweiten Mal unterwegs nach Amerika. Ganz Europa sprach über „Westindien", das Land, das Kolumbus entdeckt haben wollte. Die Entdeckungsreisenden konnten erzählen, dass die Kirche und die alten Griechen nicht alles gewusst hatten. Wer kühn genug war, konnte noch immer neue Entdeckungen machen. In der Renaissance war es auch leichter, nichtchristliche Ideen zu diskutieren. Man durfte zwar nicht alles sagen, aber Studenten und Professoren konnten wieder mehr Fragen als früher stellen.

Später erzählte Kopernikus, dass es an der Universität sehr viele unterschiedliche Meinungen über die Universumsauffassung des Ptolemäus gegeben habe. Und deshalb kamen ihm Zweifel daran, dass dieser überhaupt Recht gehabt haben sollte. Als Theologe konnte er Griechisch, und deshalb las er die Bücher der alten Philosophen. Vielleicht stieß er in einem Buch des Aristoteles zum ersten Mal auf Aristarchos, der geglaubt hatte, die Sonne stehe im Mittelpunkt des Sonnensystems.

Er wusste, wie gefährlich dieser Gedanke war, und zunächst ging er sehr vorsichtig ans Werk.

Diese französische Miniatur des 14. Jahrhunderts illustriert anschaulich das geozentrische Weltbild der Sphären, das das Mittelalter von Aristoteles und Ptolemäus übernommen hatte. Im Mittelpunkt dieses Weltbilds stand die Erde.

Die Sonne im Zentrum

Entwicklung unseres Weltbilds

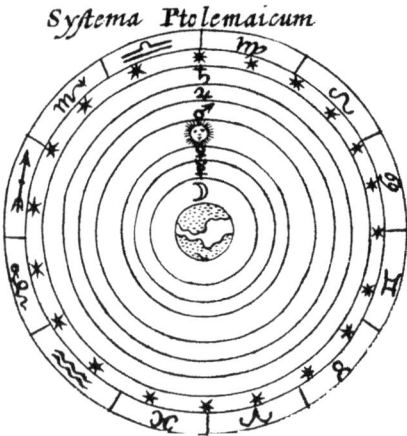

Das ptolemäische System
Die Erde befindet sich im Zentrum. Um sie herum kreisen Mond, Merkur, Venus, Sonne, Mars, Jupiter, Saturn und die Fixsternsphäre in der genannten Reihenfolge.

Das platonische System
Auch hier steht die Erde im Zentrum. Die Sonne umkreist bei Platon die Erde schon auf der zweiten Sphäre, direkt hinter der des Mondes.

Er rechnete aus, wie sich die Planeten bewegen würden, falls die Sonne wirklich im Zentrum des Sonnensystems stünde, und er entdeckte einen wichtigen Unterschied zwischen beiden Auffassungen. Ptolemäus hatte es Probleme gemacht, zu erklären, warum die Planeten scheinbar am Himmel stehen bleiben, um sich dann einige Monate lang rückwärts zu bewegen. Er hatte sich deshalb vorgestellt, dass die Planeten an kleinen Kugeln befestigt waren, die wiederum an größeren Kugeln hingen. Er brauchte insgesamt achtzig Kugeln, um die Bewegung der Planeten zu erklären.

Kopernikus stellte fest, dass sich die Rückwärtsbewegung der Planeten sehr viel leichter erklären lässt, wenn die Sonne im Mittelpunkt steht und sich die Planeten um sie drehen. Kopernikus wusste ungefähr, wie viel Zeit jeder Planet braucht, um sich einmal um die Sonne zu drehen. Der Planet Mars braucht zum Beispiel fast zwei Erdjahre. Die Erde braucht nur eins, sie dreht sich also schneller um die Sonne als der Mars.

Kopernikus stellte nun die Frage: Wie sieht der Mars von der Erde betrachtet aus, wenn wir wissen, dass er sich langsamer bewegt als die Erde? Ab und zu scheint er sich rückwärts zu bewegen. Und zwar, wenn Erde und Mars einander nahe kommen. Dann „saust" die Erde am Mars vorbei, und der Mars scheint sich rückwärts zu bewegen. Diese Rückwärtsbewegung findet in Wirklichkeit gar nicht statt, es sieht nur so aus, weil die Erde schneller ist als der Mars. Man kann das leicht auf der Autobahn beobachten. Wenn wir in einem Auto sitzen, das ein anderes überholt, scheint das langsamere Auto rückwärts zu fahren. Aber eigentlich fahren beide Wagen in dieselbe Richtung, nur eben mit unterschiedlichem Tempo.

Ich weiß, dass das ziemlich kompliziert klingt. Aber es ist immerhin weniger kompliziert als die Erklärung des Ptolemäus. Und es war wichtig, dass die Erklärung des Kopernikus einfacher war. Durch sie wurde es leichter, die Bewegungen der Planeten zu berechnen. „Ockhams Rasiermesser" (vgl. S. 61) sagt uns, dass eine gute Erklärung wenige Argumente braucht. Wenn sich ein Forscher zwischen zwei gleich guten Erklärungen entscheiden muss, dann gilt die einfachere Erklärung als die bessere.

Ptolemäus war es ziemlich egal gewesen, ob sich die Planeten wirklich in achtzig Kugeln drehten. Ihm und den meisten anderen Astronomen kam es darauf an, ob ihre Berechnungen richtig waren. Kopernikus dagegen glaubte, das Sonnensystem sehe so aus wie in seiner Theorie. Er glaubte, dass seine Erklärung mit der wirklichen Natur übereinstimmte.

Deshalb musste er auch davon ausgehen, dass das Universum viel größer war, als alle bisher angenommen hatten. Die alte Vorstellung des Sonnensystems ging von einem kleinen Universum aus. Sonne, Mond und Planeten kreisten dicht über unseren Köpfen, und ganz außen hüllte es eine Kugel ein, an der die Sterne befestigt waren. Sie brauchte nur vierundzwanzig Stunden, um sich um die Erde zu drehen, und sie war nicht weit von der Erde entfernt. Viele stellten sich vor, dass der Himmel, in den die Toten gelangten, gleich hinter dieser Sternenkugel lag.

Aber wenn der große Erdball um eine weit entfernte Sonne kreist, dann muss das Universum riesengroß sein. Und das wollten viele nicht akzeptieren. In gewisser Hinsicht werden die Menschen dadurch nämlich „degradiert". Die Menschen sind nicht mehr die wichtigsten Geschöpfe auf dem Erdball mitten im Universum, sondern Bewohner eines normalen Planeten, der eine ferne Sonne umkreist. Kopernikus hat nicht nur eine astronomische Theorie verkündet, sondern ein neues Weltbild.

Ein Weltbild ist die Auffassung der Menschen von der Beschaffenheit des Universums und von dem Platz, den wir Menschen in diesem Universum einnehmen. Die Theorie des Ptolemäus wird oft als „geozentrisches Weltbild" bezeichnet, was bedeutet, dass die Erde im Mittelpunkt steht. Die Theorie des Kopernikus dagegen heißt „heliozentrisches Weltbild", denn bei ihm steht die Sonne im Mittelpunkt.

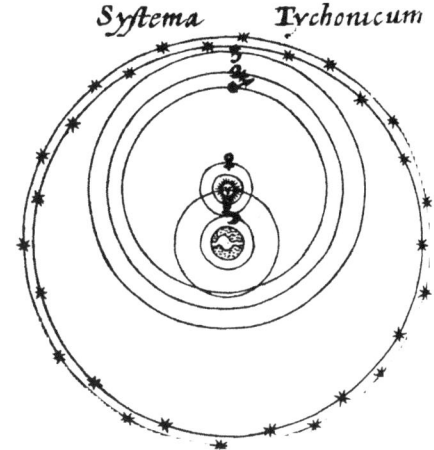

Das tychonische System
Die Erde bleibt auch bei Tycho Brahe im Zentrum und wird von Mond und Sonne umkreist. Die übrigen Planeten umkreisen bei ihm aber schon die Sonne als Zentrum.

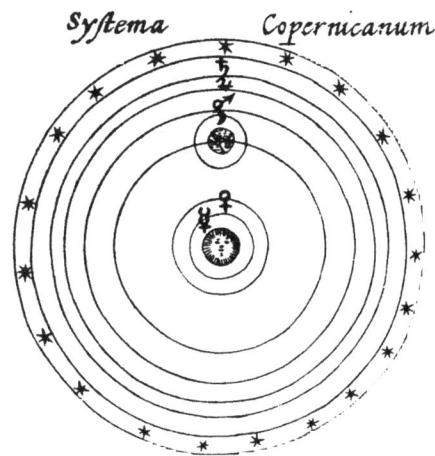

Das kopernikanische System
Bei Kopernikus steht erstmals die Sonne im Zentrum, alle Planeten umkreisen sie, auch die Erde. Um die Erde kreist nur der Mond.

Die Sonne im Zentrum

Heute wissen wir, dass Kopernikus Recht hatte, aber damals ließ sich das nicht beweisen. Es gab durchaus Gründe, seine Aussagen anzuzweifeln. Kopernikus hatte sich nicht in allen Punkten von den alten Griechen entfernt. Er war davon überzeugt, dass sich alle Planeten im Kreis um die Sonne drehten. Sie mussten Kreisbahnen folgen, sagte er, weil das, was am Himmel ist, hoch über uns Erdlingen steht und deshalb ganz vollkommen ist. Aus den Büchern der griechischen Philosophen hatte er gelernt, dass der Kreis eine perfekte geometrische Figur ist. Deshalb musste sich alles am Himmel in Kreisbahnen bewegen.

Das hört sich seltsam an, aber wir dürfen nicht vergessen, dass Kopernikus niemals etwas anderes gelesen hatte. Das Problem war, dass seine Berechnungen über die Planetenbewegungen am Himmel kaum mit dem übereinstimmten, was er selber sehen konnte. Um richtige Berechnungen zu erhalten, musste auch er davon ausgehen, dass die Planeten auf ihren Kreisbahnen kleine Kreise beschrieben. Das war nicht so kompliziert wie das System des Ptolemäus, aber viele konnten im Grunde keinen großen Unterschied zwischen beiden Systemen erkennen.

Auch konnte das heliozentrische Weltbild nicht erklären, warum die Menschen nicht vom Erdball fielen. Denn was hält uns eigentlich fest, wenn die Erde eine Kugel ist, sich um ihre eigene Achse dreht und zugleich in einem wilden Tempo um die Sonne herumjagt? Diese Frage stellten sich viele Leser des Kopernikus. Kopernikus selber starb im Erscheinungsjahr seines Buches, deshalb konnte er die Frage nicht mehr beantworten.

Was „Über die Umläufe der Himmelskörper" zu einem der wichtigsten Bücher der Geschichte machte, war nicht die Tatsache, dass es die Welt veränderte. Durch dieses Buch gab es zum ersten Mal eine brauchbare Alternative zum alten Weltbild. Es gab nicht mehr nur eine Wahrheit. Wissenschaftler und Philosophen mussten ihre Denkweise ändern. Sie mussten eine Möglichkeit finden, sich für eins dieser beiden Weltbilder entscheiden zu können.

Der dänische Astronom Tycho Brahe gehörte zu denen, die den Wissenschaftlern diese Entscheidung ermöglichten. Tycho Brahe wurde drei Jahre nach dem Tod des Kopernikus geboren. Auch er hatte einen reichen Onkel, der seinem Neffen eine Ausbildung spendierte. Brahe sollte Rechtsanwalt werden und nahm im Jahr 1559 an der Universität Kopenhagen sein Studium auf.

Aber am 21. August 1560 hatte er ein Erlebnis, das sein Leben verändern sollte. Über Kopenhagen war eine Sonnenfinsternis zu sehen. Sonnenfinsternisse bieten immer einen spannenden Anblick, aber Tycho Brahe fand es noch spannender, dass die Astronomen diese Sonnenfinsternis vorausgesagt hatten. Er beschloss, mehr über Astronomie zu lernen, und beschaffte sich das Buch *Almagest* des Ptolemäus. Brahe lernte nicht nur, wie Sonnenfinsternisse berechnet werden, er fing auch an, den Sternenhimmel genau zu beobachten.

Im Jahr 1563 sah er, dass die Planeten Jupiter und Saturn sich einander näherten, was von Astronomen als Konjunktion bezeichnet wird. Konjunktionen sind Ereignisse, die die Astronomen damals voraussehen konnten. Sie berechneten den Zeitpunkt einer Konjunktion mithilfe der mathematischen Regeln und des Sternenkatalogs im *Almagest*. Als Tycho Brahe jedoch seine eigenen Beobachtungen am Himmel mit den Berechnungen der Astronomen verglich, stellte er fest, dass die Berechnungen nicht zur Wirklichkeit passten. Brahe verließ sich auf seine Sinne und meinte, die Astronomen rechneten falsch, weil die Sternentabellen im *Almagest* und den anderen Büchern falsch waren. Er beschloss, diese Fehler zu korrigieren.

Und das war nur möglich, wenn er alle starken Sterne und alle Planeten am Himmel beobachtete. Das war eine gewaltige Aufgabe, die Tycho Brahe viele Jahre lang beschäftigte. Er maß die Stellung der tausend stärksten Sterne am Himmel und die Position der Planeten in Bezug zu diesen Sternen ganz präzise aus. Dafür hatte er nur einfache Instrumente. In der Regel richtete er lange Stäbe oder halbkreisförmige Winkelmesser auf die Sterne. Aber Brahe hatte scharfe Augen und eine ruhige Hand. Deshalb waren seine Messungen viel besser als die im *Almagest*.

In einer Novembernacht des Jahres 1572 entdeckte Tycho Brahe am Himmel einen neuen Stern. Im Lauf einer Nacht war er im Sternbild Cassiopeia aufgetaucht, und bald leuchtete er heller als alle anderen Sterne. Das machte den Astronomen Kopfzerbrechen. Sie glaubten wie Aristoteles, der Himmel sei perfekt und werde sein Aussehen deshalb niemals verändern. Einige trösteten sich mit der Behauptung, es handle sich gar nicht um einen Stern, sondern um etwas Unbekanntes, das in der Luft schwebte. Tycho Brahe dagegen beobachtete den Stern wochenlang und stellte fest, dass er sich in nichts von anderen Sternen unterschied. Er funkelte, er bewegte sich nicht, und er war viel weiter von der Erde entfernt als der Mond. Das konnte nur bedeuten, dass der Himmel eben doch nicht perfekt ist. Er verändert sich wie alles in der Natur.

Als Brahe 1573 in seinem Buch *De Stella Nova* („Über den neuen Stern") diese Beobachtung beschrieb, wurde er zum berühmten Forscher. König Frederik II. von Dänemark gab ihm Geld, um auf der Insel Ven zwischen Dänemark und Schweden ein prachtvolles

DIE SONNE IM ZENTRUM

Observatorium zu bauen, ein Haus mit astronomischen Instrumenten. In diesem Observatorium machte Tycho Brahe seine zweite große Entdeckung: Im Jahr 1577 entdeckte er einen Kometen.

Heute wissen wir, dass Kometen kilometergroße Eisklumpen sind, die um die Sonne kreisen, genau wie die Planeten, damals aber hielten die Astronomen sie für ein hoch oben in der Atmosphäre treibendes Gas. Tycho Brahe versuchte, die Entfernung zu diesem Kometen zu messen, und stellte fest, dass auch er sehr viel weiter von der Erde entfernt war als der Mond. Außerdem glaubte er, dass sich der Komet auf dieselbe Weise bewegte wie die Planeten.

Für einen Kometen, der sich wie ein Planet bewegte, gab es im kleinen Sonnensystem des Ptolemäus einfach keinen Platz. Im Sonnensystem des Kopernikus dagegen war zwischen den Planeten Raum genug. Brahes Entdeckung war wichtig, denn sie ermöglichte es, zwischen den beiden Erklärungen einen Unterschied zu machen.

Tycho Brahe selber hielt von beiden Erklärungen nicht viel, er versuchte lieber, sein eigenes Sonnensystem zu beschreiben. Im tychonischen System steht im Mittelpunkt die Erde, um die die Sonne sich dreht. Die anderen Planeten drehen sich um die Sonne.

Tycho Brahes Observatorium Uranienborg auf der Insel Ven (zeitgenössische Darstellung).

Tycho Brahe versuchte, auf früheren Erklärungen aufbauend, eine neue Erklärung zu finden. Das ist keine schlechte Idee, denn oft haben beide Seiten in einer Auseinandersetzung brauchbare Argumente. Das tychonische System war aber viel komplizierter als das des Kopernikus, und deshalb ließen sich nur wenige Astronomen davon überzeugen.

Dennoch war es Tycho Brahe, der am Ende, ohne es selber zu wissen, diesen Streit schlichten sollte. Nachdem er sich mit dem dänischen König überworfen hatte, ging er nach Prag, wo er im Jahr 1601 starb. Er hatte erst zwei Jahre in dieser Stadt verbracht, in dieser Zeit aber seine Zusammenarbeit mit dem Deutschen Johannes Kepler aufgenommen. Viele Jahre nach Brahes Tod machten sich seine Beobachtungen der Sterne und Planeten bezahlt. Da nämlich griff Kepler auf sie zurück.

Das Universum ausserhalb von uns

In diesem Buch werden nur einige wenige Menschen erwähnt, die sich an der Jagd nach der Wahrheit beteiligt haben. Für die meisten ist hier nicht genug Platz, und viele Namen sind auch einfach wieder vergessen worden. Das gilt zum Beispiel für den Namen des Menschen, der das Fernrohr oder Teleskop erfunden hat.

Angeblich verdanken wir diese Erfindung einem Zufall. Ein Lehrling des Optikers Hans Lippershey in Amsterdam soll sie gemacht haben. Bei den Optikern gab es alle Arten von Brillenlinsen, große, kleine, dicke und dünne. Eines Tages im Jahr 1608 spielte der Lehrling vielleicht gerade mit zwei Linsen und hielt durch puren Zufall die eine ein Stück entfernt vor die andere und schaute dann durch beide gleichzeitig hindurch. Und er stellte fest, dass auf einmal weit entfernte Dinge näher heranrückten. Wenn er die beiden Linsen auf einen fernen Kirchturm richtete, schien der plötzlich viel näher herangerückt zu sein.

Das wirkte wie pure Zauberei, aber die Erklärung war im Grunde einfach. Alle Linsen, die in der Mitte am dicksten sind (sie werden konvexe Linsen genannt), scheinen das zu vergrößern, was wir

Zwei konvexe Linsen hintereinander geben dem Auge ein vergrößertes Abbild dessen, was sich vor der vom Auge entfernten Linse befindet. Weit entfernte Objekte scheinen näher heranzurücken und werden dadurch deutlicher erkennbar.

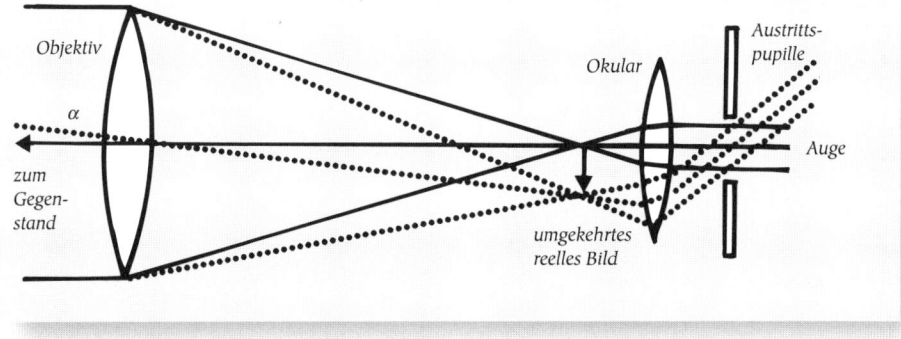

durch sie betrachten. Wenn man sich ein Vergrößerungsglas vors Auge hält und es dann langsam von sich weg bewegt, erkennt man, dass die Linse aber noch mehr kann. Sie zeigt ein Bild von dem, was vor ihr liegt. In einem Fotoapparat werden Linsen genau auf diese Weise verwendet. Sie zeigen ein Bild von dem, worauf die Kamera gerichtet wird, und dieses Bild wird von einem Film eingefangen.

Wenn man jetzt eine zweite konvexe Linse zwischen das Auge und die erste Linse hält, vergrößert die zweite Linse das Bild. Die vordere Linse gibt also ein Bild von etwas weit Entferntem wieder, das dann von der Linse vor unserem Auge vergrößert wird. Und deshalb scheint das, was weit entfernt ist, näher heranzurücken.

Diese Erfindung erhielt den Namen Teleskop, was „weit sehen" bedeutet. Es war allerdings unpraktisch, zwei Linsen mit der Hand festzuhalten, deshalb wurden sie in ein Rohr aus Holz oder Metall eingepasst. Hans Lippershey gab sich als Erfinder aus und wollte sich das Teleskop auch patentieren lassen. Wer das Patent auf eine Erfindung besitzt, kann entscheiden, wer diese Erfindung benutzen darf. Aber Lippershey wurde das Patent nicht bewilligt, und bald wurden in ganz Europa Teleskope als neues, merkwürdiges Spielzeug verkauft.

In Italien lebte ein Mann, der begriff, dass das Teleskop mehr war als nur ein Spielzeug. Er hieß Galileo Galilei. Als er vom Teleskop hörte, war er bereits ein berühmter Forscher. Galilei wurde 1564 in Pisa geboren, der Stadt mit dem berühmten Schiefen Turm. Pisa liegt in Norditalien, und wie die Nachbarstädte Bologna und Florenz war es eine reiche Stadt mit einer berühmten Universität.

Galileis Vater war ein bekannter Musiker. Er war ein Anhänger des freien Denkens und erzog seinen Sohn nach dieser Maxime. Galileo hatte eigentlich Kaufmann werden sollen. Weil er jedoch viel lieber studieren wollte, ließ sein Vater ihn die Universität besuchen.

Vielleicht wäre Galileo Arzt geworden, wenn er in seinem ersten Studienjahr nicht ein seltsames Erlebnis gehabt hätte. Überall in der Natur gibt es Geheimnisse, und Galilei entdeckte eins unter der Decke der großen Kathedrale von Pisa. Eines Tages im Jahr 1581 besuchte er dort die Messe, als ihm auffiel, dass ein Leuchter hoch über ihm langsam hin- und herpendelte. Galilei behielt den Leuchter eine Weile im Auge, und er sah, dass er immer gleich viel Zeit brauchte, um hin- und herzuschwingen, egal, ob er eine weite Schwingung beschrieb oder sich nur ein wenig zur Seite bewegte.

Den meisten von uns wäre das wahrscheinlich nicht aufgefallen. Aber Galilei wurde neugierig und stellte die Frage: Warum verhält sich der Leuchter so? Eigentlich müsste er doch für eine weite Pendelbewegung länger brauchen als für eine kurze. Zu Hause befestigte er eine Metallkugel an einem Faden und ließ sie pendeln wie den Kronleuchter. Und das, was er in der Kirche gesehen hatte, wiederholte sich: Die Kugel brauchte für ihre Schwingungen immer gleich viel Zeit.

Das Geheimnis des schwingenden Pendels weckte Galileis Neugier. Er fing an, Geometrie zu studieren, und las die Bücher von Archimedes und Aristoteles. Auf diese Weise lernte er alles, was sie über Physik gewusst hatten, die Wissenschaft, die lehrt, wie leblose Dinge sich verhalten. Und Galilei stellte fest, dass es sich mit der Physik genauso verhielt wie mit der Astronomie. Die Menschen glaubten blind alles, was Aristoteles geschrieben hatte, auch wenn es nicht mit dem übereinstimmte, was alle mit eigenen Augen sehen konnten.

Aristoteles glaubte zum Beispiel, dass schwere Gegenstände schneller zu Boden fallen würden als leichte. Nehmen wir uns einen leichten und einen schweren Stein und lassen beide gleichzeitig los. Wenn Aristoteles Recht hat, dann trifft der schwere vor dem leichteren auf dem Boden auf. Aber wir werden sehen, dass beide gleichzeitig unten ankommen. In diesem Punkt hatte sich Aristoteles also geirrt, und Galilei war einer der Ersten, die das erkannten. Aber wir haben ja schon im Zusammenhang mit Kopernikus gesehen, dass es nichts brachte, einfach zu sagen, Aristoteles habe Unrecht. Wenn Galilei wirklich andere dazu bringen wollte, ihre Meinung zu ändern, dann musste er ganz sicher sein, dass die Wirklichkeit tatsächlich so war, wie er behauptete.

Deshalb folgte Galilei dem Rat des Roger Bacon: Er stellte Experimente an. Er ließ Steine und Metallkugeln fallen und beobachtete ihren Fall. Er ließ Kugeln über ein schräg gestelltes Brett rollen und versuchte auszumessen, wie lange sie brauchten, bis sie auf den Boden auftrafen. Jedes Experiment wiederholte er viele Male.

Galilei konnte ja nicht sicher sein, dass sich eine Kugel immer gleich verhielt. Vielleicht fiel sie ab und zu doch etwas langsamer? Aber das tat sie nicht. Egal, wie oft Galilei ein Experiment wiederholte, immer schlugen unterschiedlich schwere Kugeln gleichzeitig auf dem Boden auf.

Galilei glaubte, dass es für dieses Phänomen eine Art Gesetz geben könne. Genau wie die Gesetze und Regeln der Gesellschaft das Verhalten der Menschen bestimmten, so bestimmten vielleicht auch in der Natur Gesetze, was dort passierte. Diese Gesetze nennen wir heute Naturgesetze. Galilei stellte fest, dass es möglich war, die Bewegungen der Kugeln zu berechnen. Er erkannte, dass sich

Das Universum ausserhalb von uns

das Naturgesetz, das die Bewegungen der Kugeln bestimmt, als mathematische Formel schreiben lässt. Deshalb sagte er: „Das große Buch der Natur ist in der Sprache der Mathematik geschrieben."

Wenn Galilei seine Experimente machte, war die Zeit ein großes Problem. Wenn wir einen Stein fallen lassen, erreicht er den Boden innerhalb einer halben Sekunde. Damals gab es jedoch noch keine Uhren, die Sekunden messen konnten. Die Uhren hatten nicht einmal Minutenzeiger. Deshalb benutzte Galilei sein Herz als Zeitmesser. Das Herz schlägt pro Minute etwa zweiundsiebzig Mal, und Galilei zählte die Schläge, indem er einen Finger an sein Handgelenk oder seinen Hals hielt. Wenn wir aufgeregt sind, schlägt unser Herz schneller, deshalb war Galileis Uhr von seinen Stimmungen abhängig.

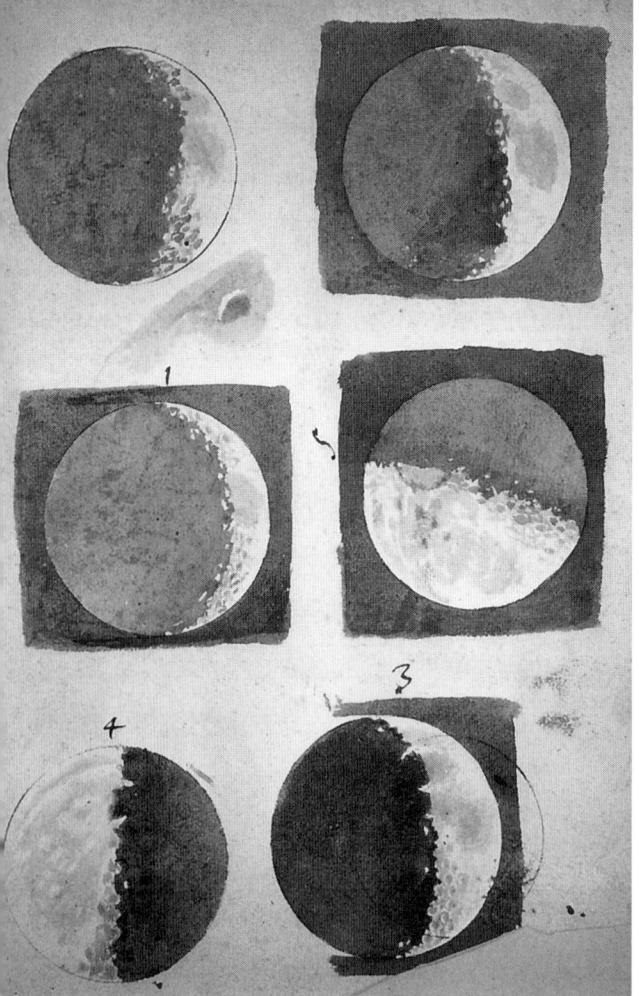

Galileis Mondzeichnungen mit den verschiedenen Phasen

Galileo Galilei versuchte auch, die Zeit zu messen, indem er in regelmäßigen Abständen einen Ton sang oder ausmaß, wie viel Wasser während des Experimentes in ein Gefäß floss. Aber er wusste, dass er bessere Zeitmesser brauchte. Galilei dachte an den Kronleuchter in der Kirche und die Kugel am Faden, die hin- und herschwang. Dass eine Schwingung hin und her immer genau gleich lang dauert, ließ sich vielleicht in einer Uhr ausnutzen. Diese Annahme stellte sich als richtig heraus. Die Pendeluhr, die mithilfe eines hin- und herschwingenden Pendels die Zeit misst, wurde 1658 von dem Niederländer Christiaan Huygens erfunden. Die Idee dazu verdankte Huygens Galilei.

Galilei schrieb über seine Experimente, und seine Artikel machten ihn als Wissenschaftler mit ungewöhnlichen Ansichten berühmt. Deshalb waren vermutlich viele seiner Leser nicht weiter überrascht, als Galilei erklärte, Kopernikus habe wahrscheinlich in Bezug auf das Sonnensystem Recht. Galilei hatte den Sternenhimmel sehr sorgfältig studiert und war von Kopernikus' Buch überzeugt.

Als Galilei 1609 vom Teleskop hörte, wusste er sofort, welche Möglichkeiten dieses Gerät eröffnete. Wenn man es auf den Himmel richtete, ließ es sich als wissenschaftliches Instrument verwenden. Er beschaffte sich ein Teleskop und untersuchte dessen Aufbau. Die Linsen der Teleskope waren schlecht und lieferten nur eine dreifache Vergrößerung. Das bedeutete, dass alles, was man durch ein Teleskop betrachtete, dreimal größer aussah als mit bloßem Auge betrachtet.

Aber Galilei war ein geschickter Mann. Rasch lernte er, bessere Linsen zu schleifen als die Optiker, und bald besaß er das beste Teleskop der Welt mit mehr als zehnfacher Vergrößerung. Nun erforschte er den Himmel ebenso gründlich, wie er mit Kugeln und Pendeln experimentiert hatte.

Galileis erste Abende unter dem Sternenhimmel müssen zu den merkwürdigsten Erlebnissen gehört haben, die je ein Mensch gehabt hat. Egal, wohin er sein Fernrohr auch richtete, überall entdeckte er etwas Neues. Galilei stellte als Erster fest, dass es mehr Sterne gibt, als wir mit bloßem Auge erkennen können. Er erkannte, dass die Milchstraße, dieses weiße Band, das sich über den Nachthimmel zieht, in Wirklichkeit aus Millionen von schwachen Sternen besteht.

Und als Galilei sein Fernrohr auf den Mond richtete, sah er riesige runde Vertiefungen und hohe Berge. Die Sonne dagegen hatte auf ihrer Oberfläche dunklere Flecken. Galilei begriff sofort, was das bedeutete: Wieder stimmten die Überlegungen des Aristoteles nur wenig mit der Wirklichkeit überein. Aristoteles hatte gesagt, Mond und Sonne seien perfekte glatte Kugeln. Das Teleskop dagegen zeigte, dass das nicht stimmte.

Außerdem fand Galilei in der Nähe des Planeten Jupiter vier kleine „Sterne". Nachdem er einige Wochen lang die Bewegungen dieser Sterne verfolgt hatte, wusste er, dass es sich eigentlich um Monde handelte, die um den Jupiter krei-

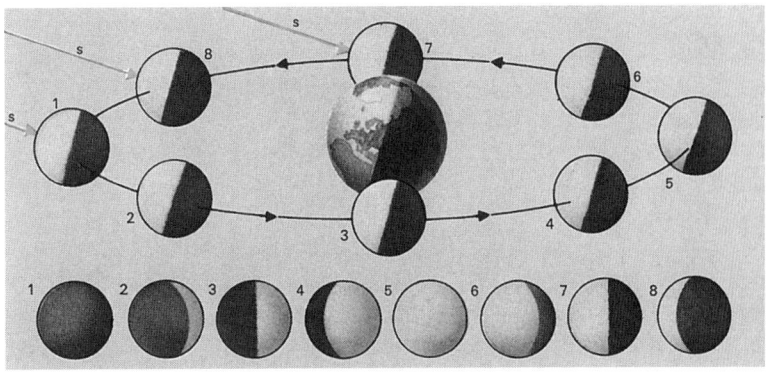

Schemazeichnung der Mondphasen: Die Mondphasen entstehen, weil der Mond kein Eigenlicht besitzt. Das Sonnenlicht, das hier von links oben kommt, trifft auf den Mond und wird von ihm reflektiert. In Position 1 ist die dunkle, unbestrahlte Seite des Mondes der Erde zugewandt (Neumond). Zwischen den Positionen 1 und 5 vergrößert sich der von der Erde aus sichtbare bestrahlte Teil des Mondes. In Position 5 ist Vollmond, die Positionen 6 bis 8 zeigen den Verlauf des abnehmenden Mondes. Die Positionen 3 und 7 zeigen den Halbmond.

sen, so wie unser Mond sich um die Erde dreht. Dass Monde den Jupiter umkreisen können, beweist, dass kleine Planeten fähig sind, sich um einen großen zu drehen. Und dann war es auch nicht mehr undenkbar, dass sich eine kleine Erde um eine große Sonne drehte.

Als Galilei sein Fernrohr auf den Planeten Venus richtete, sah er, dass der ab und zu wie ein Halbmond oder eine dünne Sichel aussah. In dieser Hinsicht erinnert die Venus stark an den Mond in seinen verschiedenen Phasen. Der Mond leuchtet, weil er ungefähr wie ein Spiegel die Sonnenstrahlen reflektiert. Da der Mond eine Kugel ist, strahlt die Sonne nur eine Hälfte an. Wenn sich der Mond um die Erde dreht, sehen wir die von der Sonne beschienene Hälfte in unterschiedlichen Winkeln. Auf diese Weise erhalten wir Mondphasen wie Vollmond und Halbmond.

Wenn man von einer Stehlampe den Schirm abnimmt und sich mit einer Apfelsine in der Hand zwei Meter von der Lampe entfernt hinstellt, kann man dasselbe beobachten. Die Lampe ist ein Modell der Sonne, die Apfelsine ist der Mond, unser Kopf die Erde. Wenn wir die Apfelsine eine Armlänge von uns weg halten und uns dann langsam drehen, sehen wir, dass die Lampe nur die halbe Apfelsine beleuchtet. Während wir uns umdrehen, fällt das Licht der Lampe/Sonne auf immer neue Teile der Apfelsine. Wenn sich die Apfelsine zwischen uns und der Lampe befindet, sieht sie dunkel aus. Wenn unser Kopf sich zwischen Apfelsine und Lampe befindet, ist die ganze Apfelsine beleuchtet (falls nicht der Schatten des Kopfes auf die Apfelsine fällt). Und wenn wir uns nur halb umdrehen, dann ist der halbe Apfelsinenmond beleuchtet. Mit diesem Experiment wird uns gezeigt, wie Neumond, Vollmond und Halbmond entstehen.

Galilei nahm an, dass dasselbe mit der Venus geschah, nur drehte dieser Planet sich eben um die Sonne. Wenn die Venus aussah wie eine schmale Sichel, dann, weil wir sie schräg von hinten sehen, während die Sonne auf ihrer anderen Seite steht. Das ist nur möglich, wenn sich Erde und Venus beide um die

Die Phasen der Venus, von der Erde aus gesehen. Wir sehen den Planeten als große, schmale Sichel, wenn er zwischen Erde und Sonne steht, und als kleine, volle Scheibe, wenn er sich jenseits der Sonne befindet. Diese Bildfolge zeigt deutlich die gleichzeitige Veränderung von Form und Größe des beleuchteten Teils der Venus, von der Erde aus betrachtet.

Das Universum ausserhalb von uns

Sonne drehen. Die Venusphasen waren also ein Beweis dafür, dass Kopernikus Recht gehabt hatte.

Galilei erzählte gern von seinen Entdeckungen und war ein begabter Schriftsteller. 1610 erschien sein Buch *Nuntius sidereus* („Nachricht von den Sternen"), in dem er seine jüngsten Entdeckungen beschrieb. Dieses Buch machte ihn in ganz Europa berühmt und regte viele Astronomen an, sich eigene Teleskope zu bauen und auf den Himmel zu richten. Auf diese Weise konnten sie sich mit eigenen Augen überzeugen, dass Galilei Recht hatte.

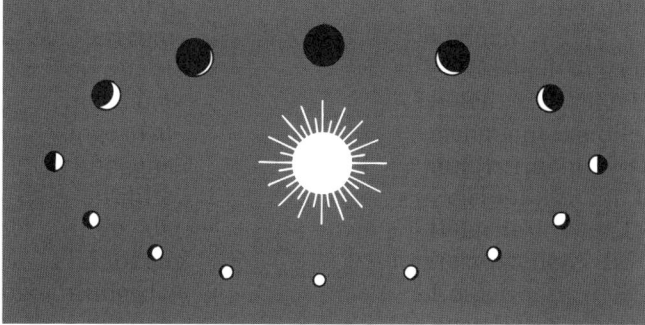

Die hier dargestellten Venusphasen veranschaulichen, warum sich die Helligkeit des Planeten für uns nur wenig zu verändern scheint: Wenn der erleuchtete Teil schmal ist, steht die Venus näher zur Erde, und die beleuchtete Sichel wirkt deshalb größer. Das bewirkt den Lichtausgleich zur kleiner erscheinenden, weil entfernteren vollen Scheibe.

Aber die katholische Kirche wusste diese neuen Gedanken nicht zu schätzen. Im Jahr 1611 reiste Galilei nach Rom, um dem Papst und anderen mächtigen Männern vorzuführen, wie er seine Entdeckungen gemacht hatte. Er bat sie, durch das Teleskop zu blicken, um selber zu sehen, was er beschrieben hatte. Viele weigerten sich. Sie hielten das neue Instrument für eine Art Schwindel. Den Kirchenmännern galt Galilei als Ketzer, als Gegner des Christentums.

Das machte Galilei Angst. Er versuchte, den Papst zu überzeugen, dass er weiterhin ein gläubiger Christ war. Da die Bibel ohnehin nicht viel über die Natur sagte, glaubte Galilei, Wissenschaftler könnten ihre Entdeckungen machen, ohne dadurch in Konflikt mit der Bibel zu geraten. Aber der Papst war nicht zu überzeugen. Im Jahr 1616 verbot er das Buch des Kopernikus und brandmarkte alle, die Kopernikus unterstützten, als Ketzer.

Der Papst hatte jedoch nur wenig Lust, einen berühmten Forscher vor Gericht zu stellen. Er versprach Galilei Straffreiheit, wenn er seine Ansichten nicht mehr öffentlich kundtat. Galilei durfte sogar ein Buch über das geozentrische und das heliozentrische Weltbild schreiben, wenn dieses Buch streng neutral blieb.

Galilei brauchte viele Jahre, um dieses Buch zu schreiben, das heute als „Dialog über das ptolemäische und das kopernikanische Weltsystem" bekannt ist. „Dialog" bedeutet „Zwiegespräch", und das Buch war in der Form eines Gesprächs geschrieben. Die Personen hatte Galilei erfunden. Schon im alten Griechenland hatten die Philosophen solche Dialogbücher geschrieben. Auf diese Weise wird der Stoff spannender, deshalb verfassen auch heute noch Schriftsteller solche dialogischen Bücher.

Als das Buch im Jahr 1632 erschien, wurde es in ganz Europa als Meisterwerk gepriesen. Nur die katholische Kirche war anderer Ansicht. Der Papst war außer sich vor Wut, weil Galilei alle positiven Argumente einem Anhänger des Kopernikus in den Mund gelegt hatte. Außerdem hatte Galilei das Buch in italienischer und nicht in lateinischer Sprache geschrieben, deswegen konnten sich alle Lesekundigen in Italien über das Weltbild des Kopernikus informieren.

Aber nun schaltete sich die Inquisition ein. Die Inquisition war ein kirchliches Gericht, bei dem Priester als Richter fungierten. Die Inquisition war im 13. Jahrhundert eingerichtet worden, um Menschen abzuurteilen, die der Ketzerei verdächtigt wurden. Wenn sie nicht gestanden, wurden sie gefoltert, bis sie dann sagten, was ihre Peiniger zu hören wünschten. Nach dem Geständnis wurden sie oft bei lebendigem Leib auf dem Scheiterhaufen verbrannt. Im Lauf der Jahrhunderte wurden tausende von Menschen wegen ihrer Ansichten von der Inquisition eingekerkert, gequält und hingerichtet.

Eines ihrer berühmtesten Opfer war Giordano Bruno, der im Jahr 1600 in Rom verbrannt wurde. Bruno hatte das Verbrechen begangen, zu behaupten, dass das Universum unendlich groß und die Erde nur einer von vielen Planeten sei und dass sich auch um andere Sterne Planeten drehten. Seine Hinrichtung war als Warnung für all jene gemeint, die sich mit ähnlichen Gedanken trugen. Die Inquisition ließ nicht mit sich spaßen: Ein anderer Philosoph, der Brunos Ansichten teilte, wurde ebenfalls verbrannt, und in Frankreich wurde per Gesetz die Todesstrafe über alle verhängt, die behaupteten, die Sonne stehe im Mittelpunkt des Planetensystems.

Im Jahr 1633 wurde Galilei in Rom von der Inquisition wegen Ketzerei angeklagt. Galilei führte zu seiner Verteidigung an, dass der Papst ihm erlaubt hatte, ein Buch über beide Weltbilder zu schreiben. Aber wenn die Inquisition erst einmal beschlossen hatte, jemanden zu verurteilen, dann hatte der Angeklagte keine Chance. Die Kirche legte gefälschte Dokumente als Beweise gegen Galilei vor, und ihm wurde mit Folter gedroht, falls er nicht gestehen wollte. Da Galilei inzwischen ein alter, kranker Mann war, fiel die Strafe milde aus: Er musste öffentlich seinen „Irrtum" zugeben und wurde für den Rest seines Lebens unter Hausarrest gestellt.

Nachdem Galilei erklärt hatte, die Erde stehe still im Zentrum des Universums, soll er gemurmelt haben: „Und sie bewegt sich doch." Das stimmt vermutlich nicht, aber wir wissen immerhin, dass Galilei seine Meinung nicht änderte. Weder Könige noch Priester oder Richter konnten ihn zwingen, anders zu denken, und in den acht Jahren, die Galilei noch blieben, beobachtete er weiter den Himmel und schrieb. Eines seiner wichtigsten Bücher erschien, während er unter Hausarrest stand. Es musste aus Italien hinausgeschmuggelt und in den Niederlanden gedruckt werden, wo die Inquisition keine Macht mehr hatte.

Erst 1992 gab die katholische Kirche zu, dass Galileis Verurteilung nicht gerechtfertigt gewesen war und Kopernikus Recht hatte. Manchmal dauert es lange, ehe die Wahrheit den Sieg davonträgt, aber in der Regel ist es doch irgendwann so weit.

Nun will ich aber durchaus nicht alle Gegner Galileis als Schurken bezeichnen. Manche hatten gute Argumente. Obwohl Galilei bewies, dass sich Aristoteles irrte, wenn es um fallende Gegenstände ging, so hatte er doch keine Antwort auf die Frage gefunden: Warum fallen die Kugeln überhaupt? Auch von dem, was mit einem Teleskop zu sehen war, ließen sich nicht alle überzeugen. Selbst Galileis bestes Teleskop hatte so unklare Linsen, dass man sehr scharfe Augen brauchte, um die Mondgebirge und die Venusphasen erkennen zu können.

Und Galilei hatte auch nicht immer Recht. Er war zum Beispiel überzeugt, dass sich die Planeten im Kreis um die Sonne drehten. Das glaubte er auch noch, nachdem 1609 ein deutscher Astronom nachgewiesen hatte, dass diese Annahme falsch war. Der Astronom war Johannes Kepler, der schon mit Tycho Brahe zusammengearbeitet hatte.

In gewisser Hinsicht überrascht es, dass die Entdeckung gerade von Kepler stammte. Er beschäftigte sich nämlich vor allem mit Dingen, die nur wenig mit Wissenschaft zu tun haben. Kepler liebte Magie und Alchimie. Vielleicht hatte er das von seiner Mutter geerbt, die als Hexe angeklagt wurde und die er nur mit knapper Not vor dem Scheiterhaufen retten konnte.

Trotzdem war Johannes Kepler auch ein tüchtiger Mathematiker und Wissenschaftler. Er entdeckte, warum manche kurz- und andere weitsichtig sind. Auch Kepler litt an einer Sehschwäche und war kein so guter Beobachter von Sternen und Planeten wie sein Lehrmeister Tycho Brahe. Nach Brahes Tod erbte Kepler dessen Aufzeichnungen. Er mühte sich jahrelang ab, eine Kreisbahn der Planeten zu beschreiben, die mit Brahes Zahlen übereinstimmte. Wie Kopernikus und Galilei war er sicher, dass die Planeten Kreisbahnen zogen, da der Kreis eine perfekte geometrische Figur ist.

Aber so sehr er sich auch mühte, es war einfach nicht möglich, Kreise zu finden, die zu den Beobachtungen passten. Nachdem er es mit siebzig verschiedenen Kreisen versucht hatte, gab er auf und widmete sich der Frage, ob andere geometrische Figuren besser passten. Und schließlich fand er sie in der Ellipse, einer Art länglichem

Wenn man von der Erde aus über einen längeren Zeitraum hinweg die Bahnen der Planeten gegen den Fixsternhimmel beobachtet, scheinen sie Schleifenfiguren in den Himmel zu zeichnen. Der Durchmesser dieser Schleifen wirkt umso kleiner, je weiter der Planet von der Erde entfernt ist.

Kreis. Als Kepler versuchte, mithilfe von Brahes Zahlen die Bahn des Planeten Mars zu zeichnen, kam dabei eine Ellipse heraus. Kepler sah, dass sich die Sonne nicht in der Mitte der Ellipsen befand, sondern etwas seitlich an der Stelle, die in der Mathematik als Brennpunkt bezeichnet wird.

1609 veröffentlichte er ein Buch über diese Entdeckung. Es trug den wissenschaftlichen Titel *Astronomia Nova* („Neue Astronomie"). In diesem Buch erwähnte er noch eine weitere Entdeckung. Da die Bahnen Ellipsen sind, sind die Planeten nicht immer gleich weit von der Sonne entfernt. Manchmal kommen sie der Sonne näher als zu anderen Zeitpunkten. Kepler erkannte, dass ein Planet sich in Sonnennähe schneller bewegt als in der Entfernung. So ist es auch mit der Erde. Die Erde kommt im Januar der Sonne am nächsten und bewegt sich dann auch schneller durch den Weltraum als im restlichen Jahr.

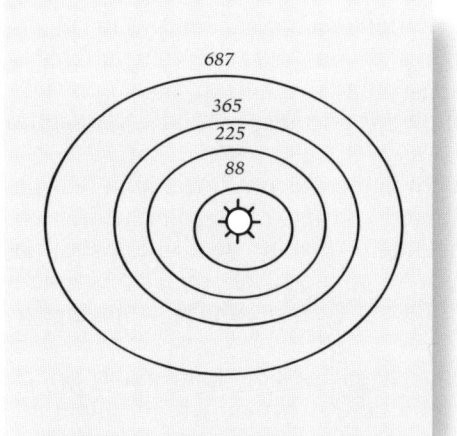

Die Zeit, die ein Planet benötigt, um einmal um die Sonne zu kreisen, ist umso kürzer, je näher er sich bei der Sonne befindet. So braucht der Mars 687 Tage, die Erde aber nur 365 Tage. Noch schneller schaffen es Venus (225 Tage) und Merkur (88 Tage). (Maßstab der Zeichnung verändert.)

Später entwickelte Kepler eine mathematische Formel für die Geschwindigkeit, mit der sich ein Planet bewegt. Wenn wir ihre Entfernung von der Sonne kennen, können wir mit der Formel zum Beispiel berechnen, dass die Erde mit 108 000 Stundenkilometern um die Sonne saust. Der am weitesten am Rand des Sonnensystems gelegene Planet, der damals bekannt war, der Saturn, schafft dagegen „nur" 34 500 Stundenkilometer. Diese drei Entdeckungen werden als die drei keplerschen Gesetze bezeichnet, und sie waren genau der Typ von Naturgesetzen, nach denen Galilei gesucht hatte.

Obwohl Galilei und Kepler in vieler Hinsicht unterschiedlicher Meinung waren, sorgten sie doch gemeinsam dafür, dass mit dem alten geozentrischen Weltbild Schluss war. Denn wenn die Forscher das, was Galilei am Himmel beobachtet hatte, mit Keplers Entdeckungen kombinierten, ließ sich einfach nicht mehr behaupten, die Erde befinde sich im Zentrum des Sonnensystems.

DAS UNIVERSUM IN UNS

Im 17. Jahrhundert wurden nicht nur in Italien wichtige Entdeckungen gemacht. In vielen Teilen Europas widmeten sich Wissenschaftler eifriger denn je der Erforschung der Natur. Die Neugier schien zu explodieren, nachdem sie jahrhundertelang eingesperrt gewesen war. Das erinnert an das, was passiert, wenn man eine Limonadenflasche schüttelt. Der Druck in der Flasche wird immer größer, und wenn man den Verschluss schnell öffnet, schäumt die Limonade heraus. Die Kirche hatte nur wenig Forschung erlaubt, und das führte schließlich zu einer Explosion, die sich nicht mehr aufhalten ließ.

Sogar an Dingen, die bisher als heilig gegolten hatten, wurde Forschung betrieben, am menschlichen Körper zum Beispiel. Die Kirche hielt den Menschen für ein ganz besonderes Geschöpf. In der Bibel heißt es, die Menschen seien „als Ebenbild Gottes erschaffen" worden. Nur Menschen hatten eine Seele und konnten in den Himmel kommen, und schon einen Menschenkörper zu zeichnen, galt als Verbrechen. Man kann sich also vorstellen, wie entsetzt die Kirche von der Vorstellung war, an echten, nackten Leibern Forschung zu betreiben.

Das wenige, was die Ärzte über den Körper wussten, verdankten sie vor allem den Büchern Galens und den Zeichnungen Leonardos. Im Jahr 1543 jedoch, als Kopernikus' Buch „Über die Umläufe der Himmelskörper" veröffentlicht wurde, erschien ein weiteres Buch, das sich als ebenso wichtig erweisen sollte. Sein Autor war der belgische Arzt Andreas Vesalius, der an der Universität von Padua Medizin lehrte. Ihm war klar, dass ein neues Lehrbuch benötigt wurde, das zeigte, wie der Körper aufgebaut ist, das also eine Einführung in die Anatomie geben konnte. Sein Buch *De humani corporis fabrica* („Über den Aufbau des menschlichen Körpers") enthält präzise Zeichnungen von Skelett, Eingeweiden und Muskeln, und über hundert Jahre lang war es für Ärzte ein wichtiges Hilfsmittel.

Vesalius hatte sein Wissen durch das Sezieren von Leichen erworben. Aber zwischen lebendigen und toten Menschen bestand doch ein großer Unterschied. Deshalb wussten die Ärzte nicht, wie sich Kinder im Mutterleib entwickeln, wie wir denken, warum wir atmen und wie das, was wir essen, in unserem Magen verarbeitet wird. Nicht einmal auf folgende einfache Frage wussten sie die Antwort: Woher kommt unser Blut, und wieso strömt es durch unsere Adern?

Galen glaubte, das Blut sickere aus der Leber und werde von unbekannten Kräften in den Körper gezogen. Wer einen Leichnam aufschnitt, konnte auch durchaus zu diesem Eindruck gelangen. Aber wer je einen lebendigen Menschen hat bluten sehen, weiß, dass das nicht stimmen kann. Ein Schnitt in Handgelenk oder Hals kann das Blut aufspritzen lassen. Wenn der Blutstrom nicht zum Stillstand gebracht wird, stirbt der Mensch nach wenigen Minuten. Blut ist ein ganz besonderer Saft, der mit Leben und Tod eng verbunden ist.

Zu Beginn des 17. Jahrhunderts stellte der englische Arzt William Harvey genauere Untersuchungen zu diesem Thema an. Wie Galilei führte er Experimente durch. Harvey konnte keine Menschenversuche machen, weshalb er Tiere verwendete, deren Innereien Ähnlichkeit mit denen von Menschen hatten.

Wenn er Schafen die Halsschlagader durchschnitt, konnte Harvey zusehen, wie das Blut heraussprudelte. Hier konnte wirklich nicht die Rede von „Sickern" sein. Harvey wusste, dass Tiere und Menschen einen Muskel besitzen, der niemals zur Ruhe kommt: das Herz. Und wenn er frisch geschlachtete Tiere sezierte, konnte er sehen, wie sich das Herz ausdehnte und zusammenzog und wie das Blut durch die Adern strömte, die vom Herzen wegführten. Für Harvey war kein Zweifel möglich: Das Herz pumpt Blut. Aber woher kommt das Blut? Konnte es möglich sein, dass immer wieder neues Blut gebildet wird?

Harvey schnitt die Herzen von Verstorbenen auf und rechnete aus, dass ein Herz rund dreiviertel Deziliter Blut enthalten konnte – knapp ein kleines Wasserglas voll. Bei jedem Schlag zog sich das Herz zusammen und presste 70 Kubikzentimeter Blut in den Körper. Harvey wusste, dass ein Herz normalerweise sechzig- bis achtzigmal in der Minute schlägt, also muss es pro Minute 5 Liter Blut pumpen. Diese Zahl multiplizierte er mit 60, weil eine Stunde sechzig Minuten hat, und kam zu einem verblüffenden Ergebnis: Pro Stunde pumpt ein Herz über 300 Liter Blut! Eine solche Blutmenge wiegt doppelt so viel wie ein erwachsener Mann. Es war unvorstellbar, dass der Körper so viel Blut herstellen kann, deshalb war für

DAS UNIVERSUM IN UNS

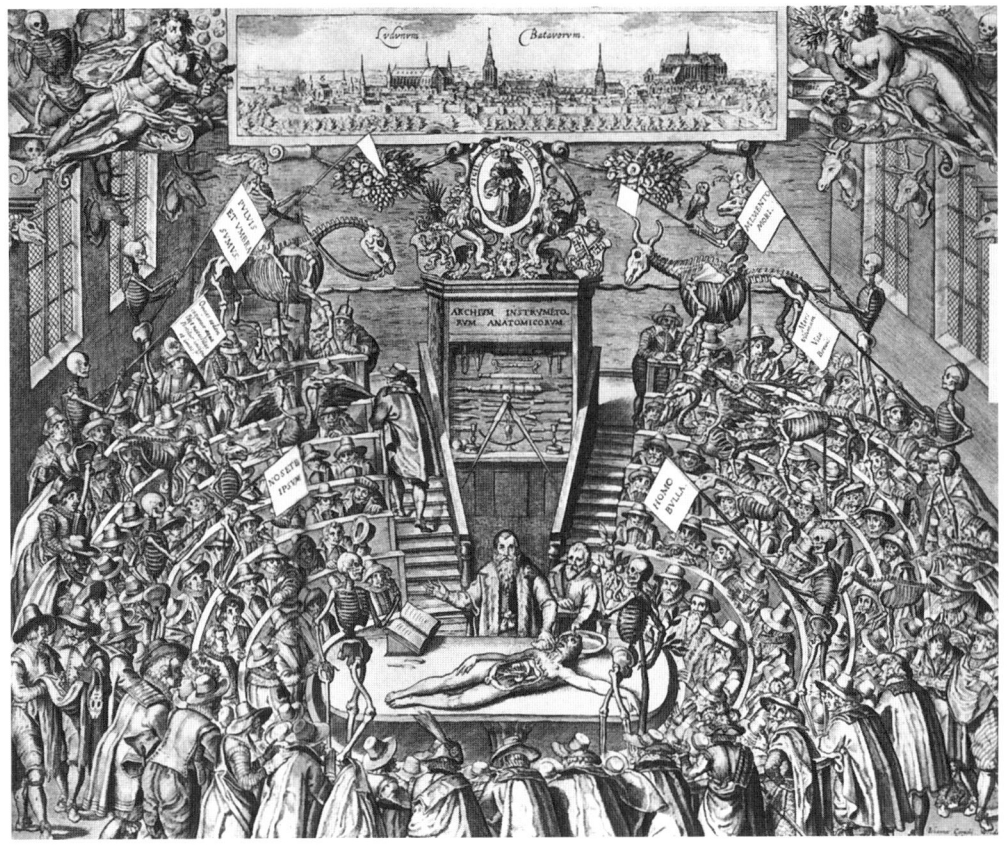

Harvey nur eine Antwort möglich: Durch unseren Körper wandert immer wieder dasselbe Blut.

Diese Entdeckung war eine Sensation. Harvey hatte nicht nur eine wichtige Entdeckung gemacht, er konnte auch ein ganz neues Menschenbild vorlegen. Das Herz ist eine Pumpe, sagte Harvey. Das Blut ist eine Flüssigkeit, die lebenswichtige Stoffe transportiert, mehr nicht. Die Adern sind Röhren, durch die das Blut strömt. Der menschliche Körper ist kein Mysterium. Er hat vor allem Ähnlichkeit mit einer Maschine!

William Harveys Art des Forschens kann durchaus Übelkeit aufkommen lassen. Es ist keine angenehme Vorstellung, Schafe zu schlachten, nur um zu sehen, wie schnell sie sterben. Aber wir dürfen nicht vergessen: Harvey tat dasselbe, was Schlachter seit tausenden von Jahren machten.

Der große Unterschied war, dass Harvey keine Tiere tötete, um

Eine Leiche wird seziert (zeitgenössische Darstellung)

Lebensmittel zu gewinnen, sondern um neues Wissen zu erwerben, unter anderem in der Hoffnung, durch dieses Wissen kranken Menschen das Leben zu erleichtern.

Da Harvey als Erster Experimente mit lebenden Wesen durchführte, gilt er als einer der ersten modernen Biologen. Harvey ließ die von Aristoteles begründete Wissenschaft Biologie eine ganz neue Richtung einschlagen.

Für die Biologen war damals eine weitere neue Erfindung von großer Bedeutung: das Mikroskop. Wie beim Teleskop gibt es auch beim Mikroskop mehrere Linsen, die Dinge vergrößern sollen. Beim Mikroskop sind die Linsen jedoch so angeordnet, dass sie Gegenstände in nächster Nähe vergrößern. Vermutlich wurde das erste Mikroskop im Jahr 1590 von Zacharias Janssen konstruiert, einem Amsterdamer Optiker. Galileo Galilei begriff als erster Forscher, wie nützlich das neue Gerät sein konnte.

Altes Mikroskop mit Beleuchtungseinrichtung. Die Darstellung stammt aus einem Buch von 1664.

Als um die Mitte des 17. Jahrhunderts die ersten brauchbaren Mikroskope auf den Markt kamen, stellten die Wissenschaftler fest, dass sie unter dem Mikroskop noch mehr entdecken konnten als am Sternenhimmel. Schon ein einfacher Wassertropfen ist eine ganz eigene Welt, wenn er durch das Mikroskop betrachtet wird. Im Tropfen wimmelt es von so kleinen Lebewesen, dass man sie mit bloßem Auge nicht erkennen kann.

Auch Dinge, die die Forscher gut zu kennen glaubten, sahen unter dem Mikroskop völlig anders aus. Blütenblätter, Insektenflügel und Menschenhaut sind in Wirklichkeit aus vielen Einzelteilen zusammengesetzt. Ein Lebewesen ist kein großer Klumpen aus einem Material, sondern zusammengesetzt aus unzähligen winzigen Bausteinchen. Die Welt war komplizierter, als irgendein Philosoph sich das bisher hatte träumen lassen.

Schon nach wenigen Jahren hatten die Wissenschaftler mithilfe des Mikroskops eine weitere Theorie des Aristoteles demoliert. Aristoteles hatte beobachtet, dass in verfaulendem Fleisch manchmal Maden auftauchen, von denen vorher nichts zu entdecken gewesen ist. Das schien für Aristoteles zu beweisen, dass Lebewesen aus nichts entstehen können.

Aber das Mikroskop zeigt, dass es in verfaulendem Fleisch durchaus vor Auftauchen der Maden schon etwas gibt: kleine weiße

Eier. Im Jahr 1668 beschrieb der Arzt Francesco Redi aus Florenz, wie er dieses Mysterium geklärt hatte:

„Ich steckte eine tote Schlange, ein Stück Fisch und eine Scheibe Kalbfleisch in vier große Glaskolben mit weitem Hals. Diese Kolben wurden verschlossen und versiegelt. Dann füllte ich vier weitere Kolben mit dem gleichen Inhalt, ließ sie jedoch offen. Bei den offenen Kolben flogen Fliegen aus und ein. Fleisch und Fisch waren schon bald von Maden durchsetzt. In den versiegelten Kolben gab es keine Maden, obwohl auch ihr Inhalt inzwischen verfault war ... Wir können aus dieser Beobachtung schließen, dass das Fleisch toter Tiere keine Maden hervorbringen kann, solange in ihnen keine Eier von lebenden Tieren abgelegt worden sind."

Dieses einfache (und unappetitliche) Experiment zeigt, wie weit die Wissenschaftler innerhalb weniger Jahrzehnte gekommen waren. Um das Jahr 1600 hatten es nur wenige gewagt, jetzt jedoch wurde in ganz Europa eifrig experimentiert. Alle Teile der Natur wurden erforscht, jede Art von Fragen wurde gestellt.

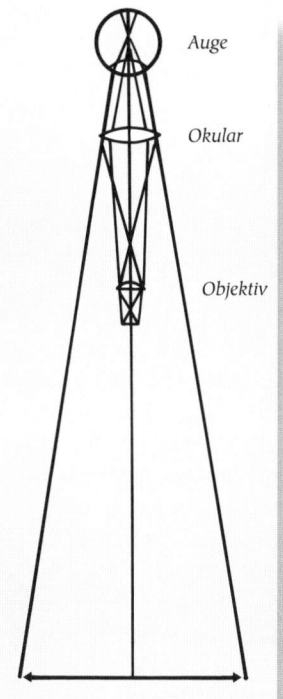

Funktionsweise eines Mikroskops: Das Objektiv (untere Linse) erzeugt ein stark vergrößertes Bild des Gegenstandes. Dieses Zwischenbild wird durch das Okular (obere Linse) nochmals vergrößert.

Die wissenschaftliche Revolution

Die neuen Umwälzungen, die im 17. Jahrhundert in der Wissenschaft stattfanden, werden bisweilen auch als wissenschaftliche Revolution bezeichnet. Wenn wir das Wort Revolution verwenden, denken wir oft an eine schnelle und gewaltsame Veränderung in einer Gesellschaft. Bei einer Revolution werden bisweilen Könige und Präsidenten gestürzt, und es wird eine neue Staatsform eingeführt.

Aber das Wort Revolution kann sich auch auf eine langsamere, aber wichtige Veränderung beziehen. Die wissenschaftliche Revolution war so ein Fall. Sie dauerte viele Jahrzehnte und spielte sich vor allem in den Köpfen der Forscher ab. Und doch war sie für die meisten Menschen von größerer Bedeutung als alle anderen Revolutionen der Geschichte.

Die wichtigste Folge der wissenschaftlichen Revolution war, dass endgültig Schluss gemacht wurde mit der Vorstellung: „Wahrheit ist das, was mit den Gedanken des Aristoteles übereinstimmt." Wenn das, was in den Büchern des Aristoteles und der anderen Philosophen nicht dem entsprach, was die Wissenschaftler sehen konnten, dann verließen sie sich von nun an auf ihre Augen. Noch immer stellten sie Theorien auf, um die Ereignisse in der Natur zu erklären, aber jetzt mussten diese Theorien auf ihren Beobachtungen und Experimenten beruhen.

Die Wissenschaftler hatten eine alte Vorstellung aufgegeben und mussten sich deshalb neu überlegen, was Wahrheit ist. Aber die meisten Forscher waren viel zu sehr damit beschäftigt, mit ihren neuen Instrumenten die Natur zu beobachten, und deshalb fiel diese Denkarbeit oft den Philosophen zu.

Einer dieser Philosophen war Francis Bacon (übrigens kein Verwandter von Roger Bacon). Er war Zeitgenosse von Galilei und Harvey und außerdem ein berühmter Schriftsteller und Politiker. Bacon dachte ausgiebig darüber nach, wie Wissenschaftler die Wahrheit über die Natur finden können. Er erkannte als einer der Ersten, wie wichtig die Forschung für die Gesellschaft sein könnte. Bacon fand, Wissenschaft solle im Dienst der Menschen stehen, und er war sicher, dass ihre Erfindungen das Leben der Menschen erleichtern würden.

Bacon prägte das berühmte Sprichwort „Wissen ist Macht". Damit meinte er, dass jemand, der über die Natur Bescheid weiß, gegenüber anderen im Vorteil ist. Nationen, die ihr Geld in Universitäten und Forschung investierten, würden reicher und mächtiger werden als andere. Und nur selten hat jemand mit einer Prophezeiung dermaßen Recht behalten!

Francis Bacon stellte auch selber Experimente an, und eines sollte ihn schließlich das Leben kosten. An einem kalten Wintertag des Jahres 1626 wollte Bacon wissen, ob sich gekühltes Fleisch besser hielte als anderes. Er kaufte ein geschlachtetes Huhn und füllte es mit Schnee. Dabei erkältete er sich. Aus der Erkältung entwickelte sich eine Lungenentzündung, die damals noch eine gefährliche Krankheit war. Nach einigen Wochen starb Bacon. Auf diese Weise reihte er sich in die lange Kette der Menschen ein, die ihre Neugier mit dem Leben bezahlen mussten!

Der Franzose René Descartes war ein weiterer Philosoph, der für die wissenschaftliche Revolution von großer Bedeutung war. Descartes war sicher, dass die Vernunft – die Fähigkeit des Menschen, klar zu denken – alle Fragen über die Natur beantworten konnte, wenn man sich nur an einige einfache Regeln hielt:

Erstens: Niemals etwas für wahr halten, wenn man sich nicht ganz sicher ist. Sich immer Zeit nehmen, um genau nachzudenken und nur das zu glauben, woran man wirklich keinerlei Zweifel hat.

Zweitens: Eine große, schwierige Frage in kleinere Teilfragen aufteilen und versuchen, zunächst jede dieser Teilfragen für sich zu beantworten.

Drittens: Immer versuchen, Ordnung in unseren Gedanken zu halten und die einfachsten Fragen zuerst zu beantworten. Danach kann man sein Glück bei den schwierigeren Fragen versuchen.

Und schließlich: Eine Übersicht über alles zu machen, was man tut, damit man sich sicher sein kann, nichts übersehen zu haben.

Wir können sofort sehen, wie nützlich diese Regeln sind. Die Vernunft ist und bleibt das wichtigste Werkzeug eines Wissenschaftlers, und noch immer halten viele Forscher sich an die Regeln Descartes'. Besonders Regel Nr. 2 ist sehr nützlich. In einer komplizierten Welt ist es wichtig, dass Wissenschaftler eine Frage in Teilfragen zerlegen, die sie im Griff behalten können.

Aber die Regeln waren für Forscher, die Experimente durchführten und die Natur beobachteten, nicht immer eine große Hilfe. Descartes interessierte sich nicht besonders für praktische Fragen; für ihn war vor allem die Welt der Gedanken wichtig. In der Mathematik spielt das Studium der Natur keine Rolle, und Descartes wurde ein berühmter Mathematiker.

Eine dieser mathematischen Erfindungen Descartes' sehen wir jeden Tag. Überall, in Zeitungen, Büchern und im Fernsehen, gibt es Diagramme, die Zahlen darstellen sollen, zum Beispiel Kurven über Arbeitslosigkeit oder die Wahlerfolge der politischen Parteien. In einem solchen Diagramm sind Zahlen oft als Punkte eingezeichnet, die dann mit Strichen verbunden werden. Diese Methode, Zahlen in ein Diagramm einzuzeichnen, ist von Descartes entwickelt worden.

Für die Wissenschaft wurden Diagramme zu einem sehr nützlichen Hilfsmittel. Sie ermöglichen es, Zahlen auf neue Weise zu sehen. Eine lange Zahlenliste kann zu einer übersichtlichen Kurve werden, und mit einem schnellen Blick erkennt der Forscher, was sie eigentlich aussagt.

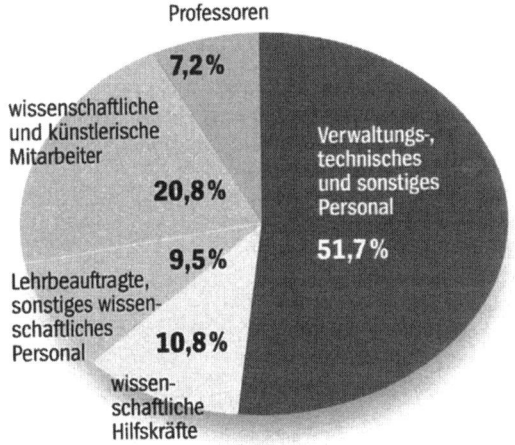

Ein typisches Diagramm, das in diesem Fall veranschaulicht, wie sich die 521 888 Personen, die 1995 in Deutschland an Hochschulen arbeiteten, auf verschiedene Berufsgruppen verteilten (in Prozent).

Descartes war ein Anhänger Galileis, und er entwickelte seine eigene Theorie vom Universum, bei der die Sonne im Mittelpunkt steht. Er behandelte diese Frage in einem Buch, das eigentlich im Jahr 1633 erscheinen sollte. Dann hörte er jedoch von Galileis Verurteilung wegen Ketzerei. Aus Angst vor der Kirche und Inquisition zögerte Descartes die Veröffentlichung seines Buches hinaus. Später wurde seine Theorie dann doch noch bekannt, und unter Wissenschaftlern fand sie großen Anklang. Leider, müssen wir sagen. Denn Descartes hatte den Himmel nicht besonders sorgfältig studiert, und viele seiner Theorien treffen einfach nicht zu.

Descartes war einer der letzten Philosophen, die sich auch mit Naturwissenschaft beschäftigten. Gegen Ende des 17. Jahrhunderts schlugen Philosophie und Wissenschaft getrennte Wege ein. Philosophen fingen an, sich auf Politik, Moral und Religion zu konzentrieren, während sich die Naturforscher ihren Wissenschaftszweigen widmeten, egal ob es sich nun um Mathematik, Physik, Biologie oder Astronomie handelte.

Heutzutage haben Wissenschaftler oft nur eine kleine Einführung in die Philosophie genossen, während Philosophen von der

Die wissenschaftliche Revolution

Natur nur das wissen, was sie in der Schule gelernt haben. Die wichtigste Ursache dieser Entwicklung ist die unterschiedliche Denkweise. Wie viele griechische Philosophen hielt Descartes es für möglich, die Wahrheit über die Natur nur durch Nachdenken zu ermitteln. Die Antwort, so glaubte er, liege in der Gedankenwelt des Menschen. Descartes wird noch immer als großer Philosoph und Mathematiker geehrt, aber kein moderner Forscher kann ihm in seinem Forschungsansatz über die Natur noch zustimmen.

Bei jeder Revolution gibt es einige Menschen, die größere Bedeutung haben als die meisten anderen, und an manche von ihnen denken wir später sofort, wenn die Rede auf diese Revolution kommt. In der wissenschaftlichen Revolution war Galilei ein solcher Mensch. Aber der unangefochtene Anführer dieser Revolution war ein englischer Forscher namens Isaac Newton.

Isaac Newton und der endlose Fall

Als Student hatte Isaac Newton angeblich eine kugelrunde Katze. Newton büffelte Tag und Nacht, und er merkte es gar nicht, wenn die Diener ihm sein Essen ins Arbeitszimmer stellten. Deshalb konnte die Katze munter zulangen, während ihr Herrchen ein dünner kleiner Wicht blieb. So war Isaac immer schon gewesen. Bei seiner Geburt im Jahr 1643, ein Jahr nach dem Tod Galileis, war er so klein und schwächlich, dass niemand mit seinem Überleben rechnete. Angeblich war er so klein, dass er in einen Krug passte. Isaacs Vater war schon vor seiner Geburt gestorben, und die Mutter heiratete wieder. Sie zog zu ihrem neuen Mann, und Isaac wurde von seinen Großeltern aufgezogen. Wie die meisten Menschen damals lebte die Familie Newton auf dem Land. Sie verfügte über einen recht großen Grundbesitz, und alle gingen davon aus, dass der Junge später das Gut übernehmen würde.

Doch schon bald zeigte sich, dass Isaac einen schlechten Bauern abgeben würde. Wenn er zum Viehhüten geschickt wurde, war er bald dermaßen in seine Gedanken vertieft, dass er gar nicht merkte, wenn die Kühe ihre eigenen Wege gingen. Er baute gern Maschinenmodelle und liebte wissenschaftliche Bücher, und schließlich wusste sich seine Familie keinen anderen Rat, als ihn auf die Schule zu schicken. 1661 nahm er sein Studium an der Universität Cambridge auf. Eigentlich sollte er Jurist werden, damit er später ein sicheres Einkommen hätte.

Aber auch hier erfüllte Isaac Newton die in ihn gesetzten Erwartungen nicht. Statt sich mit Gesetzestexten zu befassen, machte er sich über die Bücher von Kopernikus, Kepler, Galilei und Descartes her. Er war fasziniert von den neuen Gedanken in diesen Büchern. Die meisten Professoren in Cambridge waren dagegen damals noch Anhänger des Aristoteles. Die Studenten taten es ihnen nach, und deshalb fand Isaac kaum Gesprächspartner. Bald galt er als superintelligenter Eigenbrötler.

1664 fing Isaac Newton an, ein Notizbuch zu verfassen, das er „Einige philosophische Fragen" nannte. Unter dem Titel stand sein Motto: „Platon ist mein Freund. Aristoteles ist mein Freund. Aber meine beste Freundin ist die Wahrheit." In diesem Buch notierte er alle seine Gedanken über Wissenschaft und Natur. Da das Buch erhalten blieb, wissen wir, dass er innerhalb eines Jahres fast alles lernte, was damals über Mathematik überhaupt bekannt war. Er studierte auch Physik und Astronomie und kam zu der Überzeugung, dass die griechische Denkweise falsch war.

Isaac Newton hielt zwar Platon und Aristoteles für seine Freunde, im täglichen Leben jedoch hatte er nicht viele Freunde. Er war beim Nachdenken lieber allein, doch unter den vielen Studenten und Professoren kam er nur selten dazu. 1665 aber konnte er in seiner Uni-Zeit plötzlich eine lange Pause einlegen. Damals brach in London die Pest aus und griff bald auf andere Teile Englands über.

Der gefürchtete schwarze Tod war nach dem Jahr 1349 noch nicht besiegt. Immer wieder tauchte er auf, im 17. Jahrhundert aber wussten die Menschen immerhin, dass sie den Kranken besser aus dem Weg gingen. Deshalb wurden die Universitäten geschlossen, und alle, die es sich leisten konnten, zogen sich in die weniger dicht besiedelten Landgebiete zurück.

Newton hatte, wie gesagt, das Glück, von einem Gut zu stammen, auf das er zurückkehren konnte. Er verbrachte dort zwei Jahre. Diese zwei Jahre werden oft als die beiden wichtigsten in der Geschichte der Wissenschaft bezeichnet. Auf dem Gut seiner Großeltern konnte Isaac Newton nach Herzenslust experimentieren und nachdenken, und niemand versuchte ihm zu erzählen, was richtig sei und was falsch.

In diesen Jahren entwickelte er unter anderem eine ganz neue Form von Mathematik, die später den Forschern große Dienste erwies. Ich werde nicht versuchen, diese Mathematik genauer zu erklären (dazu ist sie wirklich zu kompliziert), aber ich erwähne immerhin ihren Namen: Differenzialrechnung. Zur gleichen Zeit, aber unabhängig von Newton, erfand der deutsche Philosoph und Mathematiker Gottfried Wilhelm Leibniz genau dasselbe Verfahren, und bis heute ist noch nicht geklärt, wer von den beiden nun wirklich der Erste war. Wer Wissenschaftler werden will, muss sich mit Differenzialrechnung auseinandersetzen. Und wer es tut, begreift, dass diese mathematische Entdeckung ebenso genial ist wie die Einführung der Zahl Null.

Wie alle reichen Menschen damals, die sich für die Natur interessierten, besaß Newton ein Teleskop. Und mit diesem Teleskop

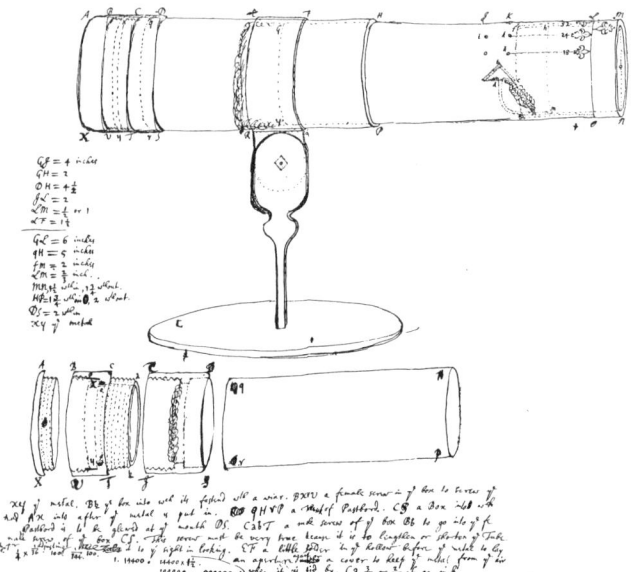

Newtons Zeichnung seines Teleskops mit allen Teilen. Obwohl die Idee, bei der Konstruktion von Fernrohren Spiegel zu verwenden, nicht neu war, wagte Newton sich doch als Erster an den schwierigen Schliff der Oberfläche des Metallspiegels, den er auch selber polierte.

machte er eine Entdeckung, die seine Neugier erregte. Wenn er das Teleskop auf einen starken Stern richtete, umgaben diesen Stern Ringe in allen Farben des Regenbogens. Je stärker der Stern strahlte, desto deutlicher waren die Ringe. Dieses Phänomen konnte die Beobachtung des Himmels sogar erschweren. Die Astronomen, denen das Problem vertraut war, machten einen Linsenfehler dafür verantwortlich. Aber Newton hatte den Verdacht, dass alles eine Frage des Lichts sei.

Eine Teleskoplinse ist – wie wir inzwischen wissen – in der Mitte dick und an den Rändern dünn. So gleicht die Linie am Rand in etwa einem Dreieck. Newton begriff, dass diese Dreiecksform wichtig war, und deshalb verwendete er bei seinen Experimenten ein dreieckiges geschliffenes Glas (das Prisma genannt wird). Er ließ einen dünnen Sonnenstrahl durch das Prisma fallen. Wenn der weiße Lichtstreifen auf der anderen Seite wieder zum Vorschein kam, hatte er sich total verändert.

Wenn das Sonnenlicht hinter dem Prisma auf eine Wand fiel, sah Newton plötzlich einen aus rotem, orangem, grünem, gelbem, blauem und lila Licht zusammengesetzten Streifen. Das war fast ein bisschen unheimlich, deshalb nannte Newton diesen Streifen „Spektrum", das ist Lateinisch und bedeutet „Erscheinung".

Newton wusste, dass nicht das Prisma diese Farben produziert. Vielmehr setzt sich das weiße Sonnenlicht aus den verschiedenen Farben des Spektrums zusammen. Er fragte sich, was Licht denn eigentlich sein kann, wenn es sich so verhält. Was ist der Unterschied zwischen blauem und rotem Licht, warum trennen sie sich im Glas? Nach langem Nachdenken kam Newton zu dem Ergebnis, dass Lichtstrahlen eigentlich aus winzigen Partikeln (Teilchen) zusammengesetzt seien, aus einer Art Lichtkugeln. Die Partikel würden von einer Lichtquelle ausgesandt und dann vom Auge aufgefangen. Die unterschiedlichen Farben des Lichts seien aus unterschiedlichen Formen von Lichtpartikeln zusammengesetzt, meinte er.

Isaac Newton und der endlose Fall

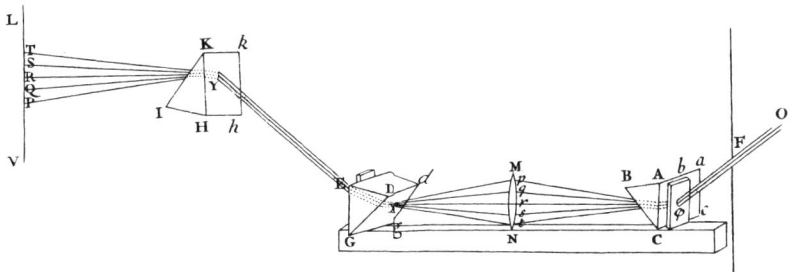

Blaue Partikel waren also etwas anderes als rote Partikel. Im Glas änderte das Licht seine Richtung. Newton konnte das Spektrum sehen, weil blaue und rote Lichtpartikel auf unterschiedliche Weise ihre Richtung änderten. Bevor die Lichtpartikel das dreieckige Stück Glas erreichten, waren sie gebündelt. Im Prisma dagegen trennten sich ihre Wege, und deshalb verließen sie es auch danach getrennt.

Newton war klar, dass er eine große und wichtige Entdeckung gemacht hatte. Seit Jahrtausenden wurde schon nach einer Definition für Licht gesucht. Auch Galilei war der Antwort auf diese Frage nicht näher gekommen. Newton jedoch lieferte mit seiner Partikeltheorie eine einleuchtende Erklärung.

1667 war schließlich die Rückkehr in die Städte möglich, und als Newton wieder in Cambridge war, beschrieb er mündlich und in Büchern seine neuen Entdeckungen. Viele waren beeindruckt von dem jungen Mann (er war damals erst vierundzwanzig), und schon zwei Jahre später wurde er zum Professor ernannt.

Aber nicht alle ließen sich von Newtons Theorien überzeugen. Der niederländische Forscher Christiaan Huygens führte Experimente durch, die die Behauptung, das Licht bestehe aus kleinen Kugeln, nicht belegen konnten. Und es zeigte sich, dass Newton ein großes Problem hatte: Er konnte keinen Widerspruch vertragen. Es fiel ihm schwer, sachlich mit Christiaan Huygens zu diskutieren. Als dann noch ein englischer Forscher behauptete, Newton habe ihm seine Ideen gestohlen, verlor er völlig die Fassung.

Von nun an wollte Isaac Newton mit seinen Kollegen nichts mehr zu tun haben. Er schloss sich in seinem Haus ein und erlitt vermutlich das, was wir heute als Nervenzusammenbruch bezeichnen. Heute glauben viele Forscher, dass die schwierige Kindheit Newton zu einem unglücklichen Menschen gemacht hatte. Aber die Wissenschaft Psychologie, die sich mit Gefühlen und Gedanken

Zeichnung von Newton zu seinen Experimente mit den Prismen: Der Lichtstrahl O fällt rechts bei F durch einen Spalt in den verdunkelten Raum und auf das Prisma ABC, wo er in die Spektralfarben zerlegt wird. Das Farbband pqrst wird dann von der Linse MN im Punkt X neu vereinigt und verlässt das Prisma DEG wieder als weißer Strahl. Das Prisma HIK spaltet diesen Lichtstrahl, der dem bei F einfallenden weißen Strahl vollkommen gleicht, in das Spektrum TSRQP auf. Newton bewies damit: Weißes „natürliches" Licht wird genauso spektral zerlegt wie ein aus Spektralfarben zusammengesetztes „künstliches" weißes Licht.

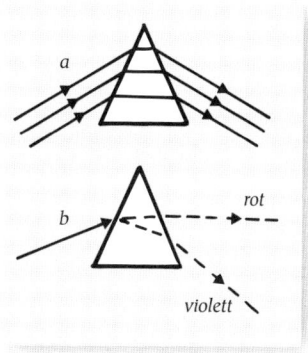

Durchgang eines einfarbigen (monochromatischen) parallelen Lichtbündels (a) und eines weißen, aus allen Spektralfarben zusammengesetzten Lichtes (b) durch ein Prisma.

der Menschen befasst, wurde erst gegen Ende des 19. Jahrhunderts entwickelt. Deshalb konnte niemand Isaac Newton helfen. Wir halten große Denker gern für ungeheuer tüchtig und vorbildlich, aber die Wirklichkeit sieht oft ganz anders aus. Es kann sehr hart sein, sich anders als die andern zu fühlen, so wie es bei Newton der Fall war.

Jahrelang weigerte sich Newton, Besuch zu empfangen. Im Jahr 1684 jedoch konnte sich der junge Astronom Edmond Halley Zutritt zu Newtons Haus verschaffen. Er brauchte Hilfe, um die Bewegungen der Planeten zu berechnen. Johannes Kepler hatte zwar bewiesen, dass die Planeten ellipsenförmige Bahnen beschrieben (vgl. S. 83–84), aber es fiel den Astronomen noch immer schwer, diese Bahnen zu berechnen.

Zu Halleys großer Überraschung erklärte Newton, er habe dieses Problem schon vor Jahren gelöst, habe aber den Zettel mit seinen Berechnungen verloren. Halley wusste, dass Newton ungeheuer tüchtig war und vermutlich die Wahrheit sagte. Deshalb bat er Newton, diese Berechnungen zu wiederholen. Und drei Monate später erhielt Halley einen Brief mit der Lösung für sein Problem.

Halley erkannte sofort, dass Newton eins der größten Probleme der Astronomen gelöst hatte, und er bat ihn, das Ganze in einem Buch ausführlicher darzustellen. Newton machte sich ans Werk, und nach drei Jahren war das Buch vollendet.

Es hieß *Philosophiae naturalis principia mathematica* („Mathematische Prinzipien der Naturphilosophie"). Die *Principia* (so wird der Titel oft abgekürzt) gehören zu den Büchern, die die Weltgeschichte verändert haben. Newton hatte sich nämlich nicht damit begnügt, die Bewegungen der Planeten zu erklären. Er hatte auch Gesetze für alle Bewegungen im Universum aufgestellt.

Ich möchte ein wenig vom Inhalt der *Principia* erklären, damit deutlich wird, was daran so wichtig war. Aber ich kann nicht leugnen, dass Newtons Theorie zu den schwierigsten Themen in unserem Buch gehört. Leider lässt sich nicht alles in der Natur leicht erklären. Wir können auch behaupten, die *Principia* hätten den Schlussstrich unter die Zeit gezogen, in der es für fast alles in der Natur eine einfache Erklärung gegeben hat.

Zu den wichtigsten Punkten, die in den *Principia* zur Sprache kommen, gehören die sogenannten „drei newtonschen Axiome" („Axiom" bedeutet in etwa „Grundgesetz"). Diese drei Naturgesetze handeln von den Bewegungen der Dinge. Newton hatte nicht so viele Experimente durchgeführt wie Galilei, aber er hatte dessen Bücher sorgfältig studiert. Und alles, was er gelesen hatte, sprach für die Gültigkeit seiner Gesetze.

Newtons erstes Axiom sieht so aus: Ein Gegenstand, der still daliegt, wird auch weiter still liegen. Newton sah, dass alle Gegenstände über Trägheit verfügen, also eine Art Widerwillen gegen Bewegung haben. Um einen Gegenstand in Bewegung zu versetzen, wird eine Kraft benötigt. Zum Beispiel bei einem Eishockeypuck, der ganz ruhig auf dem Spielfeld liegt: Wenn er sich bewegen soll, müssen wir ihn mit dem Schläger treffen. Die Kraft des Schlägers versetzt den Puck in Bewegung.

Wenn dieser Puck dann in konstantem Tempo über das Eis rutscht, sagt Newtons erstes Axiom, dann wird er in alle Ewigkeit so weiterrutschen, solange er nicht von einer anderen Kraft beeinflusst wird. Wenn der Puck seine Richtung ändern oder langsamer beziehungsweise schneller werden soll, dann müssen wir ihn wieder mit dem Schläger treffen oder ihm einen Tritt versetzen.

Nun ist es aber so, dass bekanntlich ein Eishockeypuck ganz von selber liegen bleibt, wenn er eine Weile übers Eis gerutscht ist. Er macht nicht ewig weiter, so wie Newton das behauptet hat. Aber deshalb hat Newton sich nicht etwa geirrt, es gibt nur eben mehrere Kräfte, die einen Puck beeinflussen. Eine dieser Kräfte wird Reibung genannt. Reibung ist eine Kraft, die Widerstände zwischen Dingen hervorruft, die aneinander vorbeigleiten.

Wenn man sich die Hände reibt, kann man spüren, dass sie ganz leicht aneinander festhängen. So ist das mit allen gleitenden Dingen, auch zum Beispiel mit Eishockeypucks. Die Reibung entsteht dadurch, dass es unter dem Puck und auf dem Eis winzig kleine Unebenheiten gibt, die sich gegenseitig erfassen und damit den Puck bremsen.

Newtons zweites Axiom erklärt, wie diese Kräfte funktionieren. Es besagt, wenn ein Gegenstand seine Geschwindigkeit steigert oder drosselt, dann hängt das von der Kraft ab, die man aufgewandt hat. Wenn wir also einen Puck mit doppelt so großer Kraft treffen, dann verdoppelt sich auch seine Geschwindigkeit. Das Axiom besagt zudem, dass das Tempo umso höher wird, je länger eine Kraft auf einen Gegenstand einwirkt. Wenn man den Puck mit der Hand anschiebt, dann wird er nach zwanzig Sekunden doppelt so schnell wie nach zehn Sekunden.

Newtons zweites Axiom wird oft als mathematische Formel geschrieben, und diese Formel gehört zu den in der Physik am häufigsten benutzten.

Newtons drittes Axiom besagt, dass es für jede Kraft eine Gegenkraft gibt. Wenn wir mit einer Kraft die Hand gegen eine Wand pressen, dann spüren wir eine Kraft, die gegen unsere Handfläche drückt. Es kann fast so wirken, als ob die Wand ihrerseits gegen unsere Hand presst. Das ist die Gegenkraft. Wenn man den Puck mit dem Schläger trifft, dann setzt die Kraft des Schlägers den Puck in Bewegung. Aber in dem Moment, in dem der Schläger den Puck trifft, läuft auch ein Zucken durch den Schläger. Das ist die Gegenkraft des Pucks.

Dieses Axiom ist vielleicht das schwerstverständliche. Aber es erklärt viele der seltsamen Dinge, die wir in der Natur beobachten können, zum Beispiel, wie die Rakete funktioniert. Eine Rakete ist ein an einem Ende geschlossenes Rohr, aus dessen anderem Ende ein glühend heißes Gas strömt. Vor Newtons Zeit war es unvorstellbar, dass eine Rakete nach oben fliegen könnte, nur weil aus ihrem Ende Gas zu Boden strömt.

Newtons drittes Axiom erklärt das so: Wenn wir eine Kraft dazu benutzen, Gas in eine Richtung zu schicken, dann gibt es auch eine Gegenkraft in die umgekehrte Richtung. Und diese Gegenkraft lässt die Rakete in die umgekehrte Richtung des Raketengases fliegen. Etwas Vergleichbares geschieht übrigens auch, wenn ein Jäger eine Gewehrkugel abfeuert. Die Gewehrkugel wird mit großer Kraft aus dem Gewehrlauf geschleudert. Die Gegenkraft schlägt dem Jäger den Gewehrkolben gegen die Schulter, in die umgekehrte Richtung der Kugel also.

Ich habe aber noch nicht erklärt, was Newton unter einer solchen Kraft versteht. Für ihn und alle späteren Forscher ist eine Kraft einfach etwas, das einen Gegenstand dazu bringt, Tempo oder Richtung zu ändern. Es kann die Kraft einer Handfläche, eines Eishockeyschlägers oder die der Reibung sein.

Eine Kraft ist unsichtbar, wir können sie auch nicht schmecken oder riechen. Aber sie lässt sich mit besonderen Instrumenten messen. Und für die Forschung war die Entdeckung der verschiedenen Kräfte so wichtig, weil sich nun endlich viele vermeintliche Rätsel aufklären ließen.

Zum Beispiel dieses: Wenn man einen Ball in der Hand hält und ihn dann loslässt, fällt er von allein zu Boden. Galileo Galilei hatte mit fallenden Kugeln experimentiert, aber nicht erklären können, was sie zu diesem Fall veranlasste. Für Newton war das kein Problem: Sein erstes Gesetz sagt ja, dass sich ein still daliegender Gegenstand nur dann in Bewegung setzt, wenn eine Kraft dahinter steckt. Also gibt es eine Kraft, die den Ball dazu bringt, sich in Richtung Boden zu bewegen.

Newton soll erzählt haben, ihm sei die entscheidende Idee gekommen, als er unter einem Baum im Schatten saß und zusah, wie ein Apfel zu Boden fiel. Das brachte ihn auf die Frage: Warum fallen Äpfel und alle anderen Dinge immer nach unten? Warum nicht nach oben oder zur Seite? Wenn alles zu Boden fällt, muss die geheimnisvolle Kraft aus der Erde kommen. Und die Kraft zieht auch dann weiter am Apfel, wenn er schon ruhig auf dem Boden liegt.

Also sorgt die besagte Kraft dafür, dass alles, was es auf der Erdoberfläche gibt, am Boden festgehalten wird. Die Kraft gibt den Dingen ihr Gewicht. Ohne diese Kraft würde alles einfach davontreiben. Menschen, Tiere, Luft und Meer, alles, was nicht an der Erdoberfläche festgewachsen ist, würde ins All verschwinden. Aber durch diese Kraft hat alles ein Gewicht, ist schwer. Deshalb nennen wir diese Kraft „Schwerkraft" oder auch „Erdanziehungskraft".

Newton stellte also fest, dass die Erde eine Anziehungskraft hat. Und dass sie nicht nur die Dinge anzieht, die sich auf der Erdoberfläche befinden, sondern dass sie noch weit ins All hinausreicht. Die Schwerkraft hält auch den Mond in seiner Bahn um die Erde fest.

Eigentlich verhält der Mond sich wie der Apfel am Baum. Er fällt zur Erde, weil die Schwerkraft der Erde ihn anzieht. Das klingt seltsam, denn der Mond trifft ja nicht auf den Boden auf, wie das bei einem Apfel der Fall ist. Er dreht sich seit Jahrmilliarden um die Erde und wird sich noch Jahrmilliarden so weiterdrehen. Wie können wir also behaupten, dass er fällt?

Das lässt sich am einfachsten durch ein Experiment erklären. Leider lässt sich dieses Experiment in Wirklichkeit nicht durchführen. Wir müssen unsere Fantasie benutzen. In der Physik kommen solche gedanklichen Experimente sehr häufig vor, und dieses Experiment hat auch Isaac Newton im Kopf angestellt.

Wir werfen einen Ball. Wenn wir den Ball loslassen, legt er zunächst einige Meter zurück und fällt dann zu Boden. Wenn wir den Ball dabei beobachten, stellen wir fest, dass er in dem Moment, in dem er die Hand verlässt, zu fallen beginnt.

Newtons erstes Gesetz sagt, dass ein Ball in alle Ewigkeit weiterfliegt, wenn keine Kraft ihn beeinflusst. Aber wir sehen ja, dass der Ball nicht weiterfliegt. Er fällt zu Boden. Also gibt es eine Kraft, die ihn beeinflusst und ihn nach unten zieht. Diese Kraft ist die Schwer- oder Erdanziehungskraft.

Jetzt werfen wir den Ball noch fester. Der Ball fliegt weiter, fällt aber trotzdem zu Boden. Angenommen, wir werfen den Ball immer fester. Der Ball fliegt zehn Meter, fünfzig Meter, hundert Meter. Aber immer fällt er zu Boden. (Das Schöne bei Gedankenexperimenten ist, dass wir nicht hinterherrennen und ihn aufheben müssen.) Bei diesem Experiment sind hundert Meter allerdings nicht genug. Wir müssen uns vorstellen, wir hätten Supermuskeln und könnten unvorstellbar weit werfen.

Wenn wir so fest werfen, dass der Ball so schnell ist wie eine Gewehrkugel (3000 Stundenkilometer), dann fliegt der Ball mehrere Kilometer, ehe er zu Boden fällt. Wenn wir immer noch fester werfen, wird der Ball immer weiter fliegen, ehe er zu Boden fällt. Aber wenn wir ihn mit rund 30 000 Stundenkilometern werfen, dann passiert plötzlich etwas Seltsames. Der Ball saust aus unserer Hand und macht sich auf die Reise. Nach einer hundertstel Sekunde können wir ihn nicht mehr sehen. Deshalb müssen wir uns vorstellen, dass wir den Ball auf seinem Flug begleiten.

Genau wie bisher zieht die Schwerkraft den Ball nach unten. Aber obwohl der Ball fällt, kommt der Boden nicht näher! Der Boden scheint sich unter dem Ball zu krümmen. Und das stimmt auch. Denn die Erde ist eine Kugel, und die Oberfläche einer Kugel ist nicht flach. Sie krümmt sich. Wenn sich ein Ball mit gut 30 000 Stundenkilometern bewegt, krümmt sich die Erdoberfläche so schnell, wie der Ball fällt. Der Ball fällt immer noch zu Boden, trifft aber niemals auf den Boden auf.

Wenn wir jetzt stehen bleiben und dem Ball hinterherschauen, dann erleben wir nach anderthalb Stunden eine Überraschung. Der Ball hat die ganze Erdkugel umrundet und kommt zu der Stelle zurück, von der aus er geworfen worden ist. Er trifft unseren Hinterkopf, und wir sind sofort tot. Zum Glück ist das Ganze nur ein Gedankenexperiment!

Bei diesem Beispiel sind jedoch unsere Muskeln nicht das einzig Unrealistische. Zum Beispiel würde der Ball von der Luft gebremst werden, wenn er nicht ohnehin vorher gegen einen Berg knallt. Deshalb machen wir in unserer Fantasie noch einen Versuch. Angenommen, wir wären hoch über der Erde im Weltraum.

Noch immer gibt es die Erdanziehungskraft, aber hier ist sie schwächer als auf der Erdoberfläche. Die mathematische Formel für die Schwerkraft besagt nämlich, dass die Schwerkraft eines Gegenstandes umso schwächer wird, je weiter die Erde von dem Gegenstand entfernt ist. Je tiefer man also in den Weltraum vordringt, desto weniger spürt man die Erdanziehungskraft.

Das führt dazu, dass der Ball nicht mehr so schnell zu Boden fällt, und wir brauchen ihn „nur" mit 28 000 Stundenkilometern zu werfen. Wenn der Ball unsere Hand verlässt, zieht die Erde ihn an. Aber auch jetzt krümmt sich die Erde unter dem Ball, sodass der Ball sie niemals trifft. Und da es im Weltraum keine Luft gibt, kann der Ball auch nicht gebremst werden. Er wandert in alle Ewigkeit weiter um die Erde.

Und jetzt komme ich endlich wieder auf den Mond zu sprechen.

Der Mond ist nur ein riesengroßer Ball, der durch den Weltraum fliegt. Und deshalb verhält er sich auch wie der kleine Ball. Der Mond fällt die ganze Zeit der Erde entgegen, kann sie aber niemals treffen. Da er so weit von der Erde entfernt ist, bewegt er sich noch langsamer als die beiden Bälle in unserem Gedankenexperiment: mit „nur" 3 600 Stundenkilometern.

Newton gab sich mit seinem Gedankenexperiment noch nicht zufrieden. Er verglich eine Kugel, die zu Boden fällt, mit Beobachtungen des Mondes. Und es stellte sich heraus, dass der Mond wirklich auf die Erde zufällt, ohne sie je zu erreichen.

Nun ist die Erde nicht der einzige Planet mit Schwerkraft. Ganz im Gegenteil. Alle Dinge im Universum haben Schwerkraft. Zum Beispiel auch unser Buch. Und wenn ich darin lese, wird es von meiner Schwerkraft zu mir hingezogen. Aber weil ich so klein bin, ist meine Schwerkraft sehr gering. Um Schwerkraft spürbar zu machen, sind unzählige Milliarden Tonnen Materie vonnöten.

Der Mond ist so groß, dass wir seine Anziehungskraft spüren. Er zieht zum Beispiel die Meere auf der Erde an. Auf diese Weise entstehen Ebbe und Flut. Aber da der Mond viel kleiner ist als die Erde, kreist er um die Erde, nicht die Erde um den Mond.

Und da die Erde viel kleiner ist als die Sonne, dreht sich unser Planet um die Sonne. Die Anziehungskraft der riesengroßen Sonne hält alle Planeten im System auf ihrer Bahn. Und wie der Mond zur Erde, fallen alle Planeten zur Sonne. Fallen und fallen und fallen, in alle Ewigkeit.

Die Geschichte vom endlosen Fall hört sich ziemlich unglaublich an, aber seltsamerweise kann man hier auf der Erde etwas Vergleichbares erleben. Beim Gehen greifen wir auf eine Technik zurück, die die Schwerkraft ausnutzt. Gehen ist im Grunde dasselbe wie Fallen. Wieder müssen wir ein Experiment machen. Wir stellen uns mit geschlossenen Beinen hin. Dann setzen wir einen Fuß vor den andern und gehen los. Und schon kippt unser Körper leicht vornüber.

Wenn wir jetzt nicht weiter einen Fuß vor den andern setzen, kippen wir zu Boden. Wenn wir nicht fallen wollen, müssen wir den Fuß hinstellen. Wenn wir dann weitergehen, stoßen wir uns mit dem Fuß ab, der unseren Fall bremst, und danach kippen wir wieder nach vorn, ehe wir mit dem anderen Fuß bremsen. Abtritt, Fall, Abtritt, Fall. Auf der ganzen Welt machen das Milliarden Menschen, rund um die Uhr.

Newtons Gesetze gelten für uns alle, die ganze Zeit. Wir können ihnen nicht entgehen, egal, wo im All wir uns befinden. Es sind Naturgesetze, und alles, was in der Natur existiert, muss diese Gesetze befolgen. Es ist unmöglich, das Gesetz der Schwerkraft zu brechen. Deshalb werden wir niemals einen Apfel nach oben fallen sehen.

Auch wenn es schwer ist, alles zu begreifen, was ich über Newtons Gesetze geschrieben habe, kann man sich jetzt vielleicht vorstellen, wie beeindruckt die Menschen damals waren. Forscher wie Kopernikus, Kepler und Galilei wussten viel über den Aufbau von Erde und Universum, doch erst Newtons Buch *Principia* konnte erklären, warum es so war.

Nikolaus Kopernikus konnte nicht erklären, warum Menschen, Tiere und Gegenstände nicht runterfallen, solange die Erde um die Sonne kreist. Galileo Galilei konnte nicht erklären, warum zwei Kugeln von unterschiedlichem Gewicht gleichzeitig auf die Erde auftreffen. Johannes Kepler konnte nicht erklären, warum die Bahnen der Planeten ellipsenförmig sind und warum die Planeten sich in Sonnennähe schneller bewegen.

Das alles und noch mehr wurde aber durch die drei newtonschen Axiome und die Entdeckung der Schwerkraft erklärt. Newton zeigte, dass hinter zahllosen komplizierten Ereignissen in der Natur einige wenige, einfache Naturgesetze stecken.

Schon zu seinen Lebzeiten galt Isaac Newton als einer der größten Forscher aller Zeiten, seine Geburt wurde mit dem ersten Schöpfungstag in der Bibel verglichen, an dem Gott sagte: „Es werde Licht!" Natur und Naturgesetze waren bisher in der Finsternis versteckt gewesen, doch dann war Newton gekommen und hatte sein Licht über sie scheinen lassen.

Newton selber war bescheidener. „Wenn ich weiter als andere gesehen habe, dann nur, weil ich auf den Schultern von Riesen stand", sagte er. Newton hätte seine Entdeckungen nicht machen können, wenn vor ihm nicht andere nachgedacht, gerechnet und ihre Experimente gemacht hätten. Unmittelbar vor seinem Tod drückte er es so aus: „Ich weiß nicht, wie die Welt mich sehen wird. Aber ich sehe mich als kleinen Jungen, der am Strand spielte und schöne Muscheln und bunte Steine fand, während das unendliche Meer der Wahrheit unerforscht vor ihm lag."

Newton glaubte, die Jagd nach der Wahrheit habe gerade erst begonnen. Und auch in diesem Punkt sollte er Recht behalten.

Die industrielle Revolution

In einem Museum in meiner Heimatstadt Oslo hängt ein Bild, das bei mir immer ein seltsames Gefühl erregt. Es stellt einen von grünen Feldern und dichten Wäldern umgebenen Gutshof dar. In der Ferne sind weitere Höfe und ein glitzernder blauer Fjord zu sehen. Das Bild zeigt die Gegend, in der ich heute wohne. Aber nicht so, wie sie heute aussieht, sondern so wie vor zweihundertfünfzig Jahren.

Die prachtvollen Höfe sind längst verschwunden, an ihrer Stelle stehen heute Wohnblocks mit kleinen Wohnungen. Die Felder sind zubetoniert, die Wälder abgeholzt. In der Nachbarschaft weiden keine Kühe und Schafe mehr, und keine wilden Tiere streifen durch die Wälder. Abgesehen von Menschen, Katzen und Hunden sind auf der Straße nur noch Maschinen zu sehen.

Das Bild und andere im Museum zeigen, dass in Oslo eine gewaltige Veränderung stattgefunden hat. Dasselbe ist überall in Europa und in vielen anderen Ländern der Welt passiert. Und nicht nur das Aussehen der Landschaft hat sich verändert. Die Menschen leben heute völlig anders als früher. Vor zweihundertfünfzig Jahren wohnten die meisten Menschen auf dem Land und lebten von den Nahrungsmitteln, die sie selber erzeugten. Jetzt leben die meisten Menschen in Städten und kaufen ihre Lebensmittel mit Geld, das sie in Fabriken und Büros verdienen.

Nur ein einziges Mal in der Geschichte hat sich bisher das Leben für die Menschen dermaßen einschneidend geändert. Und zwar vor rund zwölftausend Jahren. Damals erkannten sie, dass es möglich ist, Getreide anzubauen und Haustiere zu halten. Die Menschen, die hunderttausende von Jahren als Jäger und Sammler gelebt hatten, wurden sesshaft, machten Land urbar und bauten Häuser. Sie wurden zu Bauern.

Die zweite große Veränderung setzte gegen Ende des 18. Jahrhunderts ein und wird häufig als „industrielle Revolution" bezeichnet. Damals fing ein Großteil der europäischen Bevölkerung an, in Fabriken, d.h. in der Industrie zu arbeiten – daher kommt die Bezeichnung „industrielle Revolution".

Viele Einflüsse hatten zu dieser Revolution geführt. Zum Teil waren die politischen Verhältnisse wichtig, die Frage, wie ein Land regiert wurde und wem das Land gehörte, das die Bauern bestellten. In Großbritannien zum Beispiel rissen Großgrundbesitzer tausende von kleinen Höfen an sich und vertrieben die Bauern von ihrem bisherigen Grund und Boden. Gleichzeitig stieg die Bevölkerungszahl, und in vielen Gegenden gab es nicht mehr ausreichend Wohnraum und zu wenig Arbeit.

Aber die Hauptursache der industriellen Revolution waren die großen Entdeckungen und Erfindungen, die im 18. und 19. Jahrhundert gemacht wurden. Vor allem einer Erfindung wird die Hauptverantwortung für diese Revolution zugeschrieben: der Dampfmaschine.

Ich habe schon erzählt, dass der Grieche Heron (vgl. S. 35) eine Dampfmaschine erfunden hatte, die später in Vergessenheit geriet. Beim nächsten Mal fing alles in einer Küche an. Im Jahr 1679 erfand der Franzose Denis Papin den Dampfkochtopf, einen Topf mit einem Verschluss, der so fest zugedreht werden kann, dass kein Dampf aus dem Topf entweicht. In einem solchen Dampfkochtopf werden Speisen schneller gar.

Papin stellte fest, dass Wasser, wenn es kocht und zu Wasserdampf wird, mehr Platz braucht als in flüssigem Zustand. Ein Liter Wasser wird beim Kochen zu fast zweitausend Litern Wasserdampf. In einem geschlossenen Topf herrscht also gewaltiger Platzmangel, wenn mehr und mehr Wasser zu Dampf wird. Der Dampf presst gegen Seiten, Boden und Deckel des Topfes, und der Druck steigert sich immer mehr.

Dampfkocher galten als recht gefährlich, weil der Deckel diesem gewaltigen Druck ab und zu nicht standhalten kann, wenn der Deckel nicht, wie heute üblich, ein Sicherheitsventil hat. Ohne dieses Ventil kann es passieren, dass der Deckel mit lautem Knall davonfliegt, gefolgt von der Mahlzeit im Topf. Aber zum Glück lässt sich aus allem etwas lernen, auch aus einer mit Essen voll gespritzten Küche. Denis Papin erkannte zum Beispiel, dass sich die gewaltige Energie, die den Deckel von einem Dampfkochtopf reißen kann, durchaus auch nutzbringend anwenden lässt.

Papin konstruierte einen Kessel mit einer ganz kleinen Öffnung. Vor dieser Öffnung befestigte er ein Rohr mit einem Kolben. Der Kessel wurde mit Wasser gefüllt und aufs Feuer gesetzt. Als das Wasser anfing zu kochen, entwickelte sich Dampf, der sich aus-

Die industrielle Revolution

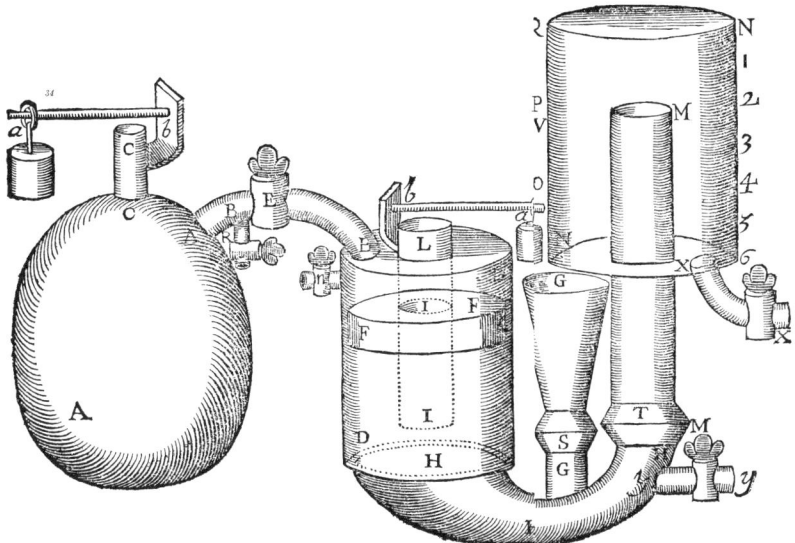

1690 erfand Denis Papin die erste Dampfmaschine, eine Weiterentwicklung seines 1679 erfundenen Dampfkochtopfs (zeitgenössische Darstellung).

dehnte und den Kolben im Rohr nach oben schob. Der Dampf konnte Kraft erzeugen, und Papins Experiment zeigte, wie groß diese Kraft war.

Viele machten damals den Versuch, eine brauchbare Maschine zu bauen, um die Dampfkraft nutzbar zu machen. Der erste Erfinder, dem das gelang, war der englische Schmied Thomas Newcomen. Die im Jahr 1712 von Newcomen gebaute Dampfmaschine funktionierte ungefähr so wie Papins Kessel: Ein Behälter mit Wasser wurde erwärmt, dann strömte der Dampf in ein Rohr und drückte darin einen Kolben nach oben.

Wenn der Kolben aus dem Rohr herausgedrückt worden war, erkaltete der Dampf. Abgekühlter Dampf wird wieder zu Wasser, das weniger Platz braucht. Deshalb senkt sich der Kolben im Rohr wieder. Wenn er das Ende des Rohrs erreicht, wird eine neue Portion Dampf ins Rohr gelassen, und wieder bewegt sich der Kolben nach oben. Bei Newcomens Maschine bewegte sich der Kolben hin und her, solange im Behälter Wasser war und unter dem Behälter (der Dampfkessel genannt wurde) Brennstoff nachgefüllt wurde.

Ein ganz normaler Kochtopf kann das System von Newcomens Dampfmaschine deutlich machen. Dazu muss man den Topf mit Wasser füllen, den Deckel darauf legen und den Herd einschalten. Wenn das Wasser zu kochen beginnt, sieht man, dass der Druck des Dampfes den Deckel nach oben drückt. Zwischen Topf und Deckel entsteht eine Öffnung, Dampf quillt heraus und der Deckel senkt sich wieder. Gleich darauf aber hat sich wieder so viel Dampf angesammelt, dass sich der Deckel wieder hebt, Dampf herauslässt und sich abermals senkt. Das wiederholt sich, solange das Wasser kocht oder solange überhaupt noch Wasser im Topf ist. Der Topf entspricht bei diesem Beispiel dem Dampfkessel, der Deckel ist der Kolben, und wenn der Deckel sich hebt und Dampf freisetzt, funktioniert er wie das Ventil einer Dampfmaschine.

Zu Beginn des 18. Jahrhunderts waren die meisten Wälder Englands abgeholzt worden. Das Holz war als Brennstoff oder zum Schiffbau verwendet worden. Aber die Bevölkerung wuchs, und deshalb wurde immer mehr Brennstoff benötigt. Die Lösung lag in der Steinkohle, einem schwarzen, glänzenden Stein, der im Ofen gut brennt (übrigens hatten als Erste die Chinesen Steinkohle verwendet). Aber Steinkohlevorkommen finden sich zumeist tief in der Erde, weshalb tiefe Gruben angelegt werden mussten. Oft sickerte Wasser in die Grubengänge, und das war für die Bergarbeiter eine Quälerei und auch ziemlich gefährlich. Schon seit Jahrhunderten wurden deshalb große Pumpanlagen, die das Wasser aus den Gruben beförderten, von Pferden angetrieben.

Aber Pferde sind lebendige Wesen, ihre Kraft und ihre Ausdauer haben Grenzen, und in den Bergwerken litten sie wie die Menschen. Newcomens Dampfmaschine dagegen brauchte weder Auslauf noch Pflege. Wenn sie nur genug Kohle und Wasser hatte, konnte sie rund um die Uhr pumpen. Deshalb war sie rasch sehr beliebt, und über sechzig Jahre lang wurde in englischen Bergwerken mit solchen Maschinen das Wasser abgepumpt. Andere Erfinder versuchten, neue Verwendungsmöglichkeiten für die Dampfmaschine zu entwickeln, zum Beispiel Schiffe anzutreiben, aber das erwies sich zunächst als unmöglich. Newcomens Dampfmaschine war dafür zu schwach und zu langsam.

Im Jahr 1757 wurde James Watt an der Universität Glasgow in Schottland angestellt. Er war Werkzeugbauer und sollte wissenschaftliche Geräte herstellen und warten. Eine seiner ersten Aufgaben bestand darin, ein Modell von Newcomens Dampfmaschine zu reparieren. Das Modell sollte im Unterricht eingesetzt werden, doch es funktionierte einfach nicht. Wenn der Dampfkessel erwärmt wurde, bewegte sich der Kolben nur zweimal und kam dann wieder zum Stillstand.

James Watt nahm das Modell auseinander und machte sich gründlich damit vertraut, ohne jedoch das Rätsel lösen zu können. Im Gegenteil, die Maschine schien sehr gut in Schuss zu sein. Deshalb stellte sich James Watt eine Frage: Vielleicht stimmt etwas an der Konstruktion der Maschine nicht? Er unterhielt sich mit den Forschern, die an der Universität arbeiteten, und auf diese Weise

Die industrielle Revolution

legte er sich die damaligen Kenntnisse über Physik zu. Unter anderem hörte er dabei auch von den newtonschen Gesetzen.

Dieses Wissen ließ ihn schließlich erkennen, dass das Maschinenmodell wirklich einen Fehler aufwies. Es war ganz einfach zu klein. In einer so kleinen Newcomen-Maschine wurde das Wasser nie heiß genug, um den Kolben häufiger als zweimal zu bewegen. Deshalb war das Modell unbrauchbar.

Die meisten Werkzeugbauer hätten sich mit diesem Wissen begnügt. Ihre Arbeit hatten sie getan, und es war unmöglich, das Modell zu reparieren. Aber bei James Watt war die Neugier geweckt. Seine Kenntnisse der Naturgesetze sagten ihm ganz klar, dass auch große Newcomen-Maschinen ihre Schwächen hatten. Im Vergleich zu der Energie, die sie produzierten, verbrauchten sie ganz einfach zu viel Brennstoff. Watt war überzeugt, dass er eine wirklich effektive Dampfmaschine bauen könnte, die Frage war nur, wie.

Zwei Jahre zerbrach er sich den Kopf über dieses Problem. Und eines Sonntags im Jahr 1765, während er im Park einen Spaziergang machte, ging ihm die Antwort plötzlich auf. Watt rannte zurück in sein Labor und machte sich sofort an den Bau einer ganz neuen Art von Dampfmaschine. Nach nur drei Wochen war sein Werk vollendet. Watt führte mit seiner neuen Maschine viele Experimente durch. Dabei stellte sich heraus, dass sie dieselbe Leistung erbringen konnte wie die Maschine von Newcomen, doch war sie sehr viel kleiner und leichter und brauchte nur ein Drittel so viel Brennstoff.

Leider war die Herstellung der neuen Maschine kompliziert und teuer. James Watt hatte kein Geld, und er musste sich einen reichen Gönner suchen, der bereit war, Geld in die neue Maschine zu investieren. Anfangs war das nicht leicht. Noch immer verdienten die meisten Menschen ihr Geld ja mit Landwirtschaft oder Handel. Aber schließlich konnte Watt das Interesse eines englischen Fabrikbesitzers wecken.

In der Fabrik dieses Mannes wurden die Maschinen von einem Wasserrad angetrieben, das vom Wasser im Fluss abhängig war. Dieser Fluss aber trocknete jeden Sommer aus, die Maschinen kamen zum Stillstand, und die Arbeiter mussten entlassen werden. Das brachte dem Fabrikbesitzer Verluste ein, und deshalb war er dankbar für Watts Erfindung, die die Fabrik das ganze Jahr hindurch rund um die Uhr in Gang halten würde.

Zusammen mit James Watt gründete er eine zweite Firma, die Dampfmaschinen produzierte. Und danach dauerte es nicht mehr lange, bis auch andere Fabrikbesitzer die Vorteile von Watts Maschine erkannten. Ende des 18. Jahrhunderts begann die Dampf-

DIE INDUSTRIELLE REVOLUTION

maschine in ganz Großbritannien Tiere, Menschen, Wasser und Wind als Kraftquelle zu ersetzen.

Die Dampfmaschine machte es möglich, sehr viel mehr Waren als bisher zu produzieren. Die Fabrikbesitzer wurden reicher und bauten neue und größere Fabriken. Sie brauchten Arbeiter für ihre Fabriken und lockten die arme Landbevölkerung, von der viele durch die neuen Maschinen arbeitslos geworden waren, in die Städte. Als Spinn- und Webmaschinen mit Dampfantrieb Stoffe herstellen konnten, die viel billiger waren als die mit der Hand produzierten, konnten tausende von Frauen auf den Dörfern ihren Lebensunterhalt nicht mehr verdienen.

Millionen Menschen zogen in die Großstädte wie London, Liverpool und Birmingham und arbeiteten dort in lärmenden, verdreckten Fabriken. Ihre Bezahlung war erbärmlich, und oft litten sie noch größere Not als zuvor auf dem Land. Aber wenn eine Familie erst in die Stadt gezogen war, führte kein Weg mehr zurück. Anfangs verlief diese „Landflucht" noch langsam. Aber eine weitere dampfgetriebene Erfindung beschleunigte die Entwicklung schließlich rasant.

Schon seit dem 16. Jahrhundert waren Loren, die auf Schienen liefen, verwendet worden, um Stein und Metall aus den Bergwerken zu schaffen. 1804 versuchte der Ingenieur Richard Trevithick aus Cornwall, in einer solchen Lore eine Dampfmaschine anzubringen und die Lorenräder von dieser Maschine antreiben zu lassen. Damit hatte er die Dampflokomotive erfunden.

1814 stellte der Erfinder George Stephenson eine verbesserte Version dieser Maschine vor, weshalb er 1821 mit dem Bau der ersten Eisenbahn der Welt beauftragt wurde (der Name „Eisenbahn" kommt daher, dass die Schienen aus Eisen waren). Die Bahnlinie verlief zwischen den nordenglischen Städten Stockton und Darling-

Die erste Eisenbahnlinie in Deutschland wurde am 7. Dezember 1835 zwischen Nürnberg und Fürth eröffnet. Die Zeichnung zeigt in schematischer Darstellung die Zugmaschine und je einen Wagen der ersten und dritten Klasse.

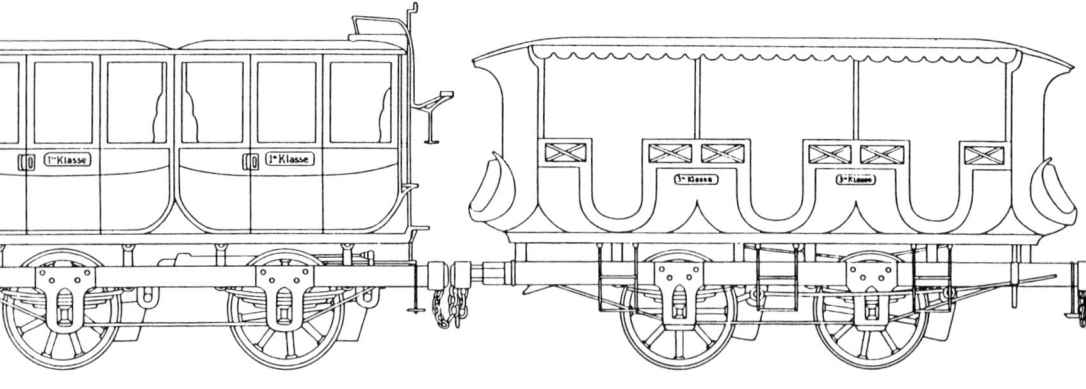

Die industrielle Revolution

ton. Um 1830 wurden in vielen europäischen Ländern Eisenbahngesellschaften gegründet, und schon 1840 waren in der ganzen Welt an die achttausend Kilometer Eisenbahnschienen verlegt (das ist ungefähr dreimal so lang wie die Strecke Hamburg – Sizilien). Die erste Eisenbahn Deutschlands wurde 1835 in Betrieb genommen und verkehrte zwischen Nürnberg und Fürth.

Es ist für uns nicht so leicht nachzuvollziehen, was das damals für eine Bedeutung hatte. Als es noch keine Eisenbahnen gab, war das Pferd das schnellste Transportmittel. Eine Postkutschenreise von fünfzig Kilometern konnte zwei Tage dauern, wenn man Pech hatte. Mit dem Zug ließ sich diese Strecke innerhalb von zwei Stunden zurücklegen. Die Eisenbahn veränderte das Leben der Menschen grundlegend. Später wurden auch Auto und Flugzeug zu wichtigen Transportmitteln, aber inzwischen war die große Veränderung bereits eine Tatsache. Die Eisenbahn hatte dafür gesorgt, dass weite Reisen rasch und sicher zurückgelegt werden konnten.

Die Eisenbahn machte auch die Nachricht von anderen neuen Erfindungen schneller bekannt. Züge konnten in kurzer Zeit Post und Waren aus den großen Fabriken der Städte in Europa überallhin befördern. Selbst die Zeitrechnung wurde von der Eisenbahn verändert. Früher hatten viele Städte ihre eigene Zeiteinteilung. Die Menschen in der Stadt stellten ihre Uhren nach Rathaus- oder Kirchturmuhr, Zugereiste mussten sich nach der Ortszeit richten.

Aber das änderte sich, sobald die Eisenbahnlinie eine Stadt erreichte. Die Eisenbahn brauchte feste Fahrpläne, und kleine Orte mussten sich der Zeitrechnung der Hauptstadt anpassen. Nach und nach zeigten alle Uhren eines Landes dieselbe Zeit.

Gleichzeitig mit den Eisenbahnen wurden nun auch Dampfschiffe wichtig. Mit dem Schiff geschah im Grunde dasselbe wie mit dem Zug: Eine alte Erfin-

dung (das Schiff) wurde mit einer Dampfmaschine und einer (eigentlich von Archimedes erfundenen) Schraube versehen. Noch eine ganze Zeit lang erreichten Segelschiffe dieselbe Geschwindigkeit wie Dampfschiffe, manchmal waren sie sogar schneller. Aber als um die Mitte des 19. Jahrhunderts immer schnellere Dampfschiffe konstruiert wurden, wurde die kommerzielle Segelschifffahrt nach und nach aufgegeben.

Das 19. Jahrhundert wird oft als „Jahrhundert der Erfindungen" bezeichnet. Dem 19. Jahrhundert verdanken wir die meisten Erfindungen, die wir noch heute jeden Tag benutzen. Neben Eisenbahn und Auto kamen damals moderne Wasserklosetts, Glühbirnen, Elektroherde, Telefon, Radio, Film und Plattenspieler auf. Sogar der Computer ist eine Erfindung des 19. Jahrhunderts, allerdings nur in der Theorie, der praktische Bau war noch nicht möglich.

Die industrielle Revolution hatte jedoch auch viele Schattenseiten. Sie führte zu hoher Arbeitslosigkeit und übler Umweltzerstörung, weil die Fabriken giftigen Rauch und Staub ausspuckten und Wälder und Felder in trostlose Brachen verwandelten. Viele Geschichtswissenschaftler halten das 19. Jahrhundert für die schlimmste Zeit, die die einfache Bevölkerung seit dem schwarzen Tod im 14. Jahrhundert durchgemacht hat.

Doch nach und nach zogen immer mehr Menschen aus der Wissenschaft und den neuen Erfindungen ihren Nutzen. Und die wissenschaftliche Entdeckung, die für die meisten Menschen die größte Bedeutung gehabt hat, ist die Elektrizität.

Die Elektrizität

Ab und zu ist es bei der Jagd nach der Wahrheit wichtig, die Zusammenhänge zwischen scheinbar sehr unterschiedlichen Dingen erkennen zu können. Der amerikanische Forscher Benjamin Franklin zum Beispiel erkannte, dass es einen Zusammenhang zwischen Gewitter und Bernstein gab.

Benjamin Franklin lebte im 18. Jahrhundert, als noch nicht viel über Elektrizität geforscht worden war. Im Grunde war man damals noch kaum weitergekommen als Thales von Milet (vgl. S. 12–13). Thales hat angeblich mit Bernstein herumgespielt, einem goldfarbenen, harten und durchsichtigen Stoff. Bernstein ist ein viele Millionen Jahre altes versteinertes Baumharz, was die alten Griechen jedoch nicht wussten, und wird heute vor allem für Schmuck verwendet. Thales stellte fest, dass ein Bernsteinklumpen leichte Federn, dünne Fäden oder Wollfussel anzieht, wenn man ihn mit einem Stück Fell abreibt.

Jeder kann das griechische Experiment bei sich zu Hause wiederholen. Wenn man kein Stück Bernstein zur Hand hat, kann man auch einen Plastikkamm nehmen. Wenn man den Kamm reibt und dann über Federn oder ein Stückchen Klopapier hält, dann zieht der Kamm sie an. Wenn man sich kämmt, passiert mit dem Kamm dasselbe wie mit dem Bernsteinklumpen.

Im 16. und 17. Jahrhundert erwachte das Interesse der Wissenschaftler am Bernstein aufs Neue. Der Engländer William Gilbert nannte das, was sich bei dem Experiment abspielte, Elektrizität, nach „Elektron", dem griechischen Wort für Bernstein. Gilbert und andere Forscher glaubten, die Elektrizität werde durch Reibung im Bernstein erzeugt. Experimente zeigten, dass das auch für Glas gilt. Vielleicht war Elektrizität ein geheimnisvoller Stoff, der nur in Glas und Bernstein vorkam?

Benjamin Franklin sah die Sache praktischer. Er glaubte, dass alle Gegenstände Elektrizität enthielten. Wenn man Bernstein rieb, wurde er mehr elektrisiert als sonst. Franklin stellte das so dar:

Die Elektrizität

Mehr Elektrizität als sonst war plus. Weniger Elektrizität war minus. Plus und minus werden noch immer bei elektrischen Geräten verwendet. Zum Beispiel haben Batterien an einem Ende ein Plus- und am andern ein Minuszeichen.

Wenn man mit dem Finger einen Kamm berührt, den man vorher durch seine Haare gezogen hat, spürt man vielleicht einen kleinen Stich. Vielleicht hört man auch ein Knistern. Ganz selten wird man sogar einen kleinen Funken sehen. Dasselbe kann passieren, wenn man über einen Teppich geht und dann eine Türklinke anfasst.

Benjamin Franklin hatte in der Natur ähnliche Phänomene beobachtet, vor allem Blitze, die in den Boden einschlugen. Er tippte auf einen Zusammenhang zwischen Blitzen und den Funken, die aus Bernsteinklumpen sprühen, und stellte die Frage: „Und wenn ein Blitz nun einfach ein riesengroßer Funke ist?" In dem Fall wäre der Donnerschlag, der auf den Blitz folgt, eigentlich nur ein sehr lautes Knistern.

Benjamin Franklin entdeckt, dass Gewitterwolken elektrisch geladen sind (zeitgenössische Darstellung seines gefährlichen Experiments).

Benjamin Franklin kannte die Bücher Galileis und Newtons und wusste, dass er seine These durch Experimente überprüfen musste. Während eines Gewitters ließ er einen Drachen steigen. Dieser Drachen war durch eine Seidenschnur mit dem Boden verbunden. Franklin wusste, dass Elektrizität durch diese Schnur wandern konnte, etwa so wie Wasser durch ein Rohr fließt. Wenn er Recht hatte und es in den Gewitterwolken Elektrizität gab, dann musste ein Teil davon in den Boden übergehen. Unten am Boden hatte Franklin den Faden an einem Schlüssel befestigt.

Als er diesen Schlüssel mit dem Finger berührte, sprühte der Schlüssel ebensolche Funken wie der Bernstein bei Franklins früheren Experimenten. Also enthielten die Wolken Elektrizität, und der Blitz entsprach den Funken. Benjamin Franklin hatte bei diesem

Die Elektrizität

Experiment im Grunde riesiges Glück. Er spürte nämlich nur einen winzigen Teil der Elektrizität, die eine Gewitterwolke enthält. Wenn ein Blitz den Drachen getroffen hätte, dann wäre Franklin sofort tot gewesen. Zwei Forscher, die Franklins Experiment wiederholten, kamen so ums Leben!

Franklin hatte auch festgestellt, dass fast immer hohe, spitze Gegenstände vom Blitz getroffen wurden. Er machte viele Experimente mit Funken und nutzte sein Wissen, um 1752 den ersten Blitzableiter zu konstruieren. Ein Blitzableiter ist eine Metallstange, die in großer Höhe angebracht wird und von der Leitungen zum Boden führen. Wenn der Blitz den Blitzableiter trifft, wird die Elektrizität in den Boden abgeleitet, wo sie keinen Schaden anrichtet. Wenn der Blitz in ein Haus ohne Blitzableiter einschlägt, kann ein Brand entstehen. Franklins schlichte Erfindung hat zahllose Menschenleben gerettet.

Gegen Ende des 18. Jahrhunderts machte der Franzose Charles Augustin de Coulomb Experimente mit Stäben aus Bernstein und Glas. Er stellte fest, dass eine bestimmte Kraft elektrische Stäbe kleine Gegenstände anziehen ließ. Diese elektrische Kraft erinnerte ihn an die von Newton entdeckte Schwerkraft, aber es gab einen wichtigen Unterschied: Während Schwerkraft immer anziehend wirkt (man kann niemals nach oben fallen), kann die elektrische Kraft auch abstoßend wirken. Wenn zwei Bernsteinstäbe mit Fell abgerieben und gegeneinander gehalten werden, versucht eine Kraft die Stäbe voneinander fortzuschieben. Coulomb fand für die elektrische Kraft eine mathematische Formel, die Ähnlichkeit mit Newtons Formel für die Schwerkraft hat. Diese Formel wird noch heute benutzt.

Damals kannten die Wissenschaftler im Grunde nur eine Möglichkeit zur Herstellung von Elektrizität: Sie mussten Bernstein, Glas oder Metall reiben. Je stärker sie rieben, desto größer wurden die Funken. Im 18. Jahrhundert versuchte der Italiener Alessandro Volta, Elektrizität chemisch zu erzeugen. Er stellte kleine Scheiben aus Kupfer und Zinn her und legte sie, getrennt durch Pappscheiben, übereinander, bis sie einen hohen Stapel ergaben. Den stellte er in eine Glasröhre und begoss ihn mit Salzwasser. Dabei sah Volta, dass aus den Metallscheiben Funken sprühten. Ganz offenbar entstand zwischen den Scheiben eine Form von Elektrizität.

Alessandro Volta befestigte einen Kupferdraht an beiden Enden des Stapels und stellte fest, dass die Elektrizität durch diese Leitung wanderte. Aber im Gegensatz zur Elektrizität in einem Bernsteinklumpen, die sofort wieder verschwand, war sie hier noch lange vorhanden. Volta hatte herausgefunden, dass Elektrizität hergestellt werden und sich durch einen Draht fortbewegen kann. Sie benimmt sich ungefähr so wie strömendes Wasser, und deshalb sprach er von „elektrischem Strom". Wenn wir heute von „Strom" reden, meinen wir damit fast immer „elektrischen Strom".

Voltas Metallscheibenapparat war die erste effektive Methode zur Herstellung von größeren Mengen Elektrizität. Solche Apparate heißen heute „Batterien", und wir wissen, dass chemische Reaktionen in den Batterien Strom erzeugen. Es ist ziemlich leicht, eine solche Batterie herzustellen, deshalb wurden schon bald in ganz Europa elektrische Experimente angestellt.

Noch etwas verhielt sich ungefähr so wie die elektrischen Stäbe: die Magneten. Die alten Griechen hatten entdeckt, dass bestimmte Steine Eisenklumpen anziehen. Die Steinsorte kam aus einem Dorf namens Magnesia, deshalb wurde sie „Magnet" genannt. Wie so oft glaubt man, dass als Erster Thales von Milet über Magneten gearbeitet habe.

Es waren jedoch die Chinesen, die die nützlichste Eigenschaft der Magneten entdeckten. Sie stellten fest, dass ein länglicher Magnet immer nach Norden zeigt, wenn er beweglich an einem Faden aufgehängt wird. Die Chinesen nutzten diese Entdeckung, um die ersten Kompasse herzustellen, die es ermöglichten, auf offenem Meer den richtigen Kurs beizubehalten. Bereits Jahrhunderte, ehe die Araber ihn übernahmen, hatten die Chinesen mithilfe des Kompasses navigiert. Die Europäer lernten den Kompass vermutlich durch die Araber kennen. Im Mittelalter setzte er sich bei den europäischen Seeleuten durch. Erst der Kompass machte die großen Entdeckungsfahrten über die Ozeane möglich, und deshalb können wir ihn durchaus als eine der ganz großen und wichtigen Erfindungen der Menschheit bezeichnen.

Als europäische Wissenschaftler anfingen, die Elektrizität zu erforschen, interessierten sie sich auch bald für Magneten. Es war ja offensichtlich, dass Magneten sich in vieler Hinsicht verhielten wie elektrisierte Bernsteinstäbe. Magneten können eiserne Gegenstände anziehen, Nägel zum Beispiel. Magneten können also durch irgendeine Kraft andere Dinge beeinflussen.

Die Kraft der Magneten kann auch abstoßen. Wenn man zwei Magneten auf eine bestimmte Weise hält, spürt man, wie sie voneinander weggedrückt werden.

Im 19. Jahrhundert erkannten die Wissenschaftler, dass das gleiche Verhalten von elektrischen Stäben und Magneten kein Zufall sein konnte. Es musste zwischen beiden irgendeine Verbindung geben. 1820 führte der Däne Hans Christian Ørsted ein einfaches Experiment durch. Er hielt eine mit einer Batterie verbundene Kupfer-

Die Elektrizität

leitung über einen Kompass. Die Kompassnadel zeigte nach Norden, wie sich das für eine Kompassnadel schließlich gehört.

Aber sobald der Strom eingeschaltet wurde, fing die Kompassnadel an sich zu drehen. Sie stellte sich quer zur Leitung. Wenn der Strom wieder abgeschaltet wurde, drehte sich die Nadel wieder nach Norden. Offenbar erzeugte der elektrische Strom Magnetismus, und damit hatte Ørsted bewiesen, dass zwischen Elektrizität und Magnetismus wirklich ein Zusammenhang besteht.

Ein französischer Wissenschafter machte sich bereits ein Jahr später diese neue Erkenntnis zu Nutze. Domenique François Arago wickelte eine lange elektrische Leitung um einen Eisenring. Als er diese Leitung mit einer Batterie verband, sah er, dass der Magnetismus der Elektrizität sehr stark wurde. Diese Form von Magnet, die nur magnetisch ist, solange Strom hindurchfließt, wird Elektromagnet genannt. Diese Elektromagneten waren sehr stark. Arago stellte einen her, der eine Tonne Eisen heben konnte.

Bis auf weiteres brachte das alles aber nicht viel. Um elektrischen Strom zu erzeugen, war man noch immer von den von Volta erfundenen Batterien abhängig. Die Batterien mussten mit einer ätzenden Säure gefüllt werden, sie befanden sich in großen Glasgefäßen und waren am besten für die Verwendung im Labor geeignet. Solange sich das nicht änderte, interessierten sich nur die Wissenschafter für die Elektrizität.

Der große Umschwung setzte ein, als Michael Faraday von Ørsteds Versuch las. Faraday wurde 1791 in England geboren. Sein Vater war Schmied, seine Mutter Bäuerin. Die Familie war so arm, dass sie einmal eine ganze Woche nur von einem einzigen Brot leben musste. Noch immer waren die meisten Wissenschafter Söhne reicher Familien, und ein junger Mann, der gerade nur Lesen, Schreiben und Rechnen gelernt hatte, hatte keinerlei Aussichten auf eine Universitätsausbildung.

Mit vierzehn Jahren kam Michael Faraday zu einem Buchbinder in die Lehre. Im Gegensatz zu den anderen Lehrlingen las er eifrig in den Büchern, die in der Werkstatt vorhanden waren, vor allem faszinierte ihn ein Artikel über Elektrizität aus dem berühmten Lexikon *Encyclopædia Britannica*. Er besorgte sich alte Flaschen, bastelte eine Batterie und machte Experimente. Faraday wollte unbedingt Wissenschafter werden.

Eines Tages spielte ihm der Zufall Eintrittskarten für eine Vorlesung des damals berühmtesten englischen Chemikers in die Hände: Humphry Davy. Faraday notierte jedes Wort dieses bekannten Forschers, machte aus seinen Notizen ein schönes Buch und schickte es Davy. Das blieb nicht ohne Folgen. Davy war beein-

Die Elektrizität

druckt, und als in seinem Labor eine Stelle frei wurde, bot er sie Faraday an. Deshalb gilt Michael Faraday als Davys wichtigste Entdeckung.

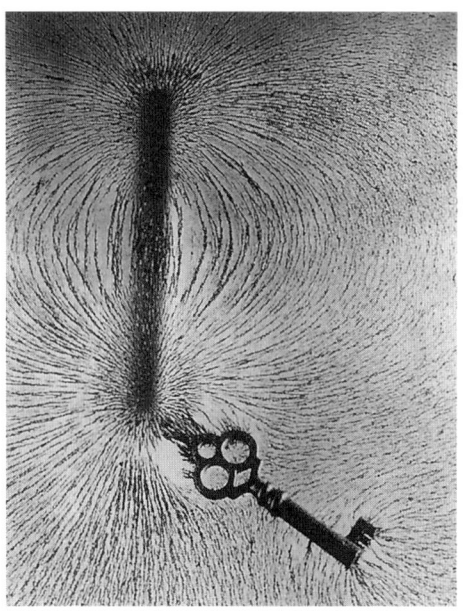

Magnetische Kraftlinien werden durch Eisenfeilspäne sichtbar, die über einen Stabmagneten und einen Eisenschlüssel ausgestreut werden. Die Feldlinien werden zwar vom Magneten erzeugt, aber der Schlüssel ändert ihren Verlauf.

Faraday erwies sich bald als tüchtiger Forscher. Er war neunundzwanzig, als er von Ørsteds Experiment las. Und sein gesamtes wissenschaftliches Wissen ließ ihn eine einfache Frage stellen: Wenn elektrischer Strom Magnetismus erzeugen kann, ist es dann vielleicht umgekehrt genauso? Kann ein Magnet vielleicht elektrischen Strom produzieren?

Im Herbst 1831 nahm Michael Faraday einen Eisenring und umwickelte ihn viele Male mit Kupferdraht. Die beiden Enden des Drahtes waren an einen einfachen Strommesser angeschlossen. Faraday führte einen Magneten durch den Eisenring und sah, dass sein Strommesser etwas registrierte. Wenn sich der Magnet durch das Loch des Eisenrings bewegte, lief ein Strom durch die Leitung. Faradays Annahme traf also zu: Ein Magnet kann in einem Draht elektrischen Strom erzeugen. Aber das ist nur möglich, solange Magnet oder Leitung sich bewegen. Wenn beide stillstehen, gibt es auch keinen Strom mehr.

Immerhin war es eine ganz neue Methode zur Stromerzeugung. Faraday überlegte, ob es leichtere Verfahren geben könne, als einen Magneten durch ein Loch zu schieben. Er konstruierte einen Apparat, in dem sich eine Kupferspule zwischen den Polen eines kräftigen Magneten drehte. Wie Faraday vermutet hatte, lief während des Drehens elektrischer Strom durch die Kupferspule. Allein die Bewegung reichte zur Stromerzeugung aus.

Michael Faraday machte also nicht nur eine große Entdeckung, er erfand auch die erste Maschine, bei der diese Entdeckung ausgenutzt wurde. Heute werden solche Maschinen „Dynamos" genannt, und der, den wir vom Fahrrad kennen, hat noch immer große Ähnlichkeit mit dem von Faraday konstruierten. Es ist nicht schwer, Dynamos herzustellen, und sie produzieren viel Strom. Je größer ein Dynamo ist, desto mehr Strom kann er liefern. Wenn eine leistungsfähige Dampfmaschine an einen sehr großen Dynamo angeschlossen wird (den nennt man dann „Generator"), kann man so viel Strom herstellen, wie man will.

ELEKTRISCHE ERFINDUNGEN

Schon bald wurde die erste nützliche elektrische Erfindung gemacht. Die Wissenschaftler wussten, dass sich elektrischer Strom sehr schnell bewegt. Wenn ein Strommesser an eine Leitung und die Leitung an eine Batterie angeschlossen wird, dann reagiert das Messgerät sofort, auch, wenn er weit von der Batterie entfernt aufgestellt ist.

In Deutschland und England überlegten gleich mehrere Wissenschaftler, ob man dies zur Übermittlung von Nachrichten über große Entfernungen ausnutzen könnte. Wenn sich am anderen Ende der Leitung ein Messinstrument mit einem Zeiger befand und man den Strom rasch ein- und wieder ausschaltete, konnte man dem Partner dort eine simple Botschaft übermitteln – er sah den Zeiger zucken. Der Telegraf war erfunden. Von 1844 an wurden von London aus entlang der neuen Eisenbahnstrecken Telegrafenverbindungen zu den anderen Großstädten gebaut.

Schon 1835 hatte der Amerikaner Samuel Morse von den Experimenten in Europa gehört und zwei Ingenieure, Joseph Henry und Alfred Vail, damit beauftragt, das Verfahren zu verbessern, was ihnen auch gelang. Morse gab dazu zwar nur das Geld, aber erhielt das Patent auf das verbesserte Verfahren, und so trägt es bis heute seinen Namen.

Beim Morsetelegrafen schaltete man mit einem kleinen Hebel, dem „Taster", den Strom ein und aus. Am anderen Ende der Telegrafenleitung bewegte sich ein ähnlicher Hebel im selben Rhythmus auf und ab. Vail erfand ein eigenes Alphabet, in dem die Buchstaben von kurzen und langen Stromsignalen dargestellt wurden. Kurze Signale wurden von dem zweiten Hebel als Punkt auf einem Papierstreifen geschrieben, lange als Striche. Im Morsealphabet war zum Beispiel der Buchstabe A ein Punkt und ein Strich: · –

Der Telegraf machte es möglich, Informationen schnell über weite Entfernungen weiterzuleiten. Auch nach Erfindung der Eisen-

ELEKTRISCHE ERFINDUNGEN

bahn brauchte man noch Tage, um Informationen und wichtige Meldungen über große Entfernungen bekannt zu geben. Wenn ein Meer dazwischen lag, war das Dampfschiff der wichtigste Bote, und es konnte Wochen dauern, ehe wichtige Nachrichten ihren Empfänger erreichten.

Morsealphabet

Zeichen	Wert	Zeichen	Wert	Zeichen	Wert
•—	a	—•	n	•••—	3
•—•—•	á	———	o	••••—	4
•—•—	ä	———•	ö	•••••	5
—•••	b	•—•—•	p	—••••	6
—•—•	c	——•—	q	——•••	7
————	ch	•—•	r	———••	8
—••	d	•••	s	————•	9
•	e	—	t	—————	0
••—••	é	••—	u	•—•—•—	.
••—•	f	••——	ü	•—•—•—	;
——•	g	•••—	v	•—•—•—	,
••••	h	•——	w	———•••	:
••	i	—••—	x	••——••	?
•———	j	—•——	y	——••——	!
—•—	k	——••	z	•—•—•—	"
•—••	l	•————	1	•————•	'
——	m	••———	2	—————	/

Deshalb war das erste Telegrafenkabel, das 1866 auf dem Boden des Atlantiks verlegt wurde, von enormer Wichtigkeit für eine schnelle Nachrichtenübermittlung. Im Bruchteil einer Sekunde konnten nun Nachrichten in Form von Morsezeichen zwischen England und den USA hin- und hergesandt werden. Aus England wurden Telegrafensignale durch ein Kabel im Ärmelkanal nach Frankreich und von dort nach ganz Europa weitergeleitet.

Inzwischen haben wir uns daran gewöhnt, dass Nachrichten wirklich neu sind. Viele elektrische Erfindungen haben die Kommunikation immer leichter gemacht: Das Telefon wurde 1861 von dem Deutschen Johann Philipp Reis erfunden und 1876 von dem Amerikaner Alexander Graham Bell so verbessert, dass es alltags-

Elektrische Erfindungen

tauglich wurde; 1896 erfand der Italiener Guglielmo Marconi die drahtlose Telegrafie mit gefunkten Signalen, die andere zum Rundfunk weiterentwickelten; und erste Fernsehbilder wurden 1925 von dem Schotten John Logie Baird und dem Deutschen August Karolus übertragen. Heutzutage erfahren wir normalerweise alles schon unmittelbar, nachdem es geschehen ist. Durch den Telegrafen und die auf ihn folgenden Erfindungen wissen wir mehr über den Planeten, auf dem wir leben, als alle unsere Vorfahren.

Niemand aber machte sich die Elektrizität so umfassend zu Nutze wie Thomas Alva Edison. Auf ihn gehen mehr als tausend Erfindungen zurück. Die wichtigste ist die der Glühbirne.

Heute ist es unmöglich, sich unsere Welt ohne Glühbirne vorzustellen. Mitte des 19. Jahrhunderts waren aber Kerzen, Öllampen und flackernde Feuer in den meisten Häusern die einzigen Lichtquellen. Wer es sich leisten konnte, kaufte sich Petroleumlampen oder benutzte Flammen aus brennbarem Gas, andere wiederum konnten sich überhaupt kein Licht leisten und gingen nach Sonnenuntergang zu Bett. Häufig brachen wegen der Lichtquellen Brände aus, und die Wohnhäuser waren oft von Ruß und Rauch schwarz gefärbt.

Forschern, die mit elektrischen Leitungen experimentierten, war aufgefallen, dass die Leitungen heiß wurden, wenn sie an einen Dynamo oder eine leistungsfähige Batterie angeschlossen wurden. Ein dünner Kupferdraht konnte sogar zum Glühen gebracht werden. Für einen Moment leuchtete der Draht auf, danach erlosch er, weil er zu heiß geworden war, und schmolz.

Viele versuchten vergeblich, mithilfe eines glühenden Drahtes eine neue Lichtquelle zu entwickeln. Die erste Glühbirne baute 1854 der deutsch-amerikanische Mechaniker Heinrich Goebel. Sie ging aber zu rasch kaputt. Thomas Alva Edison hatte schließlich Erfolg.

Er wurde 1847 in den USA geboren. Durch eine Krankheit in seiner Kindheit wurde er schwerhörig, woraufhin er von der Schule verwiesen wurde, weil die Lehrer ihn für zurückgeblieben hielten. Aber an seinen Fähigkeiten war nichts auszusetzen, und seine Mutter unterrichtete ihn zu Hause. Edison interessierte sich für Wissenschaft und Technik, las viele Bücher, machte kleine Erfindungen und stellte Experimente an. Da seine Familie ziemlich arm war, war an ein Studium nicht zu denken. Mit zwölf Jahren musste er sich Arbeit suchen.

Mit fünfzehn fand Edison eine Stelle als Telegrafist. Er musste Nachrichten, die die Kundschaft übermitteln wollte, mit dem Taster in das Morsegerät eingeben. Edison nutzte die dabei gesammelten

ELEKTRISCHE ERFINDUNGEN

Erfahrungen und stellte 1869 ein verbessertes Telegrafenmodell vor. Diese Erfindung war für ihn ein Erfolg, und das damit verdiente Geld steckte er in die Entwicklung weiterer Erfindungen.

Eine dieser Erfindungen war die neue Lichtquelle. Edison arbeitete intensiv daran, er wusste schließlich, wie dunkel die Wohnungen der armen Leute waren. 1879 konnte er das entscheidende Problem lösen: dass der Glühdraht zu rasch schmolz, wenn der Strom eingeschaltet wurde. Edison erkannte, dass der Draht aus einem anderen Material als Kupfer bestehen musste, und er probierte mehr als sechstausend Stoffe aus, vom Metall Platin bis zu Pflanzenfasern. Der Durchbruch gelang ihm am 21. Oktober 1879, als ein Glühfaden vierzig Stunden leuchtete.

Dieser Glühfaden war eine verkohlte Bambusfaser, also kein Draht. Edison baute ihn in einen birnenförmigen Glasbehälter ein, den er unten mit einem Schraubgewinde aus Metall versah. Unsere heutige Glühbirne hat also noch große Ähnlichkeit mit der von Edison. Hinter dem trüben Glas versteckt sich ein dünner Draht (heutzutage besteht er aus dem Metall Wolfram), der heftig aufglüht, wenn Strom durchfließt.

Aber nun stand Edison vor einem neuen Problem: Eine Glühbirne hilft auch nicht weiter, wenn man keinen Strom in der Wohnung hat! In New York ließ Edison das erste amerikanische Elektrizitätswerk bauen. Die Generatoren wurden von Dampfmaschinen angetrieben. Von dem Elektrizitätswerk aus wurden Leitungen in die Häuser gelegt. Und am 4. September 1882 um 15 Uhr leuchteten bei den ersten zweiundfünfzig Kunden des edisonschen Elektrizitätswerks die Lampen auf.

In Deutschland hatte die Firma Siemens und Halske 1866 und noch einmal um 1875 die Generatoren entscheidend verbessert, und ab 1885 wurde auch in Deutschland das öffentliche Stromnetz aufgebaut.

Thomas Alva Edison forschte, aber die Wahrheit über Elektrizität interessierte ihn nicht weiter. Edison sagte immer, er wolle nützliche Erfindungen machen, um Geld zu verdienen. Er wusste, dass er seine Glühbirne ohne die Arbeiten von Ørsted und Faraday niemals hätte konstruieren können, aber die Wissenschaftler an den Universitäten hatten ihrerseits nicht begriffen, was die Menschen wirklich brauchten und sich wünschten.

Seit Edisons Tagen haben wir eigentlich zwei Arten von Wissenschaftlern: diejenigen, die die Jagd auf die Wahrheit über die Natur fortsetzen, und die, die das bereits vorhandene Wissen nutzen, um Erfindungen zu machen. Die Jagd nach der Wahrheit um ihrer selbst willen heißt heute Grundlagenforschung und wird vor allem

ELEKTRISCHE ERFINDUNGEN

Thomas Alva Edison wirbt für seine Erfindung mit Aufsehen erregenden Präsentationen, wie hier am Abend des 31. Oktober 1884 bei seiner bedeutendsten Lichtparade in New York (zeitgenössische Darstellung). 250 Arbeiter der von ihm 1882 gegründeten New Yorker Elektrizitätswerke trugen jeder auf seinem Helm eine Edison-Lampe. Alle Arbeiter waren durch ein Kabel mit einer Dampfmaschine verbunden, die den Strom erzeugte.

an Universitäten betrieben. Die Wissensnutzung, die zu neuen Erfindungen führen soll, heißt angewandte Forschung oder Forschung und Entwicklung. Heute wird angewandte Forschung vor allem von großen Firmen wie IBM, Sony oder Siemens betrieben.

Elektromagnetische Wellen

Nachdem Michael Faraday den Dynamo erfunden hatte, widmete er sich weiteren Forschungen zum Thema Elektrizität und Magnetismus. Da Elektrizität Magnetismus und umgekehrt Magnetismus Elektrizität produzieren konnte, war Faraday überzeugt, dass zwischen Elektrizität und Magneten ein Zusammenhang bestehe.

Michael Faraday war ein tüchtiger Experimentierer, an seinen mathematischen Kenntnissen jedoch haperte es gewaltig. In gewisser Hinsicht befand er sich in derselben Situation wie Jahrhunderte vor ihm Galileo Galilei: Er hatte wichtige Entdeckungen gemacht, ohne sie präzise beschreiben zu können. Faraday brauchte dringend jemanden mit derselben Begabung wie Isaac Newton, der feststellte, welche Naturgesetze hinter allem steckten und diese Gesetze dann auch beschrieb.

Der Mathematiker James Clerk Maxwell hatte Faraday schon seit langem bewundert. Er befasste sich ausgiebig mit Faradays Experimenten und wandte Newtons Differenzialrechnung auf sie an. Auf diese Weise entwickelte er vier mathematische Formeln, die die Verbindung zwischen Elektrizität und Magnetismus aufzeigen. Diese Formeln wurden 1864 veröffentlicht. Sie werden maxwellsche Gleichungen genannt.

Ich werde sie hier nicht aufschreiben. Die maxwellschen Gleichungen gelten noch immer als ungeheuer schwierig, und eigentlich braucht man ein mehrjähriges Universitätsstudium, um sie zu begreifen. Aber ich kann einiges von dem erzählen, was die Gleichungen aussagen. Unter anderem zeigen sie, dass Faraday Recht hatte: Wenn es eine magnetische Kraft gibt, gibt es auch immer eine elektrische Kraft. Diese beiden Formen von Kraft sind in Wirklichkeit nur eine einzige: die elektromagnetische Kraft. Deshalb kann elektrischer Strom wie ein Magnet wirken, während ein Magnet elektrischen Strom produzieren kann.

Maxwell war damit noch nicht zufrieden. Er sah sich seine eigenen Gleichungen genauer an und entdeckte darin ganz neue und bisher unbekannte Informationen über die Natur. Zum Beispiel zeigten sie, dass Magneten und elektrischer Strom auch Strahlung produzieren können. Wenn ein Strom eingeschaltet wird, breiten sich Strahlen von den Leitungen her in alle Richtungen aus.

Maxwell bezeichnete dieses Phänomen als elektromagnetische Strahlung und rechnete mit seinen Gleichungen aus, wie schnell die Strahlen sich bewegen. Als Ergebnis ermittelte er eine sehr hohe Geschwindigkeit: ziemlich genau dreihunderttausend Kilometer in der Sekunde!

Die Geschwindigkeit von Lichtstrahlen war bereits gemessen, und es konnte kein Zufall sein, dass elektromagnetische Strahlen genauso schnell waren wie Lichtstrahlen. Das Licht, das wir sehen, musste also eine Form von elektromagnetischer Strahlung sein!

Es ist schwer zu beschreiben, wie diese Strahlung aussieht. Ich habe ja schon erzählt, dass Isaac Newton (vgl. S. 96) glaubte, Licht setze sich aus winzigen Partikeln zusammen. Der Niederländer Christiaan Huygens dagegen hielt das Licht für eine Art Wellen. Maxwells Rechenkünste belegten, dass Huygens Recht hatte. Das Licht setzt sich wirklich aus Wellen zusammen. Aber diese Wellen sehen ganz anders aus, als Huygens es hatte ahnen können: Es handelt sich nämlich um elektromagnetische Wellen, die sich in hohem Tempo durch den Raum bewegen.

Es gibt einen Ausdruck, der oft auf Maxwells Gleichungen und andere wissenschaftliche Überlegungen angewandt wird. Wir nennen sie abstrakt, unser Gehirn kann sie nicht ohne weiteres verstehen. Entweder müssen wir die Mathematik zu Hilfe nehmen, oder wir brauchen einen Vergleich, etwas in der Natur also, das dem abstrakten Gedanken ähnlich ist.

Ich stelle mir bei den elektromagnetischen Wellen gern einen Waldsee vor. Angenommen, wir sitzen an einem klaren Herbsttag am Ufer eines solchen Sees. Das Wasser ist ganz still. Dann werfen wir einen Stein ins Wasser. Man sieht, dass sich von der Stelle aus, an der der Stein aufs Wasser aufgetroffen ist, Wellen ausbreiten. Sie beschreiben weite Kreise und erreichen innerhalb weniger Sekunden das Ufer.

Die Wellen im See sagen das Wichtigste, was es über elektromagnetische Wellen überhaupt zu wissen gibt: Wellen sind von ungleicher Größe. Wenn man unterschiedlich große Steine ins Wasser wirft, erhält man unterschiedlich große Wellen. Die Größe dieser Wellen ist messbar. Normalerweise misst man, wie weit es von einer Wellenkrone bis zur nächsten Wellenkrone ist. Diese Entfernung wird Wellenlänge genannt. Wenn man große und kleine Stei-

ELEKTROMAGNETISCHE WELLEN

Alle Wellen bestehen aus Bergen und Tälern. Man kann die Wellenlänge von Berg zu Berg (oberer Pfeil) oder von Tal zu Tal (unterer Pfeil) messen. Die Zahl der an einem bestimmten Punkt innerhalb einer Sekunde vorbeiziehenden Wellen wird Frequenz genannt. Multipliziert man die Wellenlänge mit der Frequenz, so erhält man die Geschwindigkeit der Welle. Elektromagnetische Wellen reisen in $2\frac{1}{2}$ Sekunden von der Erde zum Mond und zurück.

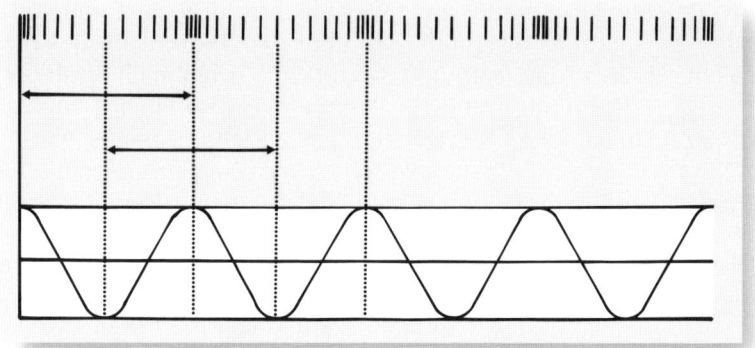

ne ins Wasser wirft, sieht man Wellen mit unterschiedlicher Wellenlänge.

Alle Wellen, auch elektromagnetische, haben eine Wellenlänge. Als Maxwell seine Gleichungen aufstellte, erkannte er, dass unterschiedlich gefärbtes Licht ganz einfach aus Wellen mit unterschiedlicher Wellenlänge besteht. Nun besteht allerdings ein gewaltiger Unterschied zwischen einer Welle aus Wasser, die einige Zentimeter oder vielleicht einen Meter lang ist, und einer elektromagnetischen Welle. Die Entfernung zwischen zwei Wellenkronen in einem roten Lichtstrahl beträgt nur siebenhundertfünfzig milliardstel Meter! Quer über den Nagel unseres kleinen Fingers können hundert Millionen rote Wellenkronen liegen. Gelbes, grünes und blaues Licht hat noch kürzere Wellenlängen. Die von violetten Wellen sind die kürzesten. Ihre Wellenlänge beträgt nur vierhundert milliardstel Meter!

Aber die maxwellschen Gleichungen waren in anderer Hinsicht noch interessanter. Sie deuteten nämlich an, dass es Strahlungen gibt, deren Wellenlänge größer oder kleiner ist als die von sichtbarem Licht. Es konnte also durchaus bisher unbekannte Formen von elektromagnetischer Strahlung geben, Licht, das röter war als rot oder violetter als violett.

Als Maxwell 1879 im Alter von nur achtundvierzig Jahren starb, gab es noch keine Instrumente, um diese geheimnisvollen Strahlungen aufzufangen. Der Erste, der diese Strahlen aufzeigte, war der Deutsche Heinrich Hertz. 1885 arbeitete er mit zwei einige Meter voneinander entfernt liegenden Leitungen. Zwischen diesen Leitungen gab es keine Verbindung. Jede Leitung bestand aus zwei Teilen, die beiden Leitungshälften hatten einen kleinen Zwischenraum.

Als Hertz durch die eine Leitung einen starken Stromstoß jagte,

ELEKTROMAGNETISCHE WELLEN

flog ein kräftiger Funke von der einen Leitungshälfte zur anderen. Und genau in diesem Moment konnte Hertz auch in der zweiten Leitung einen Funken beobachten. Nachdem er dieses Experiment viele Male wiederholt hatte, war sich Hertz seiner Sache ganz sicher: Aus der einen Leitung wurden unsichtbare elektromagnetische Wellen ausgesandt, die in der zweiten Leitung Funken sprühen ließen. Heinrich Hertz hatte das entdeckt, was wir heute Radiowellen nennen. Später stellte sich heraus, dass es elektromagnetische Wellen waren, deren Wellenkronen viele Meter voneinander entfernt sind.

a) Kosmische Strahlung
b) Gammastrahlen
c) Röntgenstrahlen
d) Ultraviolettes Licht
e) Sichtbares Licht
f) Infrarote Strahlung
g) Radar
h) Fernsehwellen
i) Radiowellen

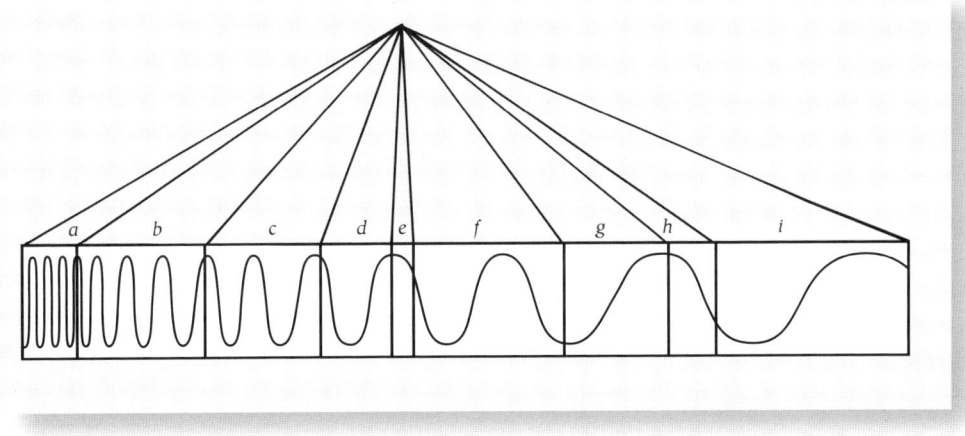

1895, ein Jahr nach dem Tod von Heinrich Hertz, lag ein junger Italiener schlaflos in einem Touristenhotel in den Alpen. Guglielmo Marconi hatte über die Entdeckung der hertzschen Wellen gelesen. Er war fasziniert und fragte sich, wie man aus dieser Entdeckung praktischen Nutzen ziehen könnte. Er wusste, dass beim Telegrafieren elektrische Signale durch Kupferleitungen geschickt wurden. Und er überlegte: Wenn man eine Leitung mit diesen Wellen dazu bringen kann, Funken zu sprühen, dann musste man doch auch Morsezeichen von einer Leitung in eine andere übertragen können.

Marconi arbeitete zwei Jahre an der Konstruktion von Apparaten, die hertzsche Wellen über immer größere Entfernungen senden und empfangen konnten. Anfangs glückte das nur über wenige hundert Meter, dann ging es vorwärts. 1897 gründete Marconi eine Gesellschaft zur Entwicklung und zum Verkauf von drahtlosen Telegrafen. Wie Edison war auch Marconi ein cleverer Geschäftsmann. Unter anderem ließ er seinen Apparat von der englischen

Die gesamte Bandbreite der elektromagnetischen Wellen wird elektromagnetisches Spektrum genannt. In der Zeichnung können die Wellenlängen nicht maßstabsgerecht wiedergegeben werden, weil sonst die Radiowellen ganz rechts eine Länge von mehreren hundert Metern haben müssten, während die Gammastrahlen links viel zu klein wären, als dass man sie überhaupt sehen könnte.

ELEKTROMAGNETISCHE WELLEN

Königsfamilie ausprobieren, worüber in den Zeitungen natürlich ausgiebigst berichtet wurde.

Besonders großes Interesse an der neuen Erfindung zeigten die Reedereien. Es war ja nicht möglich, zwischen Festland und Schiffen Leitungen zu verlegen, und deshalb riss der Kontakt ab, sobald die Schiffe außer Sichtweite waren. Innerhalb weniger Jahre wurden die großen Schiffe nun alle mit Marconis Geräten ausgerüstet. Die Telegrafisten, die auf diesen Schiffen arbeiteten, hießen „Funker", und das Wort beschreibt, wie die ersten Radiotelegrafen an Bord funktionierten.

Danach ging es Schlag auf Schlag weiter. 1906 gelang es Reginald Fessenden in den USA, mithilfe von Radiowellen Musik und Gedichtrezitationen mehrere hundert Kilometer weit zu senden. Am 2. September 1920 um 20 Uhr wurde in New York die erste regelmäßige Radiosendung ausgestrahlt. Die erste deutsche Radiosendung fand am 22.12.1920 statt. Als Marconi 1937 starb, waren Radioapparate bereits überall auf der Welt verbreitet.

Ungefähr zur gleichen Zeit, als sich die Radiowellen anschickten, die Welt zu verändern, verhalf eine weitere unsichtbare Welle den Ärzten zu einem weiteren Durchbruch. 1895 versuchte der deutsche Forscher Wilhelm Conrad Röntgen, elektrischen Strom durch Gas zu schicken. Das Gas befand sich in einer Glasröhre. Um sehen zu können, was passieren würde, wenn der Strom durch das Gas floss, hatte Röntgen ein Blatt Papier mit einer bestimmten chemischen Mischung bestrichen. Das Blatt sollte aufleuchten, wenn er es neben die Glasröhre legte.

Röntgen schloss die Vorhänge seiner Laborfenster, um das Leuchten des Blattes besser sehen zu können. Er schaltete in der Röhre den Strom an und wollte das Blatt gerade daneben legen, als er etwas Seltsames wahrnahm! Das Blatt leuchtete bereits, obwohl es ziemlich weit von der Röhre entfernt lag. Wenn der Strom ausgeschaltet wurde, glühte das Blatt nicht mehr. Das kam unerwartet für Röntgen. Er war davon ausgegangen, dass die Strahlung, die das Blatt aufleuchten ließ, nur in unmittelbarer Nähe der Röhre vorhanden sein würde, aber es schien offenbar im ganzen Labor Strahlung erzeugt zu werden.

Röntgen machte noch viele weitere Experimente und entdeckte dabei, dass die unbekannten Strahlen (die er X-Strahlen nannte) durch Pappe, Holz und Fleisch hindurchwanderten. Harte Materialien wie Metall oder Knochen dagegen hielten sie auf. Röntgens wichtigstes Experiment sah so aus: Er bat seine

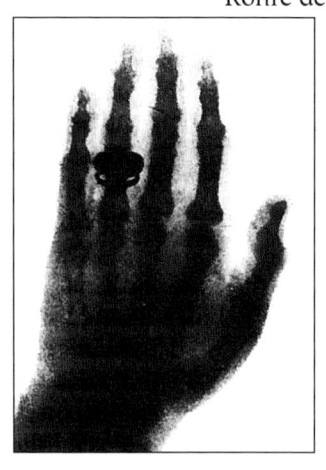

Das erste Foto, das Wilhelm Conrad Röntgen mithilfe der von ihm entdeckten Strahlen herstellte, war eine Röntgenaufnahme der Hand seiner Frau Berta im Jahr 1896.

Frau, ihre Hand auf ein Blatt Fotopapier zu legen und richtete die Strahlen auf die Hand. Als das Bild später entwickelt wurde, war das Skelett der Hand klar zu erkennen, das Fleisch an den Fingern dagegen war fast unsichtbar.

Röntgen wusste, was für eine großartige Entdeckung er gerade gemacht hatte: Die X-Strahlen ermöglichten es, die Knochen im menschlichen Körper zu sehen. Bisher hatten die Ärzte sich damit begnügen müssen, Patienten abzutasten, wenn sie sich einen Knochen gebrochen hatten. Nun aber konnte man genau sehen, wie der Bruch verlief. Als sich diese Erfindung herumgesprochen hatte, machten die Ärzte sofort „Röntgenbilder" (in vielen Sprachen werden die X-Strahlen noch heute zu Ehren ihres Entdeckers Röntgenstrahlen genannt, so auch in Deutschland). Die Technik verbreitete sich schließlich in den Krankenhäusern der ganzen Welt, und heutzutage würde niemand mehr ein Krankenhaus ohne große Röntgenabteilung bauen.

Röntgen erkannte, dass seine Strahlen wie das Licht aus elektromagnetischen Wellen bestanden. Inzwischen ist es auch möglich, die Wellenlängen von Röntgenstrahlen zu messen. Die Entfernung zwischen den Wellenspitzen ist unvorstellbar klein: weniger als ein milliardstel Meter, mehr als siebenhundertfünfzigmal kürzer als bei rotem Licht.

Es ist eine seltsame Vorstellung, wie unterschiedlich Radiowellen, sichtbares Licht und Röntgenstrahlen sind, obwohl sie sich eigentlich nur durch die Wellenlänge unterscheiden. Dasselbe gilt auch für die übrigen seit damals entdeckten elektromagnetischen Strahlen: Gammastrahlen, Ultraviolettstrahlen, Infrarotlicht und Mikrowellen.

Gegen Ende des 19. Jahrhunderts wurden viele Wissenschaftler übermütig. Nach all den fantastischen Erfindungen und Entdeckungen glaubten sie, nun sei so ungefähr alles überhaupt irgendwie Wissenswerte entdeckt. Die newtonschen Gesetze, die maxwellschen Regeln und viele andere Naturgesetze konnten so ungefähr alles erklären, was in der Natur passierte. Das bisschen, was noch geklärt werden musste, würden sie sicher innerhalb weniger Jahre herausfinden.

Aber bei der Jagd nach der Wahrheit haben wir eins gelernt, nämlich, dass es immer Überraschungen gibt. Oft kann sich die Überraschung in einer scheinbar einfachen Frage verstecken. Auf zwei Fragen, die mit der Elektrizität zu tun hatten, wusste zum Beispiel damals niemand eine Antwort. Die eine war: Was ist überhaupt Elektrizität? Die elektrischen Erfindungen stellten zwar das Leben aller Menschen auf den Kopf, aber die Forscher konnten sich noch immer nicht einigen, ob Elektrizität eine Art Flüssigkeit war, ob sie aus winzigen Partikeln bestand oder ob ihre Zusammensetzung noch ganz anders aussah.

Die zweite Frage war: Wodurch bewegen sich elektromagnetische Wellen? Es ist leicht zu sehen, dass sich Wellen in einem See bewegen, weil die Wasseroberfläche auf und ab wogt. Aber ohne See gäbe es keine Wellen.

Damals wussten die Wissenschaftler schon, dass es im Weltraum keine Luft gibt. Möglicherweise war gar nichts zwischen Erde und Sonne. Aber wie konnten die Lichtwellen der Sonne durch ein Nichts gehen? Es musste doch etwas geben, worin die Lichtwellen auf und ab wogen konnten, so ungefähr wie an der Oberfläche eines Sees!

Als die Physiker viele Jahre später endlich die Antworten auf diese beiden Fragen fanden, waren diese Antworten mehr als nur eine Überraschung. Sie führten zu einem ganz neuen Bild des Universums.

DER GROSSE BAUM DES LEBENS

Für die Wissenschaftler des 18. Jahrhunderts konnte es fast so aussehen, als werde das gesamte Universum von mathematischen Formeln gelenkt und als könne absolut alles, was passiert, bis ins kleinste Detail berechnet werden.

Diese Vorstellung wird als das „mechanistische Weltbild" bezeichnet, da seine Anhänger das Universum als riesige Maschine betrachteten, die blind den Naturgesetzen gehorcht. Dieses Weltbild brachte jedoch Probleme mit sich: Eine Gruppe von Wissenschaftlern konnte nämlich keine einfachen Naturgesetze finden. Das waren die Biologen, die sich mit allem befassen, was auf unserem Planeten lebt, wächst, schwimmt, kriecht und krabbelt.

Es gab so unvorstellbar viele Lebewesen, und sie schienen sich allesamt nicht an einfache Naturgesetze zu halten. Wenn ein Astronom beschreiben will, wie sich die Planeten im Sonnensystem bewegen, kann er auf Newtons Gesetz der Schwerkraft und einige wenige Zahlen zurückgreifen. Wenn ein Biologe beschreiben will, was in einem kleinen Wald passiert, hat er es mit hunderten von unterschiedlichen Pflanzen- und Tiersorten zu tun, die sich allesamt unberechenbar aufführen. Der Astronom kann berechnen, welche Position der Planet Jupiter in tausend Jahren einnehmen wird, aber kein Biologe weiß, wohin ein Schmetterling im nächsten Moment fliegen wird.

Die Welt der Pflanzen und Tiere war verwirrend und unübersichtlich, und die Lage wurde noch komplizierter, als Entdeckungsreisende in Afrika, Australien, Asien und Amerika dauernd neue Lebensformen entdeckten. Die Biologen konnten mit diesen neuen Entdeckungen einfach nicht mehr Schritt halten.

Als Erstes brauchten sie ein System, das einen Überblick über alle Lebewesen bot. Aristoteles hatte versucht, Tiere und Pflanzen in Gruppen einzuteilen, doch seither war nicht mehr viel passiert. Einige Bücher mit Zeichnungen und Beschreibungen von Tieren und Blumen waren erschienen, aber niemand hatte das System des Aristoteles verbessern können.

Die große Veränderung brachte schließlich der Schwede Carl von Linné, auch Linnaeus genannt. Er wurde 1707 geboren. Blumen faszinierten ihn, und schon mit acht Jahren wurde er „der kleine Botaniker" genannt. Linné studierte Medizin an den Universitäten von Lund und Uppsala, interessierte sich aber vor allem für Botanik (die Wissenschaft von den Pflanzen). Seine Vorgänger hatten sich häufig damit begnügt, Farben und Formen von Pflanzen zu beschreiben. Linné dagegen studierte sie in allen Einzelheiten. Er unternahm mehrere Forschungsreisen, um neue Pflanzen kennen zu lernen, und durch sein auf diese Weise erworbenes Wissen konnte er schließlich ein neues System entwickeln, um Pflanzen einzuordnen. Linné beschrieb dieses System in seinem Buch *Systema Naturae* („Das System der Natur"), das im Jahr 1735 erschien.

Eine Gruppe von Lebewesen mit identischen Eigenschaften bezeichnete er als Art. Bei Pflanzen können solche Eigenschaften die Form von Blättern oder Blütenblättern (wenn es sich um eine Blume handelt) oder auch die Weise sein, in der sie sich vermehren. Bei Tieren gelten als Eigenschaften Flecken im Fell, die Form von Hörnern oder Ohren und ihre Lebensweise, die sie von anderen Arten unterscheidet.

Männchen und Weibchen derselben Art können sich miteinander paaren und sich vermehren. Zwei Tiere unterschiedlicher Arten vermehren sich nur selten, und ihre Jungen sind selber nicht mehr fortpflanzungsfähig. Obwohl Hunde sehr verschieden aussehen können, gehören sie alle zur selben Art. Deshalb können auch Hunde von sehr unterschiedlichem Aussehen gemeinsam Junge zeugen.

Carl von Linné hatte beobachtet, dass viele Arten Ähnlichkeit miteinander haben. Solche Arten fasste er zu größeren Gruppen zusammen, die er Gattung nannte. Mithilfe dieser beiden Gruppen, Arten und Gattungen, konnte Linné alle Pflanzen und Tiere benennen. Bisher war es ein Zufall gewesen, wie ein Tier oder eine Pflanze genannt wurde. Oft änderten sich die Namen von Ort zu Ort, was den Botanikern arges Kopfzerbrechen bereiten konnte. Linné dagegen gab jedem Tier und jeder Pflanze einen zweiteiligen wissenschaftlichen Namen. Der erste Teil des Namens bezeichnet die Gattung, zu der eine Art gehört, der zweite ist der Name der Art selber. Die Namen waren lateinisch, damit alle Forscher sie verstehen konnten, egal, in welchem Land sie lebten.

Alle Lebewesen, die wir in der Natur sehen können, haben also zwei Namen. Das Leberblümchen, das man im Frühling sieht, heißt zum Beispiel *Hepatica nobilis*. Der Name einer Art wird ungefähr so

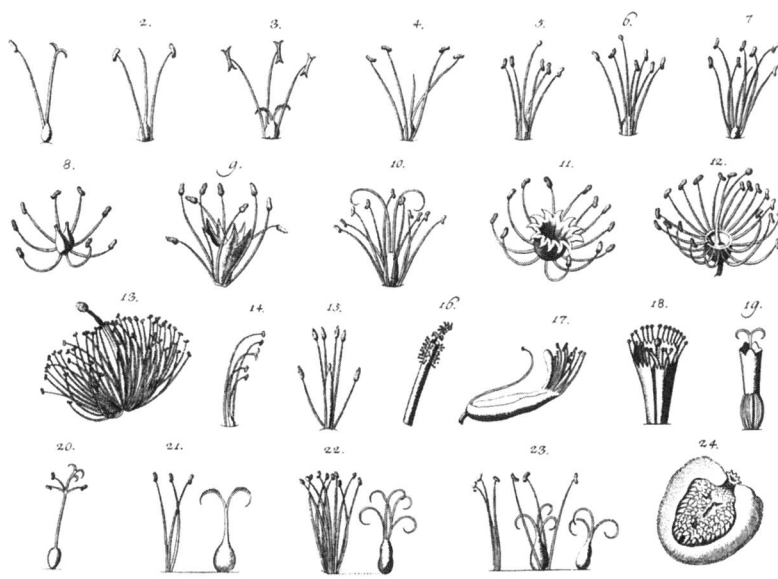

Carl von Linné ordnete mit peinlicher Genauigkeit sämtliche Blütenpflanzen nach den Zahlen- und Bauverhältnissen der Staubgefäße und Stempel. In einer 24. Klasse fasste er Pflanzen mit verborgenen Fortpflanzungsorganen zusammen. Die übrigen 23 zerfielen in drei (21 – 23) mit getrennten männlichen und weiblichen Blüten und 20 mit Zwitterblüten. Diese 20 Klassen unterteilte er noch einmal in solche, die frei stehende Staubgefäße (1 – 15) besaßen, und solche, bei denen die Staubgefäße unter sich oder mit dem Griffel verwachsen waren. Dann unterteilte er die Klassen mit den frei stehenden Staubgefäßen noch danach, ob die Gefäße gleich lang (1–13) oder ungleich lang (14, 15) waren, und schließlich wurden die ersten 13 Gruppen auch noch nach Anzahl und Stellung der Staubgefäße unterschieden. Ein mühsames Geschäft, das aber bis heute eine wissenschaftliche Handhabe bietet, jede Pflanze genau einzuordnen.

geschrieben wie Namen im Telefonbuch, zuerst steht der Nachname der gesamten Familie, dann kommt der persönliche Vorname. Das war ein großer Fortschritt. Endlich verfügten die Biologen über feste Regeln, um sich Überblick über die Vielfalt in der Natur zu verschaffen. Dieses Verfahren war so effektiv, dass Linné im Lauf seiner Karriere sechzehntausend Pflanzen und Tiere benannte.

Seine Nachfolger setzten Linnés Arbeit fort und gaben weiteren Tieren und Pflanzen ihre wissenschaftlichen Namen. Gleichzeitig entwickelten sie ein System, um alles Leben auf der Erde zu immer größeren Gruppen zusammenzufassen. Der Löwe ist ein gutes Beispiel für dieses System. Alle Löwen gehören zur Art *leo*, die wiederum zur Gattung *Panthera* gehört. Der wissenschaftliche Name des Löwen lautet deshalb *Panthera leo*. Auch die Arten Tiger, Leopard und Jaguar gehören zur Gattung *Panthera*. Aber diese Gattung gehört zu einer noch größeren Gruppe, die als Familie bezeichnet wird. Alle katzenähnlichen Tiere, von Hauskatzen und Luchsen bis zu Löwen, gehören zur Familie *Felidae*, auch „Katzenartige" genannt.

In der Tierwelt gibt es viele Familien. Eine ist die der hundeähnlichen Tiere, die *Canidae* genannt wird. Katzen- und Hundefamilie haben eine Gemeinsamkeit: Alle Tiere dieser beiden Familien haben scharfe Zähne und fressen Fleisch. Deshalb gehören sie zu einer noch größeren Gruppe, die als Ordnung bezeichnet wird. Zusammen mit Bären, Hyänen und anderen gehören Hunde- und Katzenfamilien zur Ordnung *Carnivora* (was „fleischfressende Wesen" bedeutet).

Alle Tiere der Ordnung *Carnivora* haben unter anderem mit Menschen, Rindern, Elefanten und Walen eine Gemeinsamkeit: Ihre Jungen werden lebend geboren und zunächst mit Milch ernährt. Tiere, die sich so verhalten, gehören zu einer weiteren großen Gruppe, einer Klasse. Unsere Klasse wird *Mammalia* oder Säugetiere genannt. Es gibt auch für Vögel, Kriechtiere und Fische eigene Klassen.

Die Tiere der Klassen Säugetiere, Vögel, Kriechtiere und Fische haben ebenfalls eine Gemeinsamkeit: Sie haben ein Rückgrat, was zum Beispiel Insekten und Schnecken fehlt. Tiere mit Rückgrat gehören zu einer noch größeren Gruppe, die wir Stamm nennen. Unser Stamm heißt *Chordata* oder Wirbeltiere (weil die Glieder des Rückgrates Wirbel heißen). Insekten und Schalentiere haben kein Rückgrat. Ihr „Skelett" ist der Panzer, der ihren Körper umgibt, deshalb werden sie auch Wirbellose genannt.

Die größte Trennungslinie in der Natur verläuft zwischen Wesen, die sich bewegen und zum Überleben das Gas Sauerstoff einatmen müssen, und Wesen, die unbeweglich sind und Kohlendioxid einatmen. Zusammen mit den Wirbellosen gehören alle Wirbeltiere zu einer Riesengruppe, die Reich genannt wird. „Unser" Reich heißt Tierreich, die grünen Pflanzen dagegen gehören zum Pflanzenreich. Es gibt auch ein Pilzreich und noch zwei weitere Reiche.

Ich weiß, dass diese vielen Gruppen kompliziert wirken, aber man kann sich das Ganze einfach als eine Art Baum vorstellen. Das ganze Leben auf der Erde macht den Baumstamm aus. Aus dem Stamm heraus wachsen dicke Äste – die großen Reiche. Aus jedem Astreich wachsen viele dünne Zweige. Jeder Zweig ist ein Stamm. Aus jedem Stamm wachsen kleinere Klassenzweige, und an diesen Zweigen sitzen die ganz kleinen Ordnungs- und Familienzweige. Ganz außen sieht man die dünnsten Zweige, die Arten. Es gibt mehrere Millionen Arten, was uns zeigt, wie gigantisch der große Baum des Lebens in Wahrheit ist.

Vieles davon wussten die Biologen bereits zu Beginn des 19. Jahrhunderts. Sie konnten sich jedoch nicht einigen, was diese Gruppen eigentlich bedeuteten. Die Namen einiger Gruppen, wie Familie und Gattung, wiesen darauf hin, dass die Tiere wirklich miteinander verwandt waren.

Aber noch immer glaubten die meisten Biologen, wie es auch Linné getan hatte, dass Gott die Arten so erschaffen habe, wie sie sind, und dass sie einander ähnelten, weil Gott das eben so gewollt hatte. Die Arten waren immer so gewesen wie heute, und so würden sie auch immer sein und bleiben.

In der Bibel stand zwar nichts über irgendein System in der Natur, aber das ließ sich damit erklären, dass „Gottes Ratschlüsse unergründlich sind", das heißt, dass wir Menschen den Willen Gottes nicht immer verstehen können. Wenn es Gottes Wille ist, dass viele große Katzentiere einander ähneln, dann müssen wir uns damit eben abfinden.

Aber seit Jahrhunderten wurden bereits in Steinen Abdrücke von Pflanzen und Tieren entdeckt. In einigen Gegenden Chinas tauchten so oft versteinerte Knochenreste auf – sie heißen Fossilien –, dass die Chinesen sie „Drachenknochen" nannten, sie zu Pulver zermahlten und in ihre Medikamente mischten. Leonardo da Vinci war einer der Ersten, die Fossilien für die Reste längst verstorbener Lebewesen hielten.

Zu Beginn des 19. Jahrhunderts wurden erstmals Fossilien von wirklich großen Tieren gefunden. Diese Knochenreste erinnerten an das Skelett lebender Echsen, nur waren sie eben viel größer. Die versteinerten Echsen waren riesengroß gewesen und hatten große scharfe Zähne gehabt. Die Forscher gaben ihnen den wissenschaftlichen Namen *dinosauria* (das ist aus zwei griechischen Wörtern zusammengesetzt und bedeutet „Schreckensechse"). Seither faszinieren uns die Dinosaurier, und noch immer werden sie als Ungeheuer bezeichnet.

Es fiel den Biologen schwer, zu erklären, wie diese Tiere unter meterdicke Schichten von alten Steinen geraten sein konnten. Eine übliche Erklärung war, dass die Dinosaurier in der Sintflut ertrunken waren, die in der Bibel beschrieben wird. Danach waren sie unter Schlamm und Steinen liegen geblieben und im Lauf der Jahre selber zu Stein geworden. Vor allzu langer Zeit konnten sie jedenfalls nicht ausgestorben sein. Im 17. Jahrhundert hatte nämlich ein englischer Bischof ausgerechnet, wann die Welt erschaffen worden war. Er war zu dem Ergebnis gekommen, dass Gott die Welt am Montag, dem 23. Oktober des Jahres 4004 v. Chr. erschaffen hatte. Und dann lag ja auf der Hand, dass die Riesenechsen vor ihrem Aussterben nicht lange auf der Erde gelebt haben konnten.

Im Jahr 1830 veröffentlichte der Engländer Charles Lyell ein Buch mit dem Titel „Prinzipien der Geologie". Lyell war Geologe, das heißt, er erforschte die Zusammensetzung der Erde und ihre Entwicklung im Lauf der Geschichte. Er hatte in vielen Gegenden Europas Landschaften untersucht. Er sah, wie diese sich im Lauf der Zeiten verändert hatten, wie Flüsse zum Beispiel Täler gegraben hatten und wie neue Gebirge entstanden waren.

Lyell war davon überzeugt, dass die meisten landschaftlichen Veränderungen langsam und schrittweise passierten. Ein Fluss konnte zum Beispiel tausende Jahre brauchen, um ein tiefes Tal zu graben, ein Vulkan musste zehntausende von Jahren Lava speien, um einen neuen Berg zu erzeugen.

Lyell nahm an, dass die Erde viele Millionen Jahre alt war. Er ging davon aus, dass vor der Zeit, die in der Bibel beschrieben wird, noch ein enormer Zeitraum lag. Lyell glaubte, dass in dieser „Urzeit" Lebewesen existiert hatten, die später ausgestorben waren. Die Fossilien konnten die Reste solcher Lebensformen sein. Dass die Fossilien oft unter dicken Steinschichten lagen, ließ sich viel einfacher erklären, wenn man Millionen Jahre zur Verfügung hatte.

Ein junger Mann namens Charles Darwin hatte Lyells Buch mit großem Interesse gelesen. Er war der Sohn eines reichen Arztes und hatte Medizin und Theologie studiert, ohne jedoch Arzt oder Geistlicher werden zu wollen. Charles galt als Tagedieb, der lieber auf die Jagd ging, statt über seinen Büchern zu sitzen. Sein Vater machte sich große Sorgen um ihn und glaubte, dass er es zu nichts bringen würde. Aber die Wanderungen durch Feld und Wald sollten sich als nützlich erweisen. Denn Charles interessierte sich für alles, was er dort fand. Vor allem befasste er sich mit Insekten und legte schließlich eine große Sammlung an.

Eines Tages im Jahr 1831 hörte er, dass der Kapitän eines Schiffes, das die Welt umsegeln sollte, noch einen Mann brauchte. Charles war Feuer und Flamme, denn das Schiff brach zu einer naturwissenschaftlichen Expedition auf. Er überredete seinen Vater, ihn mitfahren zu lassen, und am 27. Dezember 1831 stand er an Bord, als die „Beagle" in Richtung Südamerika lossegelte.

Der erste Halt auf dieser langen Reise war Brasilien. Darwin sah zum ersten Mal einen Regenwald und war überwältigt vom Anblick der zahllosen farbenfrohen Pflanzen und Tiere, die dort lebten. Sofort fing er an, Pflanzen und Blumen zu sammeln, die er in Kisten verpackte und nach England bringen ließ. In Brasilien fand er auch den Schädel eines riesigen Faultiers und erkannte, dass es sich um ein Fossil handelte.

Da Darwin Lyells Buch gelesen hatte, nahm er an, dass es sich beim Riesenfaultier um eine Gattung handelte, die vor tausenden von Jahren ausgestorben war. Er glaubte nicht, dass die Sintflut daran schuld gewesen war, sondern tippte auf Hungersnot oder Klimaveränderung, zum Beispiel durch eine Eiszeit.

Nach einigen Jahren warf die „Beagle" 1835 vor den Galapagosinseln Anker, die vor der Küste von Peru im Pazifik liegen. Hier machte Darwin eine merkwürdige Entdeckung: Auf den Inseln, die tausende von Kilometern vom Festland entfernt sind, gab es dreizehn Arten von Finken, einem kleinen, spatzenähnlichen Vogel. Die Finken von Galapagos sahen aus wie die Finken, die Darwin auf dem Festland gesehen hatte.

Sie hatten auch große Ähnlichkeit untereinander, nur ihre Schnäbel waren unterschiedlich geformt. Manche Finken hatten einen kurzen, kräftigen Schnabel, mit dem sie die Körnerschalen aufhacken konnten, andere einen langen dünnen, der sich zum Insektenfang eignete.

Wie war es möglich, dass dreizehn fast gleiche Vogelarten zufällig auf diese isolierten Inseln geraten waren? Darwin glaubte nicht an einen Zufall, er ging von einer anderen Möglichkeit aus: Eine Finkenart war vor vielen Jahrtausenden vom Festland hergeflogen und hatte sich im Lauf der Zeit zu dreizehn verschiedenen Formen weiterentwickelt.

Darwin glaubte also, dass sich eine Art im Lauf der Jahre verändern und sich in mehrere Unterarten aufteilen konnte. Das war keine neue Überlegung. Einer der Schüler des Thales von Milet hatte bereits angenommen, dass sich das Leben auf der Erde aus sehr viel schlichteren Formen entwickelt habe. Im 18. Jahrhundert hatte Darwins Großvater in einem langen Gedicht Arten beschrieben, die sich verändern. Und 1809 hatte der französische Biologe Jean-Baptiste de Lamarck diese Meinung in einem Buch vertreten. Aber da nicht in der Bibel stand, dass Tiere und Pflanzen sich verändert hatten, fand diese Ansicht keine große Unterstützung. Darwin behielt während der weiteren Reise der „Beagle" seine Überlegungen für sich.

Während der gesamten Weltumsegelung hatte Darwin Kisten mit Tieren und Pflanzen nach Hause geschickt, und bei seiner Rückkehr im Jahr 1836 war er bereits als fähiger Forscher bekannt. Ein Buch, das er über seine Reise schrieb, steigerte seinen Ruhm noch. Da Darwin ein reicher Mann war, konnte er nach Herzenslust forschen, ohne sich um eine Stelle an einer Universität bemühen zu müssen.

Das war ein großer Vorteil für ihn, denn er kam einfach nicht von seiner seltsamen Vorstellung los, dass Arten sich verändern können. Je mehr er sich mit Tieren und Pflanzen befasste, desto sicherer war er, dass Arten, die Ähnlichkeiten miteinander aufwiesen, auf eine frühere, ausgestorbene Art zurückgingen. Zwanzig Jahre

Vegetarischer Baumfink (Camarthynchus)

Insektenfressender Fink (Certhidea)

Insektenfressender Baumfink (Camarthynchus)

Großer Grundfink (Geospiza)

Stachel
Spechtfink (Camarthynchus)

Kaktus-Grundfink (Geospiza)

Verschiedene der Ernährung angepasste Schnabeltypen bei drei nahe verwandten Gattungen (Darwin-Finken auf den Galapagosinseln). Der Spechtfink (links unten) benutzt Dornen oder Kaktusstacheln als Werkzeug bei der Futtersuche.

lang untersuchte er Tiere und Pflanzen aus aller Welt, schrieb Briefe und tauschte sich mit Kollegen aus. Und alle Forschungsergebnisse bestätigten Charles Darwin in seiner Überzeugung. Ihm war durchaus bewusst, dass seine Entdeckung vermutlich die bedeutendste war, die jemals irgendein Biologe gemacht hatte.

Trotzdem weigerte er sich, mit seinen Forschungsergebnissen an die Öffentlichkeit zu treten. Darwin wusste, was die Kirche und auch manche seiner Kollegen sagen würden. Vielleicht hätte er alles auf sich beruhen lassen, wenn er im Jahr 1858 nicht einen Brief erhalten hätte. Ein junger Forscher, Alfred Wallace, hatte das Tierleben im indonesischen Dschungel studiert. Er war zu der Überzeugung gelangt, dass die große Artenvielfalt, die er dort vorgefunden hatte, darauf beruhte, dass sich die Tiere und Pflanzen aus früheren Arten entwickelt hatten. Er war also genau derselben Ansicht wie Darwin und fragte nun ihn nach seiner Meinung.

Charles Darwin war zutiefst betroffen. Er glaubte, Wallace werde jetzt den Ruhm für diese Entdeckung davontragen. Auf Anraten seiner Freunde schrieb Darwin deshalb so schnell wie möglich ein Buch über seine Entdeckung. Am 24. November 1859 kam das Buch „Vom Ursprung der Arten" in den Handel, einen Tag später war die gesamte Auflage bereits vergriffen. Das Buch erregte gewaltiges Aufsehen, und es gab im Grunde nur zwei Meinungen dazu: Man hielt es entweder für genial oder meinte, es müsse verboten werden.

Der Titel „Vom Ursprung der Arten" sagt bereits, wovon das Buch handelt. Es erklärt, wie im Lauf der Zeit neue Tier- und Pflanzenarten entstanden sind und dass dieser Prozess noch nicht abgeschlossen ist. Der Hauptgedanke in diesem Buch wird „Evolutionslehre" genannt. Diese Lehre besagt, dass die Arten sich über gewaltige Zeiträume hinweg durch allmähliche Veränderungen entwickelt haben.

Das Buch bringt viele Beispiele für die Veränderungen verschiedener Arten. Außerdem erklärt Darwin, wie diese Veränderungen in der Natur ablaufen. Diese Erklärung wird oft als Auslesetheorie bezeichnet.

Die Theorie beginnt so: Wenn sich Pflanzen und Tiere vermehren, dann sind die Nachkommen von derselben Art. Löwinnen bringen immer Löwenjunge zur Welt, Antilopen immer Antilopenkälber. Nicht alle Nachkommen können überleben, denn sonst würde es auf der Welt bald von Tieren wimmeln, und alle würden verhungern. Die meisten Antilopen sterben, ehe sie erwachsen sind, unter anderem, weil sie von Löwen gefressen werden.

Obwohl alle Antilopenkälber zur Art Antilope gehören, bestehen

Der grosse Baum des Lebens

zwischen ihnen doch auch kleine Unterschiede. Manche Kälber laufen schneller als die anderen. Dieser Unterschied braucht nicht groß zu sein, aber er ist wichtig. Denn nicht der Zufall entscheidet, welches Antilopenkalb das Erwachsenenalter erreicht. Das gelingt unter anderem denen, die schneller laufen können. Die Gründe, aus denen manche Kälber besser zurechtkommen als andere, werden „nützliche Eigenschaften" genannt.

Die überlebenden Antilopen paaren sich und bekommen neue Kälber, die diese nützlichen Eigenschaften übernehmen. Wir sagen, dass die Jungen die Eigenschaften der Eltern erben. Deshalb haben auch die neuen Kälber größere Chancen, den Löwen zu entkommen, was dann auch für ihre eigenen Nachkommen gilt.

Aber das ist noch nicht alles. Löwen müssen ja Antilopenfleisch fressen, wenn sie überleben wollen. Langsame Löwenjunge verhungern leichter als schnelle, tüchtige Jäger. Wenn die Antilopen schneller laufen, überleben nur Löwen, die mit den neuen Antilopen Schritt halten können.

Das führt dazu, dass die Antilopen ihren bisherigen Vorteil wieder einbüßen. Jetzt können nur noch schnellere Antilopen den neuen Löwen entkommen und sich vermehren. Die Antilopen verändern sich also noch ein wenig. Und auf diese Weise kann es jahrtausendelang weitergehen. Die Antilopen verändern sich mehr und mehr. Und am Ende sind die Veränderungen dann so groß, dass eine neue Antilopenart entstanden ist.

Im harten Überlebenskampf ist die Fähigkeit, schneller zu laufen, nur eine von vielen Lösungen. Ein Fell kann eine gute Tarnung sein, lange spitze Hörner dienen der Selbstverteidigung. Ein Antilopentyp kann sich schrittweise zu mehreren Typen entwickeln, zu einem, der schneller läuft, einem mit anderem Fellmuster und einem mit spitzeren Hörnern. Auf diese Weise können aus einer Art viele neue Arten entstehen.

Übrigens sind Raubtiere nicht die einzige Gefahr, die die Antilopen bedrohen. Wenn sich das Klima verändert, verschwindet vielleicht als Erstes das Futter der Antilopen. Und dann sorgen andere Eigenschaften dafür, dass eine Antilope besser zurechtkommt als eine andere. Die Natur verändert sich ununterbrochen, und deshalb müssen sich auch die Arten verändern, wenn sie überleben wollen.

Darwin wusste, dass das für alle Tiere und Pflanzen in der Natur gilt. Überall spielt sich ein Konkurrenzkampf zwischen den verschiedenen Arten und zwischen den Angehörigen einer Art ab. Dieser Konkurrenzkampf ist brutal: Die Sieger überleben und können sich vermehren, die Verlierer sterben. Die Natur selber wählt aus,

Der grosse Baum des Lebens

wer überlebt, und Darwin bezeichnet diesen Prozeß als „natürliche Auslese". Die natürliche Auslese sorgt dafür, dass immer neue Arten auftauchen, während alte Arten aussterben.

Und auf diese Weise fand der große Stammbaum, den die Biologen gezeichnet hatten, eine vernünftige Erklärung. Dass Löwen, Tiger und Hauskatzen einander ähneln, ist kein Zufall. Sie stammen allesamt von einer längst ausgestorbenen „Urkatze" ab. Und das gilt auch für andere Tiere und Pflanzen, die Ähnlichkeit miteinander haben.

Der Baum des Lebens erinnert in vieler Hinsicht an einen richtigen Baum: Er wächst in alle Richtungen. Alte Zweige verdorren, und die ganze Zeit gibt es neue Triebe. Auf diese Weise erklärt die Evolutionslehre auch die Dinosaurierfossilien: als Reste von Arten, die im Daseinskampf untergegangen sind. Der Dinosaurierzweig am Baum des Lebens ist vor Millionen Jahren verdorrt.

Nur wenige wissenschaftliche Theorien haben so viel Staub aufgewirbelt wie die Evolutionslehre. In Europa und Amerika kam es zu heftigen Diskussionen zwischen den Anhängern der biblischen Lehre und den „Darwinisten". Die größten Auseinandersetzungen drehten sich um etwas, das Darwin im „Ursprung der Arten" nicht geschrieben hatte. Er glaubte, dass sich auch die Menschen aus früheren Arten entwickelt hatten, ging in seinem Buch jedoch nicht darauf ein, weil er wusste, wie empört die Reaktionen ausfallen würden. Erst 1871 wagte er, sein Buch „Die Abstammung des Menschen" herauszugeben. In diesem Buch trägt er die Theorie vor, die Menschen stammten von affenähnlichen Wesen ab.

Das wurde sofort missverstanden. Seine Kritiker glaubten, Darwin behaupte, die Menschen stammten von den heutigen Affen ab

Vergleicht man die Skelette der drei Menschenaffen Orang, Schimpanse und Gorilla (von links nach rechts) mit dem des Menschen (rechts außen), so fallen deutliche Parallelen auf. Die Menschenaffen besitzen dieselbe Zahl von Zähnen wie der Mensch, eine schmale Nasenscheidewand, ähnliche Hände mit einem beweglichen Daumen, eine halb aufgerichtete Haltung, sie sind schwanzlos, und der Embryo entwickelt sich bei den Menschenaffen in ähnlichen Stadien wie beim Menschen. Im Gegensatz dazu stehen der aufrechte Gang des Menschen, kürzere Vorderextremitäten, die bedeutend größere Schädelkapsel mit einem ungewöhnlich schweren und wesentlich differenzierteren Gehirn. Darwin schloss daraus vorsichtig: „Wir dürfen nicht dem Irrtum verfallen, etwa anzunehmen, dass der gemeinsame Urahne der Affen, mit Einschluss des Menschen, mit irgendeinem jetzt existierenden Affen identisch oder ihm auch nur sehr ähnlich gewesen sei."

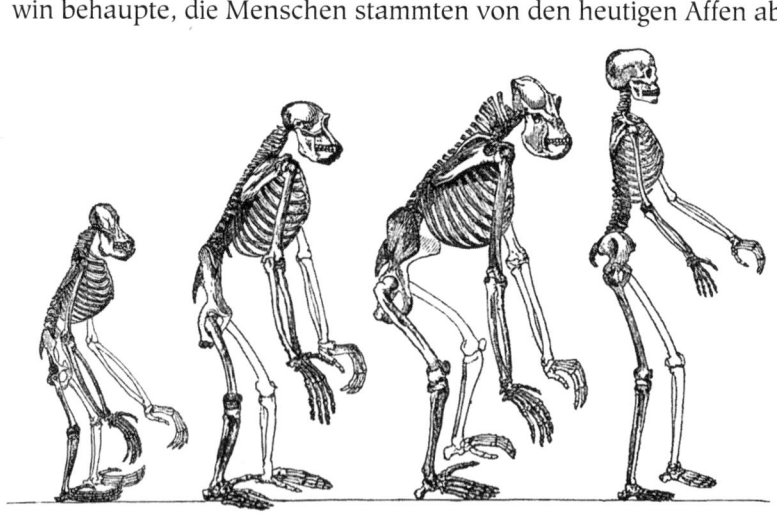

und die Gorillas seien die eigentlichen Urmenschen. In Wirklichkeit schrieb Darwin aber, dass es vor vielen Millionen Jahren eine Art gegeben habe, die weder Affe noch Mensch gewesen sei. Genau wie die Finken auf Galapagos entwickelten sich die Nachkommen dieser Art in deutlich unterscheidbare Richtungen – in eine Affen- und eine Menschenrichtung. Bei den Affen führte diese Entwicklung zu Gorillas und Schimpansen. Bei den Menschen endete sie mit der Art *Homo sapiens,* das ist der wissenschaftliche Name für uns Menschen.

Die Entwicklungslehre konnte auf diese Weise erklären, warum Affen und Menschen so große Ähnlichkeit miteinander haben. Auch ein Fossilienfund, der 1856 im Neandertal bei Düsseldorf gemacht wurde, fand nun seine Erklärung. Dort war ein seltsames Menschenskelett entdeckt worden: Die Knochen waren dicker als normal, der Schädel war anders geformt.

Ähnliche Funde bestätigten die Forscher in der Annahme, dass es sich um einen ausgestorbenen Menschentyp handelte. Diese Art wurde nach dem ersten Fundort „Neandertaler" genannt. Seither haben die Paläontologen (die ausgestorbene Lebensformen studieren) noch weitere ausgestorbene Menschenarten entdeckt, und wir können nun mit ziemlicher Sicherheit davon ausgehen, dass die Menschen auf ein affenähnliches Wesen zurückgehen, das vor mehr als fünf Millionen Jahren in Afrika gelebt hat.

Eine weitere Fehldeutung der Entwicklungslehre war, sie auf die menschliche Gesellschaft auszudehnen. Da in der Natur große, starke Tiere leichter überleben, hielten nun viele es für natürlich, dass reiche Menschen über arme bestimmten und die Weißen Länder Afrikaner und Asiaten beherrschten.

Es gab Forscher und Philosophen, die die Ansicht vertraten, die Unterschiede zwischen den Menschen beruhten auf einer Art natürlicher Auslese, die sich mit der vergleichen ließ, die bei den Tieren in der Natur stattfand. Diese Vorstellung wird auch „Sozialdarwinismus" genannt, denn ihre Anhänger wendeten Darwins Theorien auf die sozialen Verhältnisse in der Gesellschaft an.

Ich erzähle das alles, weil diese Vorstellung im 20. Jahrhundert schreckliche Folgen hatte. Unter anderem war auch Adolf Hitler (von dem später noch die Rede sein wird) Anhänger einer bestimmten Form des Sozialdarwinismus. Für ihn gab es zwei Menschentypen: „Übermenschen" und „Untermenschen". Deutsche und andere europäische Völker galten ihm als Übermenschen, Juden, Schwarze, einige asiatische Völker und Slawen als Untermenschen. Die Übermenschen waren wie die Löwen in der Savanne, die Untermenschen wie die Antilopen. Deshalb erschien es als ganz natürlich, dass die Übermenschen die Untermenschen beherrschten, und es gab auch keinen Grund, warum Übermenschen Untermenschen nicht töten sollten.

Diese Vorstellungen ließen Hitler den Zweiten Weltkrieg beginnen und führten zur Ermordung von Millionen Menschen. Zum ersten Mal in der Geschichte wurde eine wissenschaftliche Theorie als Vorwand für Krieg und Gewalt benutzt. Der Sozialdarwinismus hat den meisten Forschern eine wichtige Lehre vermittelt: Durch die Wissenschaft können nicht alle Fragen beantwortet werden. Die Naturwissenschaft soll nur versuchen, Antworten auf Fragen zur Natur zu finden.

Natürlich gelingen Wissenschaftlern viele Entdeckungen, die wichtig für die Gesellschaft sind. Aber sie können uns nicht sagen, wie diese Gesellschaft auszusehen hat. Es gibt keine Naturgesetze, die das Zusammenleben der Menschen bestimmen. Die Menschen selber machen solche Gesetze.

Darwin-Karikatur aus dem Jahr 1871

Darwin beteiligte sich nicht an den Diskussionen, die nach Erscheinen seiner Bücher aufflammten. Er wurde der „gefährlichste Mann Englands" genannt und in Zeitungen, Karikaturen und Schmähliedern verspottet. In Wirklichkeit aber war Darwin ein friedlicher Mann, der sich am wohlsten fühlte, wenn er sich mit den Tieren und Pflanzen im Garten hinter seinem Haus befassen konnte. Darwin forschte sein ganzes langes Leben, und als Letztes entdeckte er, dass Regenwürmer unersetzlich sind, wenn der Erdboden locker und nährstoffreich sein soll. Das war typisch für Darwins Denkweise: Keine Lebensform war für ihn unwichtig, alle waren ein Teil des großen Zusammenhangs in der Natur.

Kein Forscher bezweifelt heute noch die Wahrheit der Evolutionslehre. Natur und Fossilien erzählen uns, dass sich das Leben wirklich über Millionen Jahre entwickelt hat. Sogar in unserem Körper gibt es „Fossilien", die sich nur erklären lassen, wenn der Mensch von einem affenähnlichen Wesen abstammt. Ganz unten am Rückgrat sitzt der Schwanzwirbel, ein nutzloser kleiner Knochenstumpf. Die Evolutionslehre erzählt uns, dass es sich dabei vermutlich um einen Rest des Schwanzes handelt, den unsere Urahnen hatten, als sie noch auf Bäumen lebten. Als diese Urmenschen auf den Boden übersiedelten, brauchten sie keinen Schwanz mehr, und deshalb verschwand er nach und nach.

Die Evolutionslehre hat unser Denken verändert. Da Darwin gezeigt hat, wie die Arten in der Natur einander beeinflussen, gilt er auch als Begründer der Wissenschaft Ökologie, die sich mit dem Zusammenleben der Arten in der Natur beschäftigt.

Vor einigen Jahren beschlossen Politiker aus aller Welt, die Artenvielfalt der Natur zu bewahren. Die Wissenschaftler hatten ihnen klarmachen können, wie wichtig es ist, dass es in der Natur viele verschiedene Tier- und Pflanzenarten gibt. Die meisten von uns akzeptieren die Tatsache, dass auch der Mensch eine Tierart ist und dass die Evolutionslehre auch für uns gilt. Wenn wir uns nicht den Verhältnissen in der Natur anpassen können, werden wir aussterben, wie das mit 99 Prozent aller Arten vor uns auch passiert ist.

Die Evolutionslehre ist dieselbe Art von Theorie wie die newtonschen Axiome oder die maxwellschen Gleichungen: Auf einfache Weise können mit ihr unzählige komplizierte Dinge in der Natur erklärt werden. Etwas so Einfaches wie der Konkurrenzkampf zwischen den Arten führt zu so unterschiedlichen Wesen wie Papageien, Menschen und Spinnen.

Aber anders als Newton und Maxwell hatte Darwin Probleme mit einem wichtigen Teil seiner Theorie. Wenn die Evolutionslehre Recht hat und Arten sich verändern, dann müssen die Nachkommen die Eigenschaften ihrer Eltern erben. Menschenkinder können die Nase ihrer Mutter und die Haarfarbe ihres Vaters erben. Darwin hatte jedoch keine Vorstellung, auf welche Weise diese Vererbung sich abspielt.

Die Wissenschaftler wussten, dass ein Kind entsteht, wenn eine weibliche Eizelle mit einer männlichen Samenzelle verschmilzt. Aber warum können diese Zellen „sich daran erinnern", wie die Eltern ausgesehen haben, und auf welche Weise mischen sie dann deren Eigenschaften? Woher wussten die beiden Zellen, die miteinander verschmolzen und zu mir geworden sind, wie ich aussehen sollte?

Was Darwin und andere Forscher damals nicht wissen konnten, war, dass sich die Antwort auf diese Frage in der Welt des Allerkleinsten verbarg. Die Biologen kamen bei der Jagd nach dieser Antwort erst weiter, als Physiker und Chemiker ihre Antworten gefunden hatten.

Die Gesundheits-
revolution

Während ich das hier schreibe, muss ich ab und zu eine Pause einlegen und mir die Nase putzen. Mir ist heiß, und ich fühle mich nicht wohl, und außerdem huste ich die ganze Zeit. Was eigentlich ganz gut zum Thema passt, dieses Kapitel handelt nämlich von Krankheiten.

Vor zweihundert Jahren hatten die meisten Menschen arge gesundheitliche Probleme. Viele Kinder starben schon in den ersten Jahren nach ihrer Geburt. Wer die gefährliche Kindheit überlebte, erlag dann oft tödlichen Krankheiten wie Tuberkulose oder Typhus. Kleine Wunden konnten zu gefährlichen Krankheiten führen, selbst ein Kratzer mit einem Nagel konnte, wenn man Pech hatte, zum Tod führen.

Ärzte und Forscher wussten gegen Ende des 18. Jahrhunderts schon recht viel über den menschlichen Körper. Sie kannten die meisten inneren Organe, sie wussten, dass Fleisch, Muskeln und Knochen aus winzigen „Bausteinchen" zusammengesetzt sind, die „Zellen" genannt werden. Sie wussten, dass es in der Luft ein lebensnotwendiges Gas gibt – den Sauerstoff. Sie wussten, dass wir dieses Gas in die Lunge einsaugen und dass es dann ins Blut gelangt und mit ihm weiterwandert. William Harvey hatte nachgewiesen, dass das Herz das Blut in alle Körperteile pumpt. Und nach und nach erkannten die Forscher auch, dass wir mit dem Gehirn denken.

Aber über Krankheiten wussten sie nur wenig. Niemand begriff zum Beispiel, was eine Krankheit überhaupt ist. Die Ärzte wussten natürlich, dass Krankheiten ansteckend sein können und dass man sich eine Krankheit einfangen kann, wenn man sich in der Nähe eines Erkrankten aufhält. Auch ein weiteres seltsames Phänomen war ihnen aufgefallen: Dass man manche Krankheiten nur einmal bekommt. Der Körper scheint sich daran zu „erinnern", dass er krank gewesen ist, und sich später vor dieser Krankheit zu schützen.

Das galt unter anderem für die gefürchtete Krankheit Pocken oder Blattern, die damals sehr verbreitet war. Die Pocken riefen dicke Blasen am ganzen Körper hervor, oft starb der Patient an einem heftigen Fieber. Die Überlebenden trugen scheußliche Narben davon, und „pockennarbige" Gesichter waren in alten Zeiten ein mehr oder weniger vertrauter Anblick.

Die Ärzte wussten, dass die Pocken sehr ansteckend waren, sie wussten auch, dass der ansteckende Stoff in den Blasen saß. Aber die Pocken waren eine Krankheit, die man nur ein einziges Mal bekam. Das machten sich die Bauern in türkischen Dörfern zu Nutze. Ihnen war aufgefallen, dass manche Pockenerkrankungen weniger heftig verliefen als andere. Bei solchen leichten Fällen nahmen die Bauern eine Nadel, stachen die Pockenblasen der Kranken an und kratzten dann ihre eigene Haut mit dieser Nadel auf. Auf diese Weise bekamen sie dann auch die Pocken, wurden in der Regel aber nicht besonders schwer krank.

Zu Beginn des 18. Jahrhunderts hielt sich die englische Adelige Lady Mary Montague in der Türkei auf. Sie hörte vom Verfahren der Bauern und ließ sich deren Technik beschreiben. Als Lady Mary im Jahr 1721 nach England zurückkehrte, berichtete sie dort davon. Und da sie eine berühmte Reisende war, versuchten viele, sich auch mit der von ihr beschriebenen Methode vor den Pocken zu schützen.

Der Arzt Edward Jenner war in Mittelengland tätig. Wie viele andere Ärzte seiner Zeit machte auch er sich Lady Marys Methode zu Nutze. Er kannte allerdings auch die Gefahren dieser Technik, denn nicht immer kamen die Patienten mit einer milden Erkrankung davon. Ab und zu schlugen die Pocken richtig zu, und statt immun zu werden, starben die Patienten. Die Krankheit war jedoch so gefürchtet, dass viele dieses Risiko eingingen. Edward Jenner aber machte eine seltsame Beobachtung: Wenn er die Arme von Stallmägden und anderen Menschen, die mit Kühen zu tun hatten, anritzte, erkrankten diese Personen oft gar nicht an Pocken. Bei den großen Pockenepidemien starben häufig ganze Familien aus, nur die Kuhmägde überlebten.

Jenner wusste, dass Stallmägde oft an einer pockenähnlichen Infektion erkrankten. Diese Krankheit trat sonst nur bei Kühen auf, deshalb wurde sie „Kuhpocken" genannt. Auch bei Kuhpocken kam es zu Blasenbildung, diese Blasen waren jedoch kleiner als die der Blattern, und normalerweise starb niemand an Kuhpocken.

Edward Jenner untersuchte fünfundzwanzig Jahre lang seine Patienten, und immer machte er dieselbe Beobachtung: Kuhpocken schützten vor Pocken. Jenner wusste, dass er ein Experiment durchführen musste, um die Richtigkeit seiner Theorie unter Beweis zu stellen. 1796 ritzte er den Arm eines Patienten, eines achtjährigen Jungen, an zwei Stellen an. In diese kleinen Wunden schmierte er den Inhalt einer Kuhpockenblase. Nach einer Woche bekam der Junge leichtes Fieber, das er aber bald überwunden hatte. Einige Wochen später schmierte Jenner noch einmal ansteckende Materie in eine Wunde am Arm des Jungen – diesmal jedoch die tödliche Pockenvariante. Wenn der Junge gesund blieb, dann stimmte es, dass Kuhpocken vor Pocken schützten. Wenn der Junge starb, hatte sich Jenner geirrt.

Zum Glück blieb der Junge gesund. Das Experiment bewies, dass die Menschen sich auf ungefährliche Weise vor Pocken schützen konnten. Jenner nannte seine Technik Vakzination, nach dem lateinischen Namen für Kuhpocken. Der deutsche Begriff „impfen" kommt vom lateinischen „imputare", ein Pfropfreis einsetzen, veredeln. Zunächst zweifelten viele Forscher Jenners Entdeckung noch an, aber bis zum Ende des 18. Jahrhunderts hatte sich die Impftechnik schon in ganz Europa verbreitet. Pockennarbige Gesichter waren immer seltener zu sehen, was an sich schon beweist, dass Jenner Recht hatte.

Jenner konnte jedoch nicht feststellen, wie es zu einer Pockeninfektion kommt. Er selber bezeichnete den Auslöser dieser Krankheit als „Virus", wusste aber nicht, wie so ein Virus beschaffen sein mochte. Die Ärzte hatten außerdem im Kampf gegen andere gefährliche Krankheiten wenig Glück. Um die Mitte des 19. Jahrhunderts gab es weiterhin nur die Pockenimpfung, während die Menschen an anderen Krankheiten immer noch starben.

Die Jagd nach der Wahrheit erinnert oft an ein Puzzlespiel. Die Forscher wissen nicht, wie das fertige Bild aussehen wird, und oft finden sie nur ein kleines Teilchen, das mit denen zusammengesetzt werden muss, die andere gefunden haben. Edward Jenner hatte dem Puzzlespiel ein Teilchen hinzugefügt. Das nächste wurde erst fünfzig Jahre später in einem anderen Teil Europas entdeckt. Und dabei ging es nicht um Kühe, sondern ums Händewaschen.

Um 1840 arbeitete der junge ungarische Arzt Ignaz Semmelweis in einem Wiener Krankenhaus auf der Wochenstation. Auf dieser Station lagen Frauen, die bei der Geburt ärztliche Hilfe brauchten. Die Wochenstationen hatten aber ein großes Problem: Viele Frauen erkrankten nach der Geburt an einem heftigen Fieber, an dem fast ein Viertel aller Erkrankten starb. Diese Krankheit wurde Kindbettfieber genannt (eben, weil die Frauen noch das Bett hüten mussten, nachdem sie ihr Kind geboren hatten). Niemand konnte erklären, wie es zu dieser Krankheit kam. Die Ärzte wussten nur, dass vor allem Frauen in Krankenhäusern davon betroffen waren. Eine Geburt zu Hause war wesentlich weniger gefährlich, deshalb gaben sich werdende Mütter alle Mühe, nicht im Krankenhaus zu landen.

Dr. Semmelweis war überzeugt, dass irgendein Umstand im Krankenhaus das Kindbettfieber verursachte. Die meisten Ärzte damals waren noch von der griechischen Vorstellung überzeugt, dass Krankheiten durch Myasmen hervorgerufen würden, durch Gase, die aus dem Boden aufsteigen. Wenn ein Krankenhaus erst von Myasmen heimgesucht wurde, ließ sich nicht viel dagegen machen, meinten die Ärzte. Deshalb hatte es auch keinen Sinn, nach der Ursache des Kindbettfiebers zu suchen.

Aber Semmelweis machte sich trotzdem an die Arbeit. In seinem Krankenhaus gab es zwei Wochenstationen. Auf der einen starben dreimal so viele Frauen wie auf der anderen. Die Stationen waren genau gleich eingerichtet, nur arbeiteten auf der mit der hohen Sterblichkeitsrate Medizinstudenten, während die andere von Hebammen betreut wurde.

Deshalb stellte Semmelweis die Frage: Was tun die Studenten, was die Hebammen vermeiden? Und er entdeckte einen großen Unterschied. Während ihrer Ausbildung mussten die Medizinstudenten auch Tote sezieren, um sich über deren Eingeweide zu informieren. Die Hebammen machten das nicht. Semmelweis stellte auch fest, dass die Studenten sich nach dem Sezieren nicht die Hände wuschen. Sie gingen von den Toten direkt zu den gebärenden Frauen! Semmelweis hielt das für die Ursache des Kindbettfiebers: In den Toten gab es einen gefährlichen Stoff, der an den Händen der Studenten haften blieb und den sie auf die Wochenstation einschleppten. Er befahl den Studenten, sich die Hände mit einem Waschmittel zu scheuern, mit dem sich auch die Wiener Latrinenentleerer sauber hielten.

Als die Studenten damit angefangen hatten, starben zehnmal weniger Frauen. In manchen Monaten starb auf der Wochenstation keine einzige, was in Wien großes Aufsehen erregte. Aber Semmelweis traf auch auf heftigen Widerstand. Die meisten Ärzte wollten nicht glauben, dass Krankheiten auf diese Weise übertragen werden können.

Außerdem hörten die Studenten nach einiger Zeit wieder auf, sich die Hände zu waschen, und die Frauen starben erneut zahlreicher. 1861 schrieb Semmelweis ein Buch über das Kindbettfieber und schickte es an seine Kollegen in ganz Europa. Aber kaum jemand hörte auf ihn, und Semmelweis war schließlich so verzweifelt, dass er in eine Klinik für Geisteskranke geschafft werden musste. Dort starb er 1865 an der Infektion einer Wunde, die er sich vor seiner Einweisung bei einer Operation zugezogen hatte. Die geheimnisvolle Krankheit, die er bekämpfte, brachte ihn um.

Die wenigen Ärzte, die Semmelweis zustimmten, hatten dasselbe Problem wie er: Niemand konnte erklären, warum das Händewaschen so wichtig war und was die Krankheit eigentlich auslöste. Die Antwort wurde schließlich gefunden, allerdings nicht in einem Krankenhaus, sondern in einem Weinfass.

Louis Pasteur wurde 1822 in der französischen Stadt Dôle geboren. Als Kind zeichnete und malte er gern, später aber erwachte sein Interesse für die Wissenschaft Chemie. Bald fand Pasteur eine Anstellung als Chemiker und konnte mehrere wichtige Entdeckungen machen, die die Zusammensetzung chemischer Stoffe erklärten.

Pasteur wurde zu einem recht bekannten Wissenschaftler, und deshalb wandte sich im Jahr 1856 der Besitzer eines Weinguts an ihn. In seinem Weinkeller wurde Wein aus Trauben und anderen Obstsorten gekeltert. Der Wein wurde auf altmodische Weise hergestellt, man gab Hefe in den Obstsaft. Dann blieb der Saft für einige Wochen in großen Gefäßen, und dabei bildeten sich große Mengen Alkohol. Die Verwandlung von Saft in Alkohol wird Gärung genannt. Nach der Gärung war der Obstsaft zu Most geworden, zu halb fertigem Wein. Der Wein lagerte noch eine Zeit lang in Tonnen, dann wurde er in Flaschen abgezapft und verkauft.

Aber in vielen Weinkellern wurde der Wein sauer und ungenießbar, ehe er in Flaschen gefüllt werden konnte. Niemand konnte mit Sicherheit voraussagen, ob ein Fass voller Fruchtsaft zu gutem Wein oder zu ungenießbarer Plörre werden würde. Wein war und ist eine der wichtigsten Waren, die in Frankreich produziert werden, und deshalb bestand großes Interesse an der Lösung dieses Problems.

Obwohl die Menschen schon seit Jahrhunderten Hefe verwendeten, hatten sich nur wenige dafür interessiert, wie sie überhaupt wirkte. Zu Pasteurs Zeiten hielten die meisten Forscher die Gärung für eine Art chemische Reaktion, bei der Alkohol entstand, weil sich bestimmte Stoffe in der Hefe mit dem Obstsaft verbanden. Unter dem Mikroskop konnten sie sehen, dass Hefe aus winzigen Kugeln besteht, die jedoch noch niemand genauer untersucht hatte.

Als Pasteur gebeten wurde, das Problem des sauren Weins zu lösen, nahm er sich als Erstes ein Stück Hefe vor. Nachdem er monatelang Hefe und Gärung untersucht hatte, erkannte er, dass es sich bei den Hefekügelchen eigentlich um lebendige Wesen handelt. Sie werden geboren, fressen, bewegen und vermehren sich genau wie Pflanzen oder Tiere. Heute nennen wir solche Wesen „Hefepilze", es handelt sich um einzellige oder Mikroorganismen.

Die Gesundheitsrevolution

Wenn Hefe zum Obstsaft gegeben wird, fangen die winzigen Hefezellen an, den Saft zu „verzehren". Gleichzeitig vermehren sie sich. Der Alkohol, der aus dem Saft Wein macht, ist ein Stoff, den die Hefezellen ausscheiden.

Aber warum wurde der Wein so oft sauer? Pasteur beobachtete, dass die Hefezellen in gutem Wein kugelrund sind, die in schlechtem jedoch oval. Pasteur überlegte: Wenn die Organismen so unterschiedlich aussehen, dann sind sie vielleicht auch unterschiedlich. Auf diese Weise kam er zu der Erkenntnis, dass es sich bei den ovalen Organismen um eine andere Art handelt, die beim Essen keinen Alkohol ausscheidet, sondern einen sauren Stoff. Wenn der Wein nicht sauer werden soll, müssen diese Organismen getötet werden. Und das war nicht weiter schwer: Pasteur stellte fest, dass es reicht, den Wein auf etwa 50 Grad Celsius zu erwärmen, um alle unerwünschten Organismen zu töten.

Die Technik des Weinerhitzens verbreitete sich in der Weinindustrie schnell, und bald war das kostspielige Problem des sauren Weins gelöst. Später wurde die Technik, die nach ihrem Erfinder „Pasteurisieren" genannt wurde, auch verwendet, wenn in anderen Getränken unerwünschte Mikroorganismen auftraten. Heute steht auf jeder Milchtüte, die wir im Supermarkt kaufen, dass die Milch pasteurisiert ist. Pasteur wurde berühmt als „Retter der Weinindustrie", aber er ruhte sich auf diesen Lorbeeren nicht aus.

Durch das Mikroskop konnte er sehen, dass es überall in der Natur Mikroorganismen gibt. Pasteur hatte den Verdacht, dass sie sich nicht damit begnügten, Flüssigkeiten sauer werden oder gären zu lassen. Im Jahr 1858 kam ihm der Gedanke: Wenn die Mikroorganismen im Wein solchen Schaden anrichten, dann können sie sicher auch Menschen schaden. Es gibt Mikroorganismen, die Krankheiten erregen! Diese Mikroorganismen werden „Bakterien" genannt, und Pasteurs Theorie heißt „Bakterientheorie".

Viele fanden diese Theorie lächerlich. Für sie war es unvorstellbar, dass etwas so Kleines einen erwachsenen Menschen töten könnte. Die Bakterientheorie konnte zwar erklären, wie sich Menschen untereinander mit bestimmten Krankheiten ansteckten. Wenn jemand eine Bakterie in sich aufgenommen hatte, konnte er sie an einen anderen weiterreichen, sobald sich die beiden Menschen berührten. Und die Bakterientheorie erklärte, warum in Dr. Semmelweis' Krankenhaus so viele Frauen gestorben waren: Die Studenten hatten nach dem Sezieren Bakterien an den Händen, und diese Bakterien töteten die gebärenden Frauen. Wenn sich die Studenten wuschen, wurden die Bakterien getötet und die Frauen blieben gesund.

Die Gesundheitsrevolution

Aber wie konnte Pasteur erklären, dass viele Krankheiten auch ohne Berührung übertragen wurden? 1860 machte Pasteur viele Experimente, um zu beweisen, dass Mikroorganismen auch durch die Luft schweben. Bakterien, sagte Pasteur, können ganz einfach von einem Patienten zum anderen durch die Luft schweben. Deshalb müssen Krankenhäuser sauber sein. Aber bisher wimmelte es dort geradezu von Bakterien, erklärte Pasteur.

Pasteur wurde jedoch nicht nur von seiner Neugier angetrieben. Wie viele andere Eltern seiner Zeit verlor auch er durch Krankheit zwei seiner Kinder. 1866 und 1869 starben zwei seiner Töchter an der gefürchteten Krankheit Typhus. Krankheit und Bakterien betrafen Pasteur und alle anderen Menschen persönlich, und deshalb wurden er und seine Bakterientheorie weit über Frankreichs Grenzen hinaus berühmt.

Der englische Chirurg Joseph Lister war einer von denen, die von Pasteurs Theorien überzeugt waren. Er hatte von einer Flüssigkeit namens Karbolsäure gehört, die verschmutzte Abwässer für Menschen ungefährlich zu machen schien, wenn man sie in diese Abwässer einleitete. Lister nahm an, dass sie Bakterien tötete. 1865 fing er an, nach Operationen die Wunden seiner Patienten mit Karbolsäure zu reinigen. Damals starben noch viele Kranke nach Operationen, deshalb wurden Operationen nur im äußersten Notfall durchgeführt. Lister beobachtete aber, dass die Überlebenschancen von Patienten stiegen, wenn ihre Wunden mit Karbolsäure behandelt worden waren.

Der Deutsche Robert Koch fand heraus, dass auch die Operationsinstrumente sauber sein mussten. Koch wusste, dass kochendes Wasser Bakterien tötet, deshalb riet er, die Instrumente vor einer Operation zu kochen. Robert Koch machte auch erfolgreich Jagd auf krankheitserregende Bakterien. Zwischen 1876 und 1883

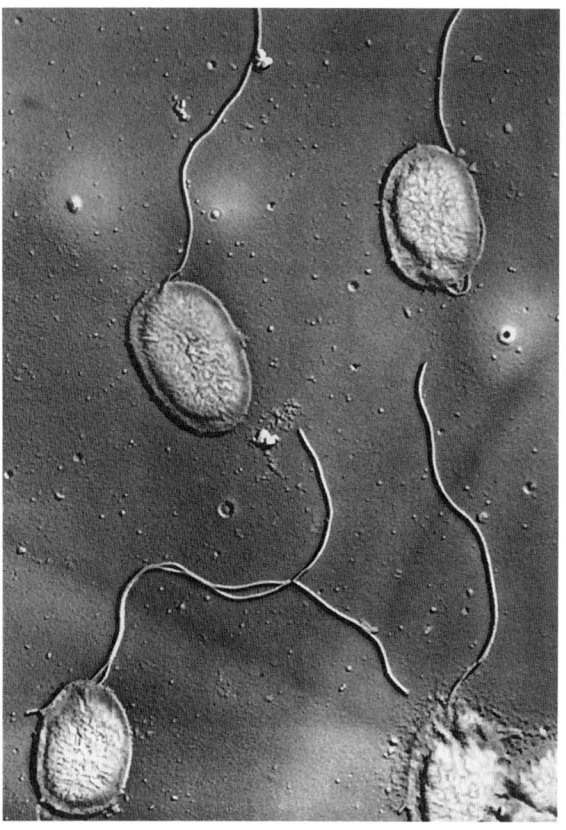

Mikroskopaufnahme, die verschiedene Exemplare einer Geißelbakterie, der Erregerin des so genannten blauen Eiters bei Wundinfektionen, zeigt.

entdeckte er unter anderem die Erreger der Krankheiten Tuberkulose, Milzbrand und Cholera.

Pasteur selber beschäftigte sich mit der Krankheit Hühnercholera, der jährlich tausende von Vögeln erlagen. Im Sommer 1880 sollten seine Assistenten Hühnern Hühnercholerabakterien spritzen. Normalerweise starben Hühner nach einer solchen Injektion.

Weil Sommerferien waren, vergaß der Assistent aber das Spritzen, und der Behälter mit den Bakterien blieb den Sommer über im Labor stehen. Erst nach den Ferien wurden die Spritzen dann endlich gesetzt. Und etwas Unerwartetes passierte: Die Hühner starben nicht nach kurzer Zeit, sondern wurden nach einer leichten Krankheit bald wieder gesund.

Etwas noch Seltsameres folgte dann, als denselben Hühnern „frische" Bakterien gespritzt wurden. Jetzt wurden sie überhaupt nicht mehr krank!

Pasteur fühlte sich an Edward Jenner und dessen Pockenimpfung erinnert. Er nahm an, dass die Bakterien während des Sommers so schwach geworden waren, dass sie nicht mehr gefährlich waren. Aber gleichzeitig sorgte irgendetwas dafür, dass die Körper der Hühner sie wieder erkannten. Und wenn das zutraf, dann hatte er durch Zufall einen Impfstoff gegen Hühnercholera entdeckt! Pasteur wiederholte den Versuch bei vielen Hühnern, nachdem er die Bakterien auf unterschiedliche Weise behandelt hatte, und sein Impfstoff stellte sich als wirkungsvoll heraus. Zum ersten Mal seit Edward Jenner hatte jemand einen neuen Impfstoff entwickeln können.

Die Frage war, ob sich mit dieser Technik auch andere Krankheiten bekämpfen ließen. 1881 arbeitete Pasteur an einem Impfstoff gegen Milzbrand, eine Krankheit, die neben Menschen auch Schafe, Rinder und Schweine befällt. Er entwickelte eine Mischung aus geschwächten Milzbrandbakterien, wie beim ersten Versuch die Hühnercholerabakterien. Diese Mischung wurde fünfundzwanzig Schafen gespritzt. Die Tiere waren danach einige Tage lang krank, aber sie starben nicht. Als Pasteur ihnen später weitere Milzbrandbakterien spritzte, erkrankten sie überhaupt nicht mehr. Diese Experimente bewiesen nicht nur die Richtigkeit der Bakterientheorie, sie zeigten auch deutlich, dass Bakterien bekämpft werden können.

Das galt zumindest für Tiere. Aber konnte man auch Impfstoffe für Menschen entwickeln? Edward Jenner war das gelungen, aber Pasteur musste vorsichtig sein. Seine Bakterientheorie war weiterhin umstritten, und seine Gegner würden sofort gegen ihn vorgehen, wenn seine Patienten zu Tode kämen.

Pasteur und seine Assistenten beschlossen, sich an die Tollwut zu machen. Diese Krankheit befällt viele Tiere, die sich dann wie verrückt gebärden, und wird auch auf Menschen übertragen, wenn sie von einem erkrankten Tier gebissen werden. Nach einer Tollwutinfektion kann man noch einen Monat leben, bis man danach langsam und qualvoll stirbt. Deshalb war die Tollwut damals eine der meistgefürchteten Krankheiten. Aber dass sie Tiere und Menschen gleichermaßen befiel, war für Pasteur von Vorteil. Er konnte nämlich seinen Impfstoff an Tieren ausprobieren, ehe er sich an Menschen heranwagte.

Pasteur bewies durch zahlreiche Experimente, dass Tollwut vom Speichel des beißenden Tiers übertragen wird. Danach greift die Krankheit das Gehirn des Patienten an. Pasteur trocknete die Gehirne von tollwütigen Tieren. Er zermahlte sie zu Pulver und löste das Pulver zu einer Flüssigkeit auf. Danach versuchte er, die Bakterien in dieser Flüssigkeit zu schwächen und sie einem Hund zu spritzen. Sie wirkte wie ein Impfstoff. Nach vielen Versuchen hatte Pasteur einen Impfstoff gegen Tollwut entwickelt, der bei Hunden funktionierte. Aber die Frage war: Galt das auch für Menschen?

Im Juli 1885 fand Pasteur die Antwort auf diese Frage. Zu Beginn dieses Monats besuchte ihn ein Junge in seinem Labor. Joseph Meister war von einem tollwütigen Hund gebissen worden und musste damit rechnen, den Sommer nicht mehr zu überleben. Seine Eltern jedoch vertrauten Pasteur, der Joseph zwölfmal seinen neuen Impfstoff spritzte. Zum Glück erfüllte der Impfstoff die in ihn gesetzten Hoffnungen. Joseph überlebte, und Pasteur hatte den ersten künstlichen Impfstoff erfunden, der auch bei Menschen wirkt.

Dass er das Leben eines todkranken Jungen gerettet hatte, machte Pasteur über Nacht in aller Welt berühmt. Den meisten Menschen galt er als eine Art Wunderheiler, und viele baten ihn, sie von ihren Krankheiten zu befreien. Pasteurs Erfolge konnten immer mehr Forscher von der Richtigkeit der Bakterientheorie überzeugen. Um 1890 griffen überdies mehr und mehr Ärzte in aller Welt zu den Methoden von Koch und Lister, um Patienten und Krankenhäuser bakterienfrei zu halten.

Aber Pasteur konnte nicht alle Rätsel der Krankheiten lösen. Die Bakterie, die die Tollwut hervorrief, konnte er zum Beispiel nicht finden. Wenn er sich den Speichel eines kranken Hundes ansah, hoffte er, etwas zu finden, das an eine Bakterie erinnerte: einen Organismus, der aussah wie eine Kugel, ein Stäbchen oder eine kleine Spirale. Aber der Speichel enthielt nichts dergleichen. Pasteur nahm an, dass die Bakterie zwar vorhanden, aber so klein war, dass er sie mit dem Mikroskop nicht ausfindig machen konnte.

Die Gesundheitsrevolution

Für einen Wissenschaftler ist das im Grunde sehr seltsam. Ich hatte ja schon gesagt, dass eine Theorie über die Natur damit übereinstimmen muss, was wir sehen können. Pasteur konnte zwar nichts sehen, war aber trotzdem überzeugt, dass er Recht hatte. Pasteur hatte in gewisser Hinsicht zu seiner Bakterientheorie größeres Vertrauen als zu seinem Mikroskop. Das kommt bei Forschern häufiger vor. Wenn sie viele gute Beweise für ihre Theorie haben (und das hatte Pasteur ja), dann halten sie daran fest, auch wenn ihre Instrumente nicht immer das erhoffte Ergebnis zeigen.

Und es sollte sich herausstellen, dass Pasteur richtig getippt hatte, so in etwa jedenfalls. Viele Jahrzehnte später stellten andere Forscher fest, dass der Speichel von tollwütigen Hunden wirklich winzige Organismen enthält, die unter normalen Mikroskopen nicht zu sehen sind. Es handelt sich dabei jedoch nicht um Bakterien, wie Pasteur angenommen hatte. Tollwut gehört zu den vielen Krankheiten, die von einem Virus ausgelöst werden.

Ein Virus ist viel kleiner als eine Bakterie. Eine große Bakterie kann bis zu einem Zehntelmillimeter lang sein, ein Virus ist oft nur ein Tausendstel so groß wie eine Bakterie. Ein Virus kann sich nicht wie Bakterien Energie verschaffen oder sich aus eigener Kraft vermehren. Ein Virus muss in eine Zelle gelangen, wo er ungeheuer effektiv ans Werk geht: Eine halbe Stunde, nachdem das Virus die Zelle erreicht hat, kann die Zelle schon zweihundert neue Viren ausspucken, die andere Zellen angreifen.

Zum Glück ist der Körper nicht wehrlos. Mit den allermeisten Krankheiten wird er durch sein Immunsystem von allein fertig. Wenn Bakterien oder Viren in einen Körper gelangen, zum Beispiel durch eine offene Wunde, versucht das Immunsystem sofort, die Eindringlinge zu besiegen.

Und wenn die Schlacht gewonnen ist, hat das Immunsystem spezielle Zellen hergestellt, die „Antikörper" genannt werden und dafür sorgen, dass Bakterien oder Viren bei ihrem nächsten Invasionsversuch sofort erkannt und ausgeschaltet werden. Wenn man zum Beispiel Antikörper gegen Masern im Körper hat, dann ist man in Zukunft gegen eine Invasion von Masernviren geschützt.

Ein Impfstoff gegen Masern enthält Masernviren, die gerade stark genug sind, um den Körper Antikörper bilden zu lassen, die jedoch nicht zu einer Erkrankung führen. Durch die Impfung soll der Körper Viren und Bakterien kennen lernen und Antikörper bilden, um in Zukunft das Problem selber lösen zu können.

Erst in den letzten Jahrzehnten haben wir erkannt, wie das Immunsystem unseres Körpers funktioniert. Was Louis Pasteur zu einem tüchtigen Wissenschaftler machte, war, dass er mit nur sehr wenigen Informationen zum richtigen Resultat gelangte. Ohne ein Virus gesehen zu haben, wusste er, dass es welche geben musste. Ohne etwas über das Immunsystem zu wissen, begriff er, wie ein Impfstoff wirkt.

Der Erfolg der Tollwutimpfung führte zu einer hektischen Jagd nach Impfstoffen gegen andere Krankheiten. 1897 wurde ein Impfstoff gegen Typhus entwickelt. 1913 kam ein Impfstoff gegen Diphtherie auf den Markt, eine Krankheit, der bisher jährlich tausende von Säuglingen erlegen waren. Nach 1950 wurde die grausame Krankheit Kinderlähmung durch Impfungen fast vollständig ausgerottet. Nach 1960 bekamen wir Impfstoffe gegen Masern, Röteln und Mumps. Früher bekamen die meisten Kinder diese „Kinderkrankheiten" (unsere Eltern haben sie sicher gehabt). Das ist jetzt vorbei.

Es klingt vernünftig und überzeugend, dass die Pocken, die allererste Krankheit, gegen die ein Arzt einen Impfstoff fand, auch als erste Krankheit auf der Welt ganz und gar ausgerottet worden sind. Nach dem Zweiten Weltkrieg führte die Weltgesundheitsorganisation, die der UNO untersteht, in allen Ländern, wo es noch Pocken gab, Impfprogramme durch. Diese Maßnahme hatte Erfolg, und 1977 erkrankte in Äthiopien der letzte Mann an dieser Krankheit. Jetzt existiert das gefährliche Pockenvirus nur noch im Labor.

Aber mit einem Impfstoff ist nicht alles gelöst. Wenn wir erkranken, ehe wir geimpft worden sind, kann es vorkommen, dass unser Immunsystem die Bakterien nicht zersetzen kann. Blutvergiftung, eine heftige Bakterieninfektion, hat in früheren Zeiten viele Menschenleben gefordert. Und sie kann mit einer Kleinigkeit wie einem Kratzer am Finger anfangen.

Das erste Hilfsmittel gegen Infektionen wurde durch einen Zufall entdeckt. Im Jahr 1928 beobachtete der Arzt Alexander Fleming in einem Londoner Krankenhaus, dass die Bakterien in einer Schüssel starben, wenn sie mit grünem Schimmel in Berührung kamen. Schimmel ist ein Pilz, und Flemings Schimmelpilz hieß Penicillium.

Fleming erkannte, dass dieser Pilz als bakterientötendes Mittel verwendet werden konnte, er konnte jedoch für die nötigen Experimente keine ausreichenden Mengen von Penicillium-Pilzen herstellen. Erst zehn Jahre später produzierten andere Forscher genügend Schimmelpilze, um sie an Tieren und Menschen zu testen. 1944 wurde ein Medikament vorgestellt, das den Penicilliumpilz enthielt. Dieses Medikament wurde Penizillin genannt. Noch im selben Jahr konnte Penizillin das Leben vieler tausender Soldaten retten, die im Zweiten Weltkrieg verwundet worden waren.

Penizillin wirkt nicht bei allen Bakterien; die Tuberkulosebakterien zum Beispiel sind immun dagegen. Aber die Forscher erkannten, dass sich auch andere Schimmelpilzarten verwenden ließen. Um 1950 kam das erste wirkungsvolle Medikament gegen Tuberkulose auf den Markt, und damit war die Krankheit endlich besiegt. Später wurden weitere bakterientötende Mittel vorgestellt. Heute werden diese Medikamente „Antibiotika" genannt. In der modernen Medizin sind sie einfach unersetzlich.

Jetzt, über fünfzig Jahre nach der Einführung des Penizillins, stehen die Ärzte vor einem neuen Problem. Immer neue Bakterien tauchen auf, die gegen Antibiotika resistent sind, das heißt, Antibiotika sind diesen Krankheiten gegenüber wirkungslos. Deshalb sind Krankheiten, die die Ärzte schon unter Kontrolle zu haben glaubten, in der ganzen Welt wieder auf dem Vormarsch. Das gilt unter anderem für die Tuberkulose. In vielen armen Ländern sterben heute so viele Menschen an Tuberkulose wie im Europa des 19. Jahrhunderts.

Resistente Bakterien sind ein gutes Beispiel dafür, wie die Evolutionslehre funktioniert. Wie ich weiter vorn erzählt habe, können sich alle Arten im Lauf der Zeit schrittweise verändern. Bakterien sind lebende Wesen mit zahllosen Arten. Deshalb gilt die Evolutionslehre auch für Bakterien.

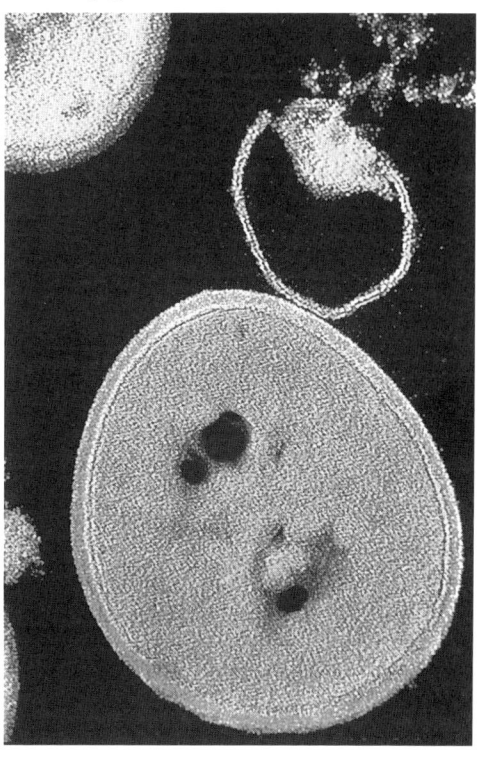

Die Mikroskopaufnahme macht sichtbar, wie die Außenmembran einer Bakterie (oben rechts) durch die Einwirkung von Antibiotika zerstört wird. Bei der Zerstörung tritt der Zellinhalt aus. Die größere Bakterie in der Bildmitte ist noch nicht angegriffen.

Bakterien, die sich an ihre Umgebung gut angepasst haben, haben größere Chancen, sich zu vermehren als andere. Wenn Bakterien in einen Körper eindringen, wird der Körper zu der Umgebung, in der sie leben. Unter Einfluss von Antibiotika verändert sich diese Umgebung schlagartig. Die allermeisten Bakterien überleben eine solche Veränderung nicht. Sie sterben, und das ist ja auch der Sinn der Antibiotika.

Einige Bakterien können Antibiotika aber ein wenig besser vertragen als andere. Und diese Bakterien überleben eine Dosis Antibiotika und vermehren sich. Ihre Nachkommen erben diese Eigenschaft und sind resistent gegen Antibiotika. Da Bakterien, die keine Antibiotika vertragen, ausgerottet werden, tauchen schrittweise mehr und mehr antibiotikaresistente Bakterien auf.

Bakterien passen sich den Veränderungen in ihrer Umgebung sehr rasch an, sie können sich innerhalb weniger Monate an ein neues Antibiotikum gewöhnen. Noch immer können Antibiotika die meisten Bakterien, die uns krank machen, zerstören, aber viele Forscher fragen sich besorgt, wie wir in Zukunft Krankheiten behandeln sollen, wenn sich immer neue antibiotikaresistente Bakterien entwickeln.

Deshalb dauert der Kampf gegen die Krankheiten immer noch an, und vermutlich wird er nie ein Ende finden. Denn es ist nicht nur so, dass sich alte Krankheiten unseren neuen Medikamenten anpassen können, es treten auch immer wieder neue Krankheiten auf!

In den Jahren 1918 und 1919 starben über zwanzig Millionen Menschen an einer gefährlichen Grippe. Nach 1980 fing das HIV-Virus an, sich in aller Welt zu verbreiten, und niemand weiß, wie viele Menschen infiziert sind. 1995 starben mehrere hundert Menschen am Ebolavirus, das noch gefährlicher ist als das HIV-Virus.

Es steht nicht fest, ob sich diese Krankheiten so unkontrolliert verbreiten werden wie im Mittelalter die Pest. Aber wenn wir einem neuen schwarzen Tod entkommen wollen, dann müssen wir weiterforschen.

Kein anderer Wissenschaftler hat so viel für die Gesundheit der Menschen bedeutet wie Pasteur. Viele Millionen Menschen konnten ein langes, gesundes Leben führen, weil Forscher und Ärzte begriffen hatten, dass es auf der Welt von Mikroorganismen, die den Körper angreifen, nur so wimmelt.

Aber wir werden uns niemals ganz von den Krankheiten befreien können. Eine, die uns vielleicht bis in alle Ewigkeit quälen wird, ist die Erkältung. Erkältungen werden durch ein Virus verursacht, und wie bei anderen Viren bilden sich nach der Infektion Antikörper. Aber das bedeutet leider nicht, dass wir in Zukunft gegen Erkältungen geschützt sind. Dauernd tauchen nämlich neue Varianten des Erkältungsvirus auf, die die Antikörper nicht wiedererkennen. Und deshalb lässt sich kein guter Impfstoff gegen Erkältungen herstellen.

Penizillin hilft nicht gegen Viren, und deshalb gibt es keine Medikamente, die den Körper beim Kampf gegen die Erkältung unterstützen. Ich kann also nur warten, bis meine Krankheit vorüber ist, und hoffen, dass ich erst in vielen Jahren wieder eine so heftige Erkältung bekomme. Mein einziger Trost ist, dass ich immerhin weiß, was mir fehlt. Ich weiß, dass es nicht gefährlich ist.

DIE BAUSTEINE
DER NATUR

Bei der Jagd nach der Wahrheit beeindruckt mich ganz besonders die Entdeckung des Atoms. Man stelle sich mal vor: Atome sind so unbegreiflich klein, dass sich zehn Millionen in Reih und Glied über den Punkt am Ende dieses Satzes legen könnten. Der kleine Klecks Druckerschwärze, der für den Punkt verwendet worden ist, enthält viel mehr Atome, als es in unserer Galaxis, der Milchstraße, Sterne gibt. Die Welt der Atome ist so Schwindel erregend klein, wie der Weltraum groß ist.

Das erkannten die Forscher vor hundert Jahren, aber selbst ihr stärkstes Mikroskop war eine Million Mal zu schwach, als dass sie ein Atom hätten sehen können. Wie konnten die Forscher also darauf kommen, dass das Universum wirklich so aussieht? Indem sie vernünftige Überlegungen anstellten, bauten sie langsam ihre Theorie über die Beschaffenheit der Atome auf.

Als im 18. Jahrhundert die Suche nach den kleinsten Bausteinchen einsetzte, glaubte man noch immer, die Natur setze sich aus den Elementen Feuer, Wasser, Luft und Erde zusammen, wie es der Grieche Empedokles behauptet hatte. Alchimisten versuchten noch immer, Gold herzustellen, und die Wissenschaft von den Stoffen – die Chemie – musste sich noch entwickeln.

Aber obwohl es nur wenige Chemiker gab, konnten sie – wie die Astronomen im 17. Jahrhundert – die griechischen Vorstellungen widerlegen. Einer der größten Forscher jener Zeit war der Franzose Antoine de Lavoisier, der oft als Begründer der Wissenschaft Chemie bezeichnet wird. Er wollte wissen, was passiert, wenn Stoffe brennen, und er kam zu dem Ergebnis, dass Verbrennung durch ein Gas, das er Sauerstoff nannte, hervorgerufen wird. Ohne Sauerstoff könnte nichts brennen. Da es möglich ist, in der Luft ein Feuer zu entzünden, muss die Luft Sauerstoff enthalten, meinte Lavoisier. Er konnte nachweisen, dass sie nicht nur Sauerstoff enthält, sondern auch das Gas, das wir heute Stickstoff nennen.

DIE BAUSTEINE DER NATUR

Der Engländer Henry Cavendish experimentierte mit einem anderen Gas, dem Wasserstoff (den er 1766 entdeckt hatte). Cavendish ließ in der Luft Wasserstoffgase verbrennen und stellte fest, dass sich dabei Wasser bildete. Cavendish erkannte, dass Sauerstoff und Wasserstoff zusammen Wasser ergeben. Zusammen hatten die beiden Chemiker also bewiesen, dass zwei der griechischen Elemente, Luft und Wasser, eigentlich aus anderen Stoffen zusammengesetzt sind.

In ganz Europa spalteten damals Chemiker wie Cavendish und Lavoisier alle möglichen Stoffe. Sie erwärmten sie in besonderen Gefäßen, zermahlten sie, mischten sie mit starker Säure oder lösten sie in Wasser auf und jagten elektrischen Strom durch die Lösungen. Die Chemiker stellten fest, dass viele Stoffe der Natur aus anderen Stoffen zusammengesetzt sind. Sie entdeckten aber auch solche wie Wasserstoff, Sauerstoff und Stickstoff, die nicht mehr zerlegt werden konnten. Das galt auch für die Metalle Eisen und Kupfer, die die Menschen bereits seit Jahrtausenden benutzten. Egal, was die Chemiker mit diesen Materialien auch anstellten, sie ließen sich nicht in weitere Stoffe zerlegen.

Offenbar hatte man es mit grundlegenden Stoffen der Natur zu tun, und deshalb bezeichnet man sie als Elemente, Grundstoffe. Die Chemiker erkannten, dass es in der Natur zwei Typen von Stoffen gibt: die Elemente selbst und Mischungen aus Elementen, die durch chemische Verbindungen entstehen. Wasser ist also eine chemische Verbindung, die aus den Elementen Wasserstoff und Sauerstoff besteht.

Im 18. und 19. Jahrhundert wurde auf der ganzen Welt heftig nach Elementen gejagt. An den entlegensten Orten wurden neue Elemente entdeckt, und in der Regel durfte der Entdecker dem neuen Stoff einen Namen geben. In der Nähe der schwedischen Stadt Ytterby wurde 1794 ein seltsamer Stein entdeckt. Nachdem viele Chemiker diesen Stein untersucht hatten, kamen sie zu dem Ergebnis, dass er vierzehn verschiedene Elemente enthielt! Drei davon, Terbium, Erbium und Ytterbium, wurden nach dem Fundort benannt.

Um die Mitte des 19. Jahrhunderts kannten die Chemiker an die fünfzig Elemente, wussten jedoch noch immer nicht, was ein Element eigentlich ist. Ist es eine Art gleichförmiger Soße, oder besteht es aus winzigen Partikeln, wie Demokrit angenommen hatte?

Bei der Jagd nach unbekannten Elementen hatten die Chemiker eine seltsame Beobachtung gemacht: Wenn sie eine chemische Verbindung in ihre Elemente zerlegten, blieb die Menge der Elemente immer gleich groß. Im 18. Jahrhundert experimentierte der Franzose Joseph Louis Proust mit einem Stoff, der Kupferkarbonat genannt wird. Wenn er diesen Stoff zerlegte, erhielt er fünf Teile Kupfer, vier Teile Kohlenstoff und ein Teil Sauerstoff. Wenn er zum Beispiel zehn Gramm Kupferkarbonat in Säure auflöste, erhielt er fünf Gramm Kupfer, vier Gramm Kohlenstoff und ein Gramm Sauerstoff.

Proust beobachtete dieses Phänomen auch bei anderen chemischen Verbindungen. Es schien eine feste Regel für die Zusammensetzung der Verbindungen zu geben.

1803 schrieb der englische Chemiker John Dalton ein Buch, in dem er behauptete, die Beobachtungen von Proust und den anderen Chemikern ließen sich am einfachsten erklären, wenn sich die Elemente aus winzigen Partikeln zusammensetzten, die auf irgendeine Weise miteinander verbunden seien. Um Demokrit zu ehren, gab Dalton diesen Partikeln den Namen Atome, seine Theorie wurde deshalb als Atomtheorie bekannt.

Die Atomtheorie wurde rasch anerkannt, denn sie lieferte eine brauchbare Erklärung für chemische Verbindungen: Diese bestehen ganz einfach aus Atomen von Elementen, die sich auf irgendeine Weise miteinander verbunden haben. Die aneinander gekoppelten Atome werden „Moleküle" genannt. In einer chemischen Verbindung sind alle Moleküle gleich. Das erklärt, warum wir immer gleich große Mengen der einzelnen Elemente erhalten, wenn die Verbindung aufgelöst wird.

Das größte Problem der Atomtheorie war, dass niemand die Atome sehen konnte. Es gab keine Mikroskope, die stark genug waren, und die Wissenschaftler konnten nur hoffen, Beweise für die Existenz von Atomen zu finden, wenn sie beobachteten, wie die Atome ihre Umgebung beeinflussten. Der Forscher Michael Faraday vertrat wie auch andere die Ansicht, die Atomtheorie könne nur als interessante Idee gelten, solange es keine bessere Erklärung gab.

1827 studierte der schottische Botaniker Robert Brown Pollenkörner einer Pflanze namens Clarkie. Die Pollenkörner schwammen in Wasser, und Brown beobachtete, dass sie sich die ganze Zeit bewegten. Sie schienen ruckhaft und ziellos hin und her zu zappeln. Zuerst glaubte Robert Brown, diese Bewegung beruhe darauf, dass die Körner – eine Art Same – ja schließlich Lebewesen waren und dass sie schwammen. Aber als er dasselbe auch an normalen Staubkörnern beobachtete, erkannte er, dass er es hier mit einem physikalischen Gesetz zu tun hatte.

Brown konnte für diese „brownsche Bewegung", wie sie heute genannt wird, keine überzeugende Erklärung finden. Jahrelang wurden verschiedene Möglichkeiten diskutiert. Manche fanden die Pollenbewegung ganz und gar unwichtig, andere sahen darin ein ge-

Die Bausteine der Natur

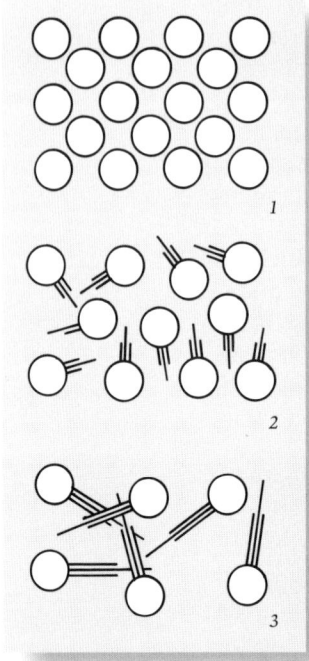

In festen Körpern liegen die Moleküle dicht beieinander und ziehen einander stark an (1). Bei einer Flüssigkeit sind die Moleküle dagegen weiter von einander entfernt (2). Sie halten immer noch zusammen, jedoch nicht mehr mit so viel Kraft, und können sich frei bewegen. Das ist der Grund, weshalb Flüssigkeit fließen kann. Im Gas sind schließlich die Moleküle so weit von einander entfernt (3) und die gegenseitigen Anziehungskräfte deshalb so gering, dass sich die Gase u.a. mit großer Geschwindigkeit ausdehnen und sich leicht miteinander vermischen können.

waltiges Mysterium, das einfach aufgeklärt werden musste. Man stellte die Theorie auf, die Körner bewegten sich, weil sie von Partikeln bombardiert würden. Diese Partikel mussten so klein sein wie überhaupt nur möglich: Die Wissenschaftler hatten es hier mit Wassermolekülen zu tun.

Der Atomtheorie zufolge besteht Wasser aus winzigen Wassermolekülen: einer chemischen Verbindung, bei der sich zwei Wasserstoffatome und ein Sauerstoffatom zusammengetan haben. Die Moleküle bewegen sich die ganze Zeit und stoßen mit den Pollenkörnern zusammen. Ab und zu wird ein Korn auf einer Seite von mehreren Partikeln getroffen und dadurch in die andere Richtung geschubst. Dann treffen auf dieser Seite wieder Partikel das Korn, und es schwimmt in die entgegengesetzte Richtung. Das geht immer so weiter, und deshalb liegt das Korn niemals ruhig.

Ein gedankliches Experiment kann diese Vorstellung verdeutlichen: Gehen wir von einem Basketball aus. Dann stellen wir uns eine Schulklasse vor. Die Schüler stellen sich im Kreis auf, einige Meter vom Basketball entfernt. Wenn ich „los" sage, bewerfen alle den Basketball mit Tennisbällen.

Was passiert? Der Ball bewegt sich ruckhaft hin und her. Manchmal treffen ihn mehrere Tennisbälle auf der einen, dann wieder auf der anderen Seite.

Wir wissen, dass die Schüler den Basketball mit Tennisbällen bewerfen. Wir sehen, dass das passiert. Aber angenommen, der Ball wäre mit selbst leuchtender Farbe bestrichen, und die Turnhalle wäre verdunkelt. Dann sähe man in der Dunkelheit nur eine leuchtende Kugel, die sich stoßweise hin und her bewegt. Ungefähr so sah die Lage der Physiker aus, die als Erste die Bewegung von Pollenkörnern in Wasser studierten; sie sahen nur die Körner, wussten aber nicht, wovon sie getroffen wurden. Doch aufgrund der Bewegungen konnten sie sich das so ungefähr denken.

Es war schwer, eine bessere Erklärung für die Bewegungen der Pollenkörner zu finden als die Atomtheorie. Deshalb trug die brownsche Bewegung entscheidend dazu bei, dass sich viele Forscher von dieser Theorie überzeugen ließen.

Aber wenn es wirklich Atome gab, dann musste es auch eine Erklärung für die großen Unterschiede zwischen den Elementen geben. Das leichteste Element von allen ist Wasserstoff, ein leichtes Gas. Das Element Lithium ist ein silberweißes, weiches Metall. Die

Die Bausteine der Natur

Physiker konnten Atome wiegen, und wenn sie Lithium und Wasserstoff miteinander verglichen, dann schien der einzige Unterschied zwischen beiden darin zu bestehen, dass Lithium etwa siebenmal schwerer ist als Wasserstoff. Dasselbe gilt auch für andere Atome. Nur ein kleiner Gewichtsunterschied trennt ein glänzendes Metall und ein schwarzes Pulver voneinander. Warum aber war dieser Gewichtsunterschied so wichtig?

Wie so oft bei der Jagd nach der Wahrheit spielten die Zufälle eine große Rolle. 1896 hörte der französische Physiker Antoine Henri Becquerel von Wilhelm Röntgens geheimnisvollen X-Strahlen (vgl. S. 128-129). Becquerel hatte sich schon lange mit Kristallen befasst, glasartig fest gewordenen chemischen Verbindungen. Nun wollte er wissen, ob Kristalle auch unterschiedliche Strahlen aussenden können. Becquerel brauchte für sein Experiment starkes Sonnenlicht – die Sonne sollte die Kristalle bescheinen und sie zum Strahlen bringen. Aber der Himmel war bewölkt, und Becquerel musste sein Experiment verschieben. Er legte die Kristalle zusammen mit einer Fotoplatte in einen Briefumschlag und dann in eine Schublade.

Fotoplatten sind mit einem Stoff überzogen, der sich verändert, wenn Licht oder Röntgenstrahlen auftreffen. Wenn die Platte in eine bestimmte chemische Verbindung getaucht wird, werden die Teile der Platte, die Licht oder Röntgenstrahlen ausgesetzt waren, dunkel. Dieses Verfahren nennen wir Entwickeln.

Als der Himmel Tage später noch immer bewölkt war, verlor Becquerel die Geduld und entwickelte die Platte, ohne eigentlich mit irgendeinem sichtbaren Ergebnis zu rechnen. Umso größer war seine Überraschung, als er sah, dass große schwarze Flecken die Platte bedeckten.

Irgendetwas hatte Strahlen durch die stockfinstere Schublade geschickt! Und da auf der Platte nur die Kristalle gelegen hatten, mussten sie die Ursache sein. Becquerel wusste, dass niemand bisher eine solche Beobachtung gemacht hatte. Deshalb handelte es sich um eine wichtige Entdeckung. Er versuchte festzustellen, wodurch die Strahlung im Kristall hervorgerufen wurde. Becquerel untersuchte den Kristall genau und stellte fest, dass er ein bestimmtes Element enthielt, Uran, von dem die Strahlung ausging. Uran ist ein silbrig weißes schweres Metall (ein Uranatom wiegt 238-mal mehr als ein Wasserstoffatom). Das Uran wurde 1789 entdeckt und damals vor allem benutzt, um Glas zu färben. Das Element wurde nach dem Planeten Uranus benannt, der ungefähr gleichzeitig entdeckt worden war.

Aber alles, was die Forscher damals über Atome wussten, erklärte nicht, warum ein Element von selber strahlen kann. Einige Physiker erkannten die Bedeutung von Becquerels Entdeckung und befassten sich mit der neuen Form von Strahlung. Zu ihnen gehörte Marie Curie, eine polnische Physikerin, die in Frankreich lebte.

Marie Sklodowska, so war ihr Mädchenname, gilt als eine der ganz großen Forscherinnen in der Physik. Es ist beeindruckend, dass sie es so weit gebracht hat. Denn sie war nicht nur Ausländerin, sie war auch eine Frau. Frauen durften bekanntlich jahrtausendelang nicht studieren oder forschen. Auch gegen Ende des 19. Jahrhunderts hatte sich daran in vielen Ländern noch nichts geändert.

Marie Sklodowska wurde 1867 in Polen geboren. Schon als Kind zeigte sie ihre ungewöhnliche naturwissenschaftliche Begabung. Sie wurde sogar mit einem Preis ausgezeichnet, aber studieren durfte sie deshalb noch lange nicht. Denn Polen stand unter russischer Herrschaft, und an den Universitäten wurden fast nur russische Männer zugelassen. In Paris dagegen studierten gegen Ende des 19. Jahrhunderts schon andere Frauen. Deshalb begleitete Marie ihre Schwester, als die zum Medizinstudium nach Paris reiste, und studierte an der berühmten Universität Sorbonne Physik. Sie wurde die Beste ihres Jahrgangs.

Marie heiratete 1895 den französischen Physiker Pierre Curie, einen Mann, der ebenso neugierig war und gern forschte wie sie. Und damit nicht genug, anders als die meisten seiner Kollegen fand Pierre, Frauen sollten dieselben Möglichkeiten haben wie Männer. Das Ehepaar Curie forschte viel gemeinsam. Als Marie schließlich ihren Doktor machen wollte, entschieden sich die Curies dafür, Becquerels Entdeckung zum Thema ihrer Examensarbeit zu machen.

Uran ist ein sehr seltenes Element. Marie Curie wusste aber, dass es im Mineral Pechblende enthalten ist, einem Abfallstoff aus Bergwerken. Marie untersuchte dieses Mineral und stellte fest, dass es stärker strahlte, als zu erwarten gewesen wäre, wenn nur das Uran darin Strahlungen aussandte. Deshalb nahm sie an, dass Pechblende noch weitere strahlende Grundstoffe enthielt. Um diese Stoffe zu finden und sich davon zu überzeugen, dass ihre Annahme zutraf, musste Marie Curie Pechblende in seine Elemente zerlegen.

Pechblende wurde zu Pulver zermahlen und gekocht, bis sich das Pulver auflöste, und dann durch einen Filter gegossen. Danach jagte Marie Curie elektrischen Strom durch das, was noch übrig war, und wiederholte den gesamten Prozess. Sie hatte außerdem ein Instrument erfunden, um die Strahlung zu messen. Mit diesem Instrument kontrollierte sie die ganze Zeit, ob sie den strahlenden Stoff wirklich konzentrieren konnte. Monatelang mühte sie sich in einem kalten, feuchten Labor ab, bis nur noch ein kleiner Klumpen übrig blieb. Es stellte sich tatsächlich heraus, dass dieser Klumpen aus einem neuen Element bestand, den sie Polonium nannte, nach dem Land, in dem sie geboren war.

Aber als Marie Curie dann die Strahlung des Poloniums maß, stellte sie fest, dass sie noch immer nicht erklären konnte, warum Pechblende so stark strahlt. Dieses Mineral musste einen weiteren strahlenden Stoff enthalten, und deshalb machten Pierre und sie sich noch einmal an den Versuch, Pechblende zu konzentrieren, um den unbekannten Stoff dingfest zu machen. 1898 konnten sie endlich ein winziges Klümpchen aus diesem Stoff vorweisen. Acht Tonnen Pechblende hatten genau ein Gramm davon ergeben!

Marie Curie nannte diesen neuen Grundstoff Radium, nach dem lateinischen Wort für Strahlen. Und mit diesem Wort beschrieb sie auch das, was alle strahlenden Stoffe sind: radioaktiv. Ein radioaktiver Stoff ist ein strahlender Stoff.

Für ihre bahnbrechenden Arbeiten wurde Marie Curie als eine der ersten Personen und als erste Frau überhaupt mit dem Nobelpreis für Physik ausgezeichnet. Der schwedische Milliardär Alfred Nobel hatte vor seinem Tod im Jahr 1896 im Testament verfügt, dass einmal jährlich ein Preis an Personen vergeben werden sollte, die „der Menschheit größte Dienste erwiesen haben". Von 1901 an wurden die Nobelpreise, die aus einer Medaille, einem Diplom und einem hohen Geldbetrag bestehen, an Forscher der Wissenschaften Physik, Chemie und Medizin verliehen. (Heute gibt es noch eine Reihe weiterer Nobelpreise.)

Der erste Nobelpreis für Physik ging an Wilhelm Röntgen, der die Röntgenstrahlen entdeckt hatte. Marie Curie wurde 1903 zusammen mit ihrem Mann und Henri Becquerel ausgezeichnet. Im Jahr 1911 erhielt Marie außerdem den Nobelpreis für Chemie, und damit ist sie eine der wenigen Personen, die zweimal mit dem Nobelpreis ausgezeichnet worden sind. Sehr viele Forscher des 20. Jahrhunderts, über die ich in diesem Buch schreibe, haben den Nobelpreis erhalten. Er wird jedes Jahr am 10. Dezember, dem Todestag Alfred Nobels, verliehen. Obwohl es noch andere Forschungspreise gibt, gilt der Nobelpreis als höchste Ehrung, die für einen Forscher überhaupt möglich ist.

Ich benutze jetzt schon eine ganze Weile das Wort „Strahlung", ohne zu sagen, was ich darunter verstehe. In gewisser Hinsicht ist es nicht richtig, dieses Wort auf radioaktive Stoffe anzuwenden. Denn unter Strahlung verstehen Forscher normales Licht, Röntgenstrahlen und andere Formen von elektromagnetischer Strahlung.

DIE BAUSTEINE DER NATUR

Aber die Strahlung von radioaktiven Stoffen hat nicht die geringste Ähnlichkeit mit Licht.

Nehmen wir zum Beispiel die Alphastrahlung (Alpha ist der erste Buchstabe im griechischen Alphabet), die vom britischen Physiker Ernest Rutherford entdeckt wurde. Radioaktive Stoffe wie Uran senden große Mengen Alphastrahlen aus. Aber als Rutherford sich diese Strahlung genauer ansah, stellte er fest, dass sie nicht aus Wellen besteht wie das Licht, sondern aus kleinen Teilchen!

Radioaktive Stoffe geben Heliumatomkerne ab (Helium ist ein leichtes Gas). Ein Uranatom kann also Atomkerne eines anderen Stoffes ausspucken! Und das ist nur möglich, wenn sich die Atome eines Elements aus noch kleineren „Bausteinchen" zusammensetzen. Aus irgendeinem Grund lösen sich diese Teilchen aus den radioaktiven Stoffen und jagen in die Welt hinaus.

Rutherford entdeckte noch eine weitere Form von Strahlung, die von radioaktiven Stoffen abgegeben wird. Er nannte sie „Betastrahlung", und auch diesmal stellte sich heraus, dass die Strahlen aus Partikeln bestehen. Das Seltsame war, dass diese Teilchen gerade von einem anderen Forscher entdeckt worden waren, der sich mit Elektrizität befasste.

Die Elektrizität war noch immer ein großes Mysterium. Während des 19. Jahrhunderts wurden ständig neue elektrische Erfindungen gemacht, aber niemand begriff, was diese Erfindungen wirklich antrieb.

Die Chemiker hatten zwar Experimente durchgeführt, die anzudeuten schienen, dass Elektrizität auf so genannten „elektrischen Atomen" beruhte, aber die hatte noch niemand gesehen. Elektrizität wurde in der Regel durch Leitungen geschickt, und wie sollte man zwischen den vielen Atomen in einer Kupferleitung die elektrischen entdecken?

Die Lösung musste darin liegen, alle Atome zu entfernen. Vielleicht war es ja möglich, Elektrizität zu studieren, ohne dabei von anderen Partikeln gestört zu werden. Michael Faraday gehörte zu den vielen, die sich erfolglos an solchen Experimenten versuchten.

Aber im Jahr 1854 gelang es einem deutschen Glasbläser, ein Glasrohr herzustellen, in dem es so gut wie keine Luft und damit fast keine Atome gab. An jedem Ende dieses Rohrs brachten dann Physiker einen kleinen Kupferstab an, der „Elektrode" genannt wird. Wenn diese Elektroden mit einer Batterie verbunden wurden, geschah etwas Seltsames: Im Innern des Rohrs fing etwas an, schwach zu glühen. Irgendetwas schien sich von einer Elektrode zur andern zu bewegen.

Die Forscher diskutierten lange, ob es sich dabei um eine neue

Form von Licht handeln könne (die maxwellschen Gleichungen hatten ja schon vorausgesagt, dass man neue unbekannte Formen von Licht finden würde), oder ob das Glühen von elektrischen Teilchen verursacht werde.

Erst 1897 wurde diese Frage ein für alle Mal beantwortet, als der britische Forscher Joseph Thomson mit Magneten von außen das Glühen verschieben konnte. Das Glühen wurde also von elektromagnetischen Kräften beeinflusst. Thomson wusste, dass das bei Licht, Radiowellen und Röntgenstrahlen nicht der Fall war (wenn man das Licht einer Taschenlampe an einem Magneten vorbeischickt, ändert der Lichtstrahl seine Richtung nicht). Das Glühen war also keine neue Art von Licht.

Deshalb musste es sich um winzige Teilchen handeln, die sich von der elektromagnetischen Kraft beeinflussen ließen. Und da diese Teilchen nur aus den Elektroden an den Enden des Rohrs stammen konnten, die mit einer Batterie verbunden waren, musste es bedeuten, dass Elektrizität ein Strom aus winzigen Teilchen ist. Thomson nannte diese Teilchen „Elektronen".

Mithilfe von mathematischen Formeln konnte Thomson auch berechnen, wie viel ein Elektron im Vergleich zu den Atomen wiegt. Das Ergebnis verblüffte ihn: Ein Elektron ist zweitausendmal leichter als ein Wasserstoffatom! Bisher hatten die Physiker Atome für die kleinsten Bestandteile des Universums gehalten, nun jedoch entpuppten sich diese im Vergleich zu den Elektronen als die reinen Riesen. Ein Elektron ist zum Beispiel 120 000-mal leichter als ein Kupferatom. Ein so kleines Elektron kann sich zwischen Kupferatomen seinen Weg suchen. In einer Kupferleitung wirken die Kupferatome wie hohe Berge, an denen das Elektron leicht vorübergleitet.

Rutherford stellte fest, dass seine Betastrahlen aus diesen Elektronen bestanden, und die Tatsache, dass radioaktive Stoffe Elektronen ausstrahlen, brachte Rutherford zu der Überzeugung, dass Elektronen Bestandteile der Atome sein mussten. Alle Atome mussten aus Elektronen und anderen „Bausteinchen" zusammengesetzt sein. Aber wie setzten sich die Atome genau zusammen? Lagen die Elektronen im Atom zwischen den Bausteinchen wie Rosinen in einem Kuchenteig, oder waren beide voneinander scharf getrennt?

1909 begann Ernest Rutherford mit einem Experiment, bei dem er radioaktiven Stoff vor einer sehr dünnen Goldfolie anbrachte. Aus diesem Stoff strömten Alphateilchen, wodurch die Folie mit Heliumatomkernen bombardiert wurde. Goldatome sind groß und schwer, und sie lassen sich von kleinen leichten Heliumatomker-

Die Bausteine der Natur

Schema eines Heliumatoms mit schwerem positivem Kern, der von den beiden zur Neutralisierung der positiven Kernladung nötigen negativ geladenen Elektronen (-) umgeben wird. Der schwere positiv geladene Kern besteht aus zwei wichtigen Teilchenarten, Protonen und Neutronen. Protone tragen eine Einheitsladung positiver Elektrizität (+). Das Neutron ist elektrisch ungeladen, also neutral (0). Es trägt nur zum Gewicht des Atoms bei. Proton und Neutron wiegen beide jeweils etwa genauso viel wie ein Wasserstoffatomkern.

nen nicht ins Schaukeln bringen. Wenn die Goldatome wie ein Kuchenteig wären, müssten die Alphateilchen sie ungefähr wie ein Messer durchschneiden und auf der anderen Seite wieder zum Vorschein kommen.

Aber das war nicht der Fall. Denn obwohl die meisten Alphateilchen hindurchgingen, wurde doch das eine oder andere zurückgeworfen, als sei es auf etwas Hartes gestoßen.

Rutherford machte viele Experimente und kam zu der Erkenntnis, dass sich alles erklären ließ, wenn das Atom folgendermaßen aufgebaut war: In der Mitte des Atoms sitzt ein winziger harter Atomkern, der in einem gewissen Abstand von Elektronen umkreist wird. Atome bestehen vor allem aus leerem Raum. Wenn wir uns ein Atom vorstellen, das ungefähr so groß ist wie eine Turnhalle, dann entspricht der Atomkern einem Sandkorn mitten in dieser Halle. In diesem leeren Raum jagen die Elektronen im Affenzahn umher.

Ein Atomkern wird also von winzigen Elektronen umkreist. Die Frage war nun: Warum tun sie das? Was hält Kern und Elektronen zusammen? Rutherford führte das auf eine besondere Eigenschaft zurück, die „Ladung" genannt wird. Die Ladung kann positiv oder negativ sein. Ein positiv geladener Gegenstand wird von einem negativ geladenen angezogen und umgekehrt. Da das Elektron negativ geladen ist, der Kern jedoch positiv, werden sie von starken Kräften zusammengehalten.

Damit gab sich Rutherford jedoch noch nicht zufrieden. Als Nächstes wollte er wissen, wie die Bausteine im Atomkern aussehen. Zu Beginn des 19. Jahrhunderts hatte ein englischer Chemiker die Meinung vertreten, Wasserstoff, der leichteste aller Stoffe in der Natur, sei auch der grundlegende Baustein in den Atomen. Rutherford fand diesen Vorschlag sehr einleuchtend. Denn das Heliumatom, dessen Kern radioaktive Stoffe immer wieder ausstrahlten, wog genau so viel wie vier Wasserstoffatome. Warum konnte das Atom dann nicht aus vier Wasserstoffatomen zusammengesetzt sein?

166

Die Bausteine der Natur

1919 kam Rutherford zu dem Ergebnis, dass der Kern des Wasserstoffatoms wirklich ein grundlegender Baustein aller Atomkerne ist. Er nannte diesen Wasserstoffkern „Proton", nach einem griechischen Wort, das „das Erste" bedeutet. Auf diese Weise hatte er auch eine elegante Erklärung für den Unterschied zwischen den Elementen.

Die Protonen entschieden ganz einfach, welches Element man erhielt. Wasserstoff ist der leichteste aller Grundstoffe, denn der Kern im Atom enthält nur ein Proton. Helium ist der zweitleichteste Stoff, sein Kern hat zwei Protonen. Stickstoff hat sieben Protonen im Kern, Sauerstoff acht und Uran zweiundneunzig.

Diese Theorie hatte allerdings ein Problem: Die Rechnung ging nicht auf. Das Heliumatom wiegt viermal so viel wie das Proton, enthält aber nur zwei Protonen. Ähnliches gilt für die meisten anderen Atome: Es gab im Kern noch etwas, das kein Proton war. Rutherford glaubte, es handele sich um ein noch nicht entdecktes Teilchen.

Dieses Teilchen sei weder positiv noch negativ geladen, meinte er. Es müsse ganz neutral sein, deshalb nannte er es „Neutron". 1932 wurde Rutherford auch in dieser Annahme bestätigt, als der Physiker James Chadwick durch Experimente die Existenz von Neutronen nachweisen konnte. Inzwischen wissen wir, dass Neutronen im Atomkern eine wichtige Rolle spielen. Sie sind gewissermaßen der „Leim", der die Protonen zusammenhält.

Eigentlich hätten nun alle zufrieden sein müssen. Die Forscher hatten nachgewiesen, dass alle Materie im Universum aus drei einfachen Bausteinen zusammengesetzt ist: Aus Protonen und Neutronen im Kern und aus Elektronen, die den Kern umkreisen. Aber neue Forschungsergebnisse schienen anzudeuten, dass alles doch nicht so einfach sei.

An dieser Stelle sollten wir eine kleine Pause einlegen. Ich habe ja schon erzählt, dass einiges von dem, was in diesem Buch steht, ziemlich kompliziert ist. Das gilt ganz bestimmt für das, was nach diesem Abschnitt kommt. Im 20. Jahrhundert haben die Forscher endgültig festgestellt, wie schwierig unser gesamtes Universum zu verstehen ist. Manchmal wünschte ich mir eine etwas einfachere und überschaubarere Welt, wenn es darum geht zu beschreiben, wie die Forscher das Universum sehen. Aber was hieße das für die Jagd nach der Wahrheit?

Wie uninteressant wäre das Universum, wenn alles, was wir wissen, zwischen den Einbanddeckeln dieses Buches Platz hätte! Dann wäre alles längst entdeckt, und die Jagd nach der Wahrheit wäre längst eingestellt worden. Die Abenteuerlustigen und Neugierigen unter uns würden sich vermutlich zu Tode langweilen. Doch das Leben in einem Universum, über das wir nur wenig wissen, hat auch seinen Preis: Um zu begreifen, was passiert, müssen wir unser Gehirn bis zum Äußersten anstrengen. Jetzt geht es erst richtig los.

DIE QUANTENPHYSIK

Ich kehre zu Ernest Rutherford und seiner Theorie über den Aufbau der Atome zurück. Die Physiker erkannten sofort die große Schwäche dieser Theorie: Da positive und negative Ladungen einander anziehen, müsste ein kleines leichtes Elektron von den großen Protonen angezogen werden. Eigentlich müssten die Elektronen sofort auf den Kern fallen, und das würde dazu führen, dass es in unserem Universum keine Moleküle (und damit überhaupt kein Leben) geben könnte!

1913 kam dem dänischen Physiker Niels Bohr eine Idee, die die gesamte Atomtheorie rettete. Die Elektronen, sagte er, können nicht nach Herzenslust um die Atome kreisen. Sie folgen festen Bahnen und versammeln sich um den Atomkern wie eine Art „Schale". Solange ein Elektron in einer solchen Schale fliegt, kann es nicht auf den Atomkern fallen, sondern wird ihn immer weiter umkreisen. In einer Schale können sich mehrere Elektronen befinden, sagte Bohr. Und jedes Atom hat immer eine bestimmte Anzahl Schalen, in denen die Elektronen fliegen können. Bohr stellte feste Regeln auf, wie viele Elektronen in einer Schale fliegen können und wie viele Schalen ein Atom haben kann.

Bohrs Atommodell wurde sofort missverstanden. Man hielt das Atom für ein Mini-Sonnensystem, in dem der Atomkern die Sonne darstellte, während die Elektronen sich wie Planeten verhielten, die

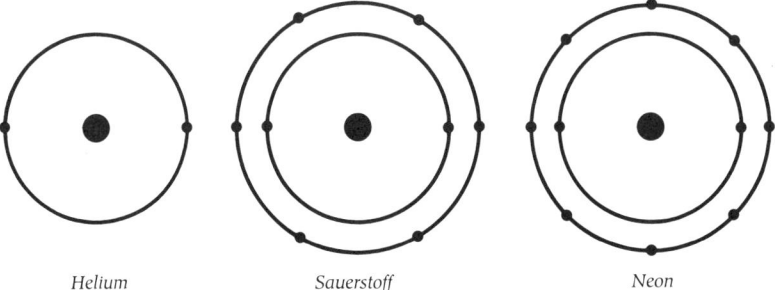

Helium   Sauerstoff   Neon

Nach Niels Bohr bewegen sich die Elektronen in bestimmten Schalen oder Bahnen um den Atomkern. Es gilt dabei: Kein Atom kann mehr als sieben Schalen haben. Bei sämtlichen Atomen enthält die innerste Schale nur zwei Elektronen, außer beim leichten Wasserstoffatom, das nur ein Elektron besitzt. In der zweiten Schale bewegen sich maximal acht Elektronen. Neon, das zwei Schalen besitzt, ist in beiden vollständig besetzt. Beim Sauerstoff, der auch zwei Schalen hat, bewegen sich in der äußeren dagegen nur sechs Elektronen. Weil seine Schalen voll sind, verbindet sich Neon niemals mit anderen Atomen, Sauerstoff dagegen gern. Das bedeutet, die Zahl der Elektronen, vornehmlich die in der äußeren Schale, bestimmen das chemische Verhalten eines Atoms, nämlich ob es sich mit andersartigen Atomen verbindet oder nicht.

Die Quantenphysik

Plutonium besitzt alle sieben Schalen. Jede Schale ist mit so vielen Elektronen besetzt wie möglich. Das sind insgesamt 94 Elektronen.

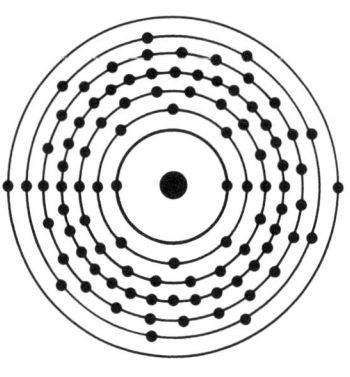

Plutonium

ihrer festen Bahn um die Sonne folgen. Es wurden sogar Romane verfasst, in denen der Held solche Atomsonnensysteme besuchte. Aber das hatte Bohr gar nicht behauptet. Die Elektronenschalen hätten nicht die geringste Ähnlichkeit mit den Bahnen der Planeten, sagte er. Unter anderem könnten die Elektronen von einer Schale in die andere springen, und das ist für Planeten unmöglich.

Diese Elektronensprünge sind sehr wichtig, denn Bohr stellte fest, dass sie mit Energie zu tun haben. Wenn ein Elektron in Richtung Kern springt, sendet das Atom Energie aus. Und je mehr Schalen ein Elektron dabei überspringt, desto mehr Energie wird ausgesandt.

Diese Energie hat die Form von elektromagnetischen Wellen, Licht zum Beispiel. In der Sonne werden andauernd große Mengen von Wasserstoffatomen zu Heliumatomen verschmolzen; dabei wird eine ungeheure Energie freigesetzt, die wir sehen können: Das Sonnenlicht stammt von Elektronen, die um Atomkerne kreisend von einer äußeren auf eine innere Schale springen und dabei einen winzigen Lichtblitz aussenden. Erst durch Bohrs Elektronenschalentheorie konnten die Astronomen begreifen, wie das Licht der Sonne und anderer Sterne entsteht.

Als sich aber die Physiker genauer mit der Energie der Elektronensprünge befassten, wurde die Wirklichkeit noch komplizierter. Denn das Licht, das ausgesandt wird, wenn ein Elektron einwärts springt, verhält sich nicht wie Wellen auf einem See, so wie James Clerk Maxwell es beschrieben hatte. Ganz im Gegenteil. Das Licht der Atome wird in Form winzig kleiner Teilchen ausgesandt, genau wie es Isaac Newton schon vermutet hatte. Die Physiker hatten geglaubt, es sei ein für alle Mal bewiesen, dass Newton sich in Bezug auf das Licht geirrt habe. Sollte er nun doch Recht behalten haben?

Nicht immer ist die Antwort auf solche Fragen ein klares Ja oder Nein. Und in diesem Fall war die Antwort: sowohl als auch. 1890 hatte nämlich der Wissenschaftler Albert Einstein, über den wir im nächsten Kapitel reden, nachgewiesen, dass sich Lichtwellen auch wie Partikel verhalten können. Eine Reihe von Experimenten bewies, dass Einstein Recht hatte. Ab und zu verhält sich Licht wie Wellen, ein anderes Mal wie Partikel. In gewisser Hinsicht ist Licht Wellen und Partikel zugleich. Das klingt absolut unlogisch. Schließ-

Die Quantenphysik

lich ist der Unterschied zwischen einem Teilchen – zum Beispiel einem durch die Luft geworfenen Ball – und einer Welle, die sich über einen See hinwegbewegt, ganz offensichtlich.

Den Physikern gefiel das alles überhaupt nicht, aber Niels Bohrs Atomtheorie zeigte, dass es so sein musste. Ein Lichtstrahl kann sich wie ein Strom aus kleinen Partikeln und zugleich wie eine Welle verhalten. Dieses Verhalten wird von der jeweiligen Situation entschieden. Das ist verwirrend, löste aber ein weiteres großes Problem.

Ich habe an anderer Stelle erzählt, dass die Physiker nicht begreifen konnten, wie sich eine Welle durch leeren Raum bewegt (vgl. S. 130). Jetzt wurde dieses Mysterium aufgeklärt: Wenn ein Lichtstrahl durch leeren Raum wandert, dann verhält er sich wie ein Partikelstrom. Damit brauchten die Physiker nicht mehr nach dem zu suchen, wodurch die Lichtwellen auf und ab wogen könnten.

Die Lichtpartikel sind eine Art kleine Energiepakete, und diese Pakete werden „Quanten" genannt, ein Wort, das „kleine Menge" bedeutet. Deshalb heißt alle Forschung, die sich mit Elektronen, Atomkernen und verschiedenen Formen von Licht befasst, Quantenphysik.

Und die Forschung ging weiter. Zum Beispiel stellte sich heraus, dass manches in der Welt der Atome ganz von selber passiert. Wenn ein Elektron von einer Schale in die andere springt, dann lässt sich nicht voraussagen, warum das geschieht. Es gibt keine Ursache für diesen Elektronensprung. Das kommt uns vielleicht nicht so wichtig vor, aber eigentlich sind wir doch daran gewöhnt, dass jedes Ereignis seine Ursache hat!

Wenn wir einen Ball durch die Luft fliegen sehen, dann wissen wir, dass ihn jemand geworfen hat. Der Wurf ist die Ursache für das Fliegen des Balls. Wenn ein Glas Milch auf dem Küchentisch umkippt, dann wissen wir, dass irgendwer es angestoßen hat. Das ist die Ursache für sein Umkippen. Was genau das Glas zum Umkippen gebracht hat, wissen wir vielleicht nicht, aber auf jeden Fall ist klar, dass es immer eine Ursache gibt.

Die Forscher sprechen gern von Ursache und Wirkung: Die Ursache ist, dass ein Ellbogen das Glas anstößt, die Wirkung ist, dass es umkippt. Ursache und Wirkung sind in der Physik so wichtig, dass es für sie eine eigene Bezeichnung gibt: Kausalität. Im Alltagsleben gibt es überall Kausalität. Die Ursache kommt immer vor der Wirkung. Man wird nie beobachten können, dass sich ein umgekipptes Milchglas mit Milch füllt, sich aufrichtet und dann einen Ellbogen berührt, der sich von ihm zurückzieht.

Die Quantenphysik

Die Quantenphysik zeigt, dass für Atome keine Kausalität gilt. Was mit Elektronen und Atomkernen geschieht, geschieht ganz einfach, ganz von selber. Elektronen springen ganz ohne weiteres von Schale zu Schale. Uranatome spucken Alphateilchen aus, ohne dass wir das voraussagen könnten. Wenn die Quantenphysik auch für große Gegenstände gelten würde, dann würden Fußbälle plötzlich quer über den Fußballplatz fliegen, ohne angestoßen worden zu sein. Milchgläser würden umkippen, auch wenn niemand sie berührt hätte. Das Buch, das man jetzt in der Hand hält, würde ganz von selber auf den Boden fallen.

Und die Quantenphysik hat noch seltsamere Entdeckungen gemacht. Denn es stellte sich heraus, dass wir nicht einmal wissen können, wo sich ein Elektron genau befindet! Um das zu verstehen, müssen wir noch ein Gedankenexperiment machen. Stellen wir uns also vor, wir wollten den Eishockeypuck aus dem Kapitel über New-ton untersuchen (vgl. S. 99). Wenn wir wissen möchten, wie sich der Puck bewegt, dann müssten wir ausmessen, wo er sich befindet und in welche Richtung er rutscht.

Das ist nicht weiter schwer. Wir können den Puck zum Beispiel mit einer Videokamera filmen und dann auf dem Bildschirm alles in Zeitlupe ausmessen. Dasselbe gilt für andere Dinge, die sich bewegen, für Vögel oder Autos. Wir können immer messen, wo sie sich befinden und in welche Richtung sie sich bewegen.

Die Physiker glaubten, das gelte auch für Elektronen. Die sind schließlich Teilchen, auch wenn sie noch so winzig sind. Aber die Wirklichkeit stellte sich ganz anders dar. Ein Physiker kann nämlich nicht genau ausmessen, wo sich ein Elektron befindet und in welche Richtung es sich bewegt. Wenn er die Richtung ausmisst, in die es fliegt, weiß er nicht, wo es sich befindet, und umgekehrt. Der Physiker kann nur eine der beiden Gegebenheiten ganz sicher wissen, niemals beide zugleich.

Das bedeutet, dass jemand, der Elektronen untersucht, sie auch beeinflusst. Wenn jemand die genaue Position eines Elektrons ausmessen kann, dann bedeutet das, dass es sich in absolut jede Richtung bewegen könnte. Lässt sich die genaue Richtung feststellen, dann bedeutet das, dass sich das Elektron überall befinden könnte.

Angenommen, größere Gegenstände würden auch diesem Gesetz gehorchen, dann hätte ein Fußballspieler Probleme: Wenn er genau festlegen könnte, wo sich der Ball gerade befindet, dann wüsste er nicht, in welche Richtung er fliegt. Und wenn er lieber nachsehen wollte, in welche Richtung der Ball fliegt, dann wüsste er nicht, wo er sich befindet. Gut, dass die Quantenphysik nur für Atome und Elektronen gilt.

Die Quantenphysik

Ein Großteil der quantenphysikalischen Forschung wurde in den Zwanzigerjahren in Deutschland durchgeführt, deshalb tragen viele Naturgesetze die Namen ihrer deutschen Entdecker. Das Gesetz, das uns sagt, dass wir nicht sicher sein können, wo sich ein Elektron befindet, heißt „heisenbergsche Unschärferelation". Das Gesetz ist nach Werner Heisenberg benannt, dem diese Entdeckung 1927 gelungen ist.

Die Quantenphysik ist so seltsam, dass es schwer fallen kann, auch nur ein Wort davon zu glauben. Aber alle Experimente, die seit den Zwanzigerjahren durchgeführt worden sind, zeigen, dass sie stimmt. Das Universum ist wirklich so seltsam.

Das zeigte sich bald auch in Form wichtiger Erfindungen. Das Elektronenmikroskop, das die krankheitserregenden Viren mehrere Millionen Mal vergrößern und sichtbar machen kann, wäre ohne die Quantenphysik nicht möglich gewesen. Ebenso wenig wie der Computer, in den ich diesen Text eingebe. Aber die Quantenerfindung, die die Menschen am tiefsten beeindruckt hat, ist zweifellos die Atombombe.

Die Atombombe

Alles fing eigentlich ganz harmlos damit an, dass 1938 der deutsche Physiker Otto Hahn begann, das Element Uran mit Neutronen zu bombardieren, den kleinen neutralen Teilchen in den Atomkernen.

Wie Ernest Rutherford Heliumatomkerne auf die Goldfolie gelenkt hatte, um sie untersuchen zu können (vgl. S. 165–166), wollte Otto Hahn mithilfe der Neutronen den Uranatomkern kennen lernen. Er hoffte, die Neutronen würden auf eine bestimmte Weise zurückspringen, die ihm dann verriete, wie der Kern aussieht.

Aber Hahn stellte fest, dass die Neutronen beim Uran eine ganz besondere Wirkung hatten: Sie brachten den Atomkern dazu, sich zu teilen! Wenn ein Neutron auf einen Urankern auftrifft, entstehen zwei Elemente, die zusammen ungefähr so viel wiegen wie ein Uranatom. Gleichzeitig werden ein wenig Energie und – das ist wichtig! – weitere Neutronen freigesetzt.

Es stellte sich nämlich heraus, dass jedes dieser neuen Neutronen wieder ein Uranatom spalten kann. Jedes Atom gibt wiederum mehrere Neutronen ab, die auf weitere Uranatome auftreffen. So geht es weiter, mit immer neuen gespaltenen Uranatomen und neuen Neutronen. Das nennt man Kettenreaktion. Da alle gespaltenen Atome Energie freisetzen, kann die Kettenreaktion im Uran im Bruchteil einer Sekunde ungeheure Mengen Energie freisetzen. Hahn konnte zwar keine Kettenreaktion dieser Art auslösen, aber die Physiker in aller Welt begriffen sofort, dass sich diese Entdeckung für neue Waffen nutzbar machen ließ.

1939 begann der Zweite Weltkrieg. In jedem Krieg werden neue Waffen entwickelt, und Forscher in England und den USA befürchteten, Deutschland könne eine Atombombe konstruieren. Was ihnen vor allem Angst einjagte, war die Tatsache, dass in Deutschland Adolf Hitler regierte, ein Mann, der bestimmt mithilfe der Atombombe den Krieg gewinnen und die erträumte Weltherrschaft an sich reißen wollte.

Der Physiker Albert Einstein hatte nach Hitlers Machtergreifung

DIE ATOMBOMBE

1933 aus Deutschland fliehen müssen. Einstein war nämlich Jude, und Hitler hasste die Juden (er ließ sechs Millionen Juden ermorden). Albert Einstein machte den Präsidenten der USA in einem Brief auf die drohende Gefahr aufmerksam, dass Deutschland eine Atombombe entwickeln könnte.

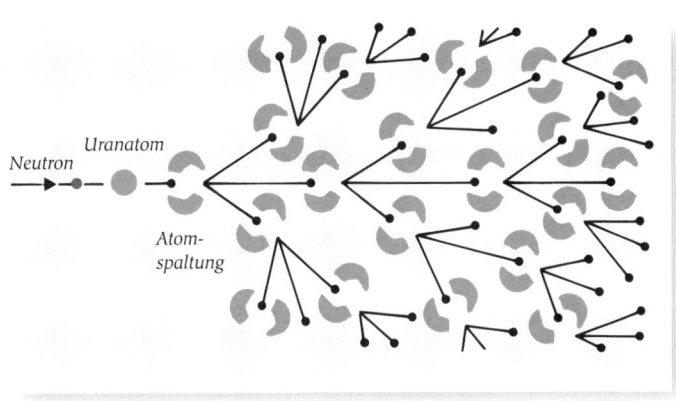

Vor diesem Brief hatte außer den bedeutendsten Physikern der Welt niemand von der Möglichkeit einer Atombombe gewusst. Der Präsident nahm die Warnung ernst und beauftragte eine große Gruppe von Wissenschaftlern, den Deutschen in dieser Entwicklung zuvorzukommen.

Die besten Physiker der Welt arbeiteten an diesem Projekt, das den Decknamen „Manhattan" trug. Es war nicht schwer, sie dazu zu überreden. Viele waren Flüchtlinge aus Europa. Sie waren vor Hitler und den Nazis geflohen und fürchteten nichts so sehr wie einen Sieg der Deutschen. Dass die Deutschen als Erste die Atombombe entwickeln könnten, war durchaus vorstellbar. Denn auch am deutschen Atomprojekt arbeiteten tüchtige Wissenschaftler. Einer von ihnen war Werner Heisenberg (vgl. S. 173).

Das Manhattan-Projekt startete 1943 an einem streng geheim gehaltenen Ort in der Nähe der Kleinstadt Los Alamos im Bundesstaat New Mexico. Die Physiker standen vor einer schwierigen Aufgabe: Sie mussten eine neue Art von Bombe erfinden und gleichzeitig Methoden entwickeln, um das für diese Bombe benötigte Uran herzustellen. Vor dem Krieg gab es auf der ganzen Welt nur wenige Gramm Uran, aber die Physiker hatten ausgerechnet, dass sie für eine Bombe mehrere Kilo benötigen würden.

Niemand wusste, ob die Bombe funktionieren würde, als sie am 16. Juli 1945 in der Wüste getestet werden sollte. Das Atombombenprojekt basierte auf den Theorien der Quantenphysik und konnte nur funktionieren, wenn diese Theorien zutrafen. Und sie trafen zu! Mit einer Energie, die der Explosion von 20 000 Tonnen Dynamit entsprach, und mit einem Aufleuchten, das heller strahlte als die Sonne, stellte die erste Atombombe die Richtigkeit der Atomtheorie unter Beweis.

Um eine Kettenreaktion auszulösen, beschießt man den Kern eines Uranatoms mit einem Neutron. Der Kern wird gespalten. Zwei neue Neutronen entstehen und eine starke Energie wird freigesetzt. Die neuen Neutronen können nun wiederum beim Auftreffen auf Urankerne Atome spalten und immer so weiter. Bei einer Atombombe passiert diese Kettenreaktion in Sekundenbruchteilen, im Kernreaktor läuft der Prozess in der Regel gebremst ab.

Die Atombombe

Am 6. August 1945 wurde auf Befehl des amerikanischen Präsidenten Harry S. Truman die erste Atombombe über der japanischen Stadt Hiroshima abgeworfen. Dabei wurden 80% der Stadt zerstört. Die Angaben über die Zahl der unter der unmittelbaren Wirkung der Bombe getöteten Menschen schwanken zwischen 90 000 und 260 000, je nach dem Zeitpunkt, den man zwischen unmittelbaren und mittelbaren Folgen setzt. Bis heute leiden und sterben noch viele Menschen an den Spätfolgen und viele Nachfahren an Erbschäden.

Zu diesem Zeitpunkt hatte Deutschland den Zweiten Weltkrieg bereits verloren und Hitler war tot. Die Physiker nahmen deshalb an, dass die fürchterliche Waffe niemals zum Einsatz kommen würde. Aber da irrten sie sich. Denn Japan, das während des Krieges mit Deutschland verbündet gewesen war, hatte sich noch nicht ergeben. Am 6. August 1945 wurde über der Stadt Hiroshima eine Atombombe abgeworfen. Rund hunderttausend Menschen kamen in ihrem gewaltigen Auflodern ums Leben, fast die ganze Stadt wurde dem Erdboden gleichgemacht. Drei Tage später wurde eine weitere Bombe über Nagasaki abgeworfen, das ebenfalls zerstört wurde.

Die Städte waren nicht verteidigt worden, und die Bombenangriffe bedeuteten für viele Wissenschaftler des Manhattan-Projekts einen gewaltigen Schock, auch wenn sie die Bomben nicht persönlich abgeworfen hatten. Die Entscheidung, die beiden Städte zu bombardieren, hatte der Präsident der USA gefällt, und Militärpiloten hatten die Bomben zu ihren Zielorten gebracht. Das ganze Manhattan-Projekt wurde von den Militärs geleitet. Die Wissenschaftler hatten einen Auftrag von den Militärs bekommen, und das Militär hatte die Erfindung der Forscher in Gebrauch genommen.

Aber für viele Wissenschaftler war das kein Trost. Der Physiker Robert Oppenheimer, der das Manhattan-Projekt geleitet hatte, bereute nach dem Krieg zutiefst seine Mitwirkung an Forschungsarbeiten, die den Tod von hunderttausenden unschuldiger Menschen verursacht hatten. Er glaubte, dass die Physiker eine ganz besondere Verantwortung für diese Ereignisse trugen, und für den Rest seines Lebens kämpfte Oppenheimer gegen Atomwaffen.

Andere Mitarbeiter des Manhattan-Projekts sahen das nicht so. Sie stellten auch nach dem Krieg noch Atomwaffen her, denn sie fürchteten einen Angriff der Sowjetunion, falls die USA nicht mit einer gefährlichen Waffe drohen konnten. Genauso dachten die sowjetischen Wissenschaftler: Sie fürchteten sich vor den USA und stellten für ihre Regierung Atomwaffen her. Ein Wettrüsten setzte ein, bei dem Politiker und Militärs beider Länder den Forschern große Summen Geldes für die Entwicklung immer gefährlicherer Waffen zur Verfügung stellten.

Eine Waffe wie die Atombombe hätte ohne Forschung niemals entstehen können. Deshalb wissen wir jetzt, dass sich Wissenschaftler bei der Arbeit klarmachen müssen, was sie tun. Forscher tragen eine Verantwortung dafür, wie ihre Entdeckungen genutzt werden. Heute gibt es Organisationen, in denen die Wissenschaftler über solche Probleme sprechen und versuchen können, eine Lösung zu finden.

Die Jagd nach den Bausteinen der Natur hat mit dem Zweiten Weltkrieg nicht aufgehört. Eine Zeit lang glaubten die Forscher, dass es nur wenige Elementarteilchen gebe, Protonen, Neutronen und Elektronen. Aber dann zeigten Theorien und Experimente, dass es sehr viel mehr gab.

Ich will jetzt nicht mit noch mehr Informationen über Teilchen wie Neutrinos, Mesonen und Pionen fortfahren. Wichtig für dieses Buch ist, dass die Atomtheorie, die zunächst so einfach aussah, immer komplizierter wurde. Nach 1950 wurde es zusehends schwieriger, die Zusammenhänge zwischen den neu entdeckten Partikeln zu finden. In solchen Fällen kommt den Wissenschaftlern der Verdacht, dass sie ein Problem, das sie im Griff zu haben glaubten, im Grunde doch noch nicht gelöst haben.

Viele Physiker fragten sich nun, ob es vielleicht nur wenige und noch kleinere Bausteinchen geben könnte, die zu den größeren Elementarteilchen zusammengesetzt werden konnten. 1964 glaubte der amerikanische Forscher Murray Gell-Mann, den „Baustein der Bausteine" gefunden zu haben. Er nannte seine Entdeckung „Quark" und behauptete, man brauche nur sechs Quarks auf unterschiedliche Weise zusammenzusetzen, um fast alle Partikel zu erhalten, die damals der Forschung bekannt waren. (Mit dem Quark, den wir essen, hat der Begriff nichts zu tun; Gell-Mann borgte sich dafür den Namen einer sehr seltsamen Romanfigur.)

Anfangs basierte die Theorie auf mathematischen Berechnungen, aber inzwischen haben Experimente ergeben, dass die Quarks wirklich existieren. Vermutlich sind alle Elementarteilchen im Universum aus nur zwölf Grundbausteinen zusammengesetzt. Sechs davon sind Quarks, die übrigen sechs eine Art sehr leichte Teilchen. Eines dieser leichten Teilchen ist das Elektron. Mit dieser Lösung sind jedoch nicht alle Forscher zufrieden. Manche überlegen, ob Quarks und leichte Partikel aus noch kleineren Teilen zusammengesetzt sein können und ob es im Universum vielleicht nur einen einzigen Grundbaustein gibt.

Im Moment gibt es in der Physik viele ausgesprochen seltsame Theorien, einige sind so bizarr, dass im Vergleich dazu selbst die Quantenphysik langweilig wirkt. Und viele glauben, dass uns im 21. Jahrhundert noch größere Umwälzungen bevorstehen.

Im 20. Jahrhundert hat sich keine andere Wissenschaft so schnell und so oft verändert. In den Fünfzigerjahren wurde ein Student gefragt, wie ihm ein Vortrag des berühmten Albert Einstein gefallen habe. Der Student antwortete: „Es war großartig. Alles, was wir letzte Woche für die Wahrheit gehalten haben, ist jetzt nicht mehr wahr."

Ein riesiges Universum

Nur weniges macht mir solche Angst wie der Weltraum. Am schlimmsten sind die Entfernungen. Der Weltraum fängt dort an, wo die Luft endet, hundert Kilometer über meinem Kopf, und von dort aus reicht er bis in alle Ewigkeit weiter. Es ist eine schreckliche Vorstellung, dass das Universum im Grunde ein eiskalter, pechschwarzer Leerraum ist. Es ist ein gutes Rezept für Schlaflosigkeit, abends an den Weltraum zu denken.

Das ist den Menschen aber nicht immer so gegangen. Ihre Vorstellungen vom Universum waren früher einfacher. Manche Nomadenvölker hielten die Sterne zum Beispiel für die Lagerfeuer anderer Nomadenvölker, die über den Himmel wanderten. Für die alten Griechen war der Himmel eine Kuppel, ungefähr wie eine umgestülpte Schüssel, die die flache Erde bedeckte. Er konnte aber auch eine Kugel sein, die die Planeten Sonne und Erde umschloss, wie Aristoteles annahm.

Obwohl Nikolaus Kopernikus (vgl. S. 68) moderne Ansichten über Sonne und Mond hatte, glaubte er doch, dass die Sterne an einer riesigen Kuppel hinter dem Saturn befestigt waren, dem am weitesten entfernten Planeten, den die Astronomen damals kannten. Für viele Christen waren die Sterne das Licht des Himmels, der hinter der Kuppel lag. Das Sternenlicht strömte durch kleine Löcher in dieser Kuppel.

Als zu Beginn des 17. Jahrhunderts das Teleskop erfunden war, fiel es schwer, weiterhin an eine durchlöcherte Himmelskuppel zu glauben. Durch das Teleskop konnten die Astronomen sehen, dass die Milchstraße aus tausenden von kleinen Sternen besteht. Sie stellten fest, dass manche Sterne eigentlich aus zweien bestehen, die einander umkreisen (Doppelsterne), und sie fanden milchige Flecken, die sie Sternennebel und Galaxien nannten. Je leistungsstärker die Teleskope wurden, desto mehr sahen die Astronomen am Himmel. Sie erkannten, dass der Weltraum hinter dem Saturn noch lange nicht zu Ende ist. Die Frage war nur: Wie weit sind

EIN RIESIGES UNIVERSUM

Der Holzschnitt „Der Astronom" von Camille Flammarion aus dem Jahr 1688 zeigt ein Bild des Universums, wie es sich Aristoteles vor mehr als 2000 Jahren vorgestellt hatte und wie es die katholische Kirche im 17. Jahrhundert noch immer als einzige Wahrheit zuließ.

die Sterne eigentlich von uns entfernt? Wenn wir an einem dunklen Abend draußen stehen, lässt sich nichts über die Entfernung sagen. Ein normales Fernglas kann uns in dieser Hinsicht auch nicht weiterhelfen.

Viele Astronomen überlegten, wie man die Entfernungen zu den Sternen messen könnte. Aber erst gegen Ende des 18. Jahrhunderts wurde ein wirklich ernst zu nehmender Versuch unternommen. Der Astronom William Herschel, der riesige Teleskope baute und von seinem Haus aus den Himmel über England beobachtete, wollte ein Phänomen nutzbar machen, dass die allermeisten von uns jeden Tag erleben.

Dieses Phänomen wird Parallaxe genannt. Das klingt kompliziert, aber wir können uns sofort davon überzeugen, worum es geht. Angenommen, jemand liest dieses Buch, dann hält er es ungefähr einen halben Meter von sich weg, während die Wand des Zimmers, in dem er sitzt, einige Meter weiter entfernt ist. Er macht sein rechtes Auge zu und sieht den linken Buchrand an. Dann öffnet er das rechte Auge und schließt das linke. Wer es ausprobiert, sieht, dass sich der Buchrand im Verhältnis zur Wand, die hinter dem Buch ist, verschiebt. Wenn man diesen Versuch einige Male wiederholt, scheint das Buch hin- und herzuhüpfen, die Wand dagegen bewegt sich nicht.

Das liegt daran, dass unsere Augen einige Zentimeter voneinander entfernt sind. Wenn wir immer nur mit einem Auge die Buchkante anpeilen, dann sehen wir sie aus ein wenig unterschiedlichen Winkeln. Deshalb scheint sich das Buch im Verhältnis zu seinem Hintergrund, in diesem Fall also zur Wand, zu bewegen.

Dasselbe sehen wir auf einer mit Bäumen bestandenen Wiese. Wenn man weit hinter den Bäumen etwas erkennen kann, zum Beispiel einen Hügel oder einen Kirchturm, dann kann man auch hier die Parallaxe sehen. Wenn man einige Schritte nach links macht, dann sieht man, dass sich die Bäume im Verhältnis zum Hügel bewegen. Wenn man danach einige Schritte nach rechts geht, wandern die Bäume wieder zurück. Die Bäume scheinen sich zu bewegen, weil wir sie aus unterschiedlichen Winkeln sehen. Es ist viel schwieriger, den Vorgang zu erklären, als es selber auszuprobieren. Der Versuch lohnt sich also.

William Herschel erkannte, dass das Phänomen der Parallaxe auch im Weltraum gilt. Wenn wir die Sterne von unterschiedlichen, weit voneinander entfernten Orten betrachten, dann scheint sich der der Erde näher gelegene Stern so zu bewegen wie die Bäume auf der Wiese, während der weiter von der Erde entfernte stillzustehen scheint wie der Hügel hinter den Bäumen.

Herschel wusste, dass man die Sterne von unterschiedlichen Orten aus sehen kann. Denn wenn die Erde sich um die Sonne dreht, bewegt sie sich durch den Weltraum. Ein Astronom braucht einen Stern nur an einem bestimmten Tag zu beobachten und dann einige Wochen oder Monate zu warten. Inzwischen ist die Erde Millionen Kilometer durch das Weltall gewandert, und der Astronom sieht den Stern jetzt von einem anderen Ort aus. Wenn er sechs Monate wartet, wandert der Astronom derweil nicht weniger als dreihundert Millionen Kilometer durch den Weltraum.

Das ist eine riesige Entfernung, und William Herschel glaubte, auf diese Weise eine gute Möglichkeit zu haben, die Entfernungen von Sternen abzuschätzen. Er suchte sich einen stark leuchtenden Stern aus, denn er ging davon aus, dass Sterne umso heller aussehen müssten, je näher sie waren. Dann überlegte er sich, dass die schwachen Sterne, die den starken umgaben, viel weiter weg liegen mussten. Die schwachen Sterne bildeten den Hintergrund, der sich nicht bewegte, der starke Stern schien davor hin- und herzuwandern.

1781 fing Herschel mit seinen Messungen an. Doch so genau er auch maß, er konnte keine Bewegung erkennen. Die scheinbare Bewegung eines Sterns ist geringer, je weiter der Stern entfernt ist, und Herschel erkannte, dass die Sterne vermutlich so weit weg waren, dass sein Teleskop ihre Bewegungen nicht mehr erfassen konnte.

Aber einen Erfolg brachten ihm seine Arbeiten doch. Während Herschel die Sterne vermaß, entdeckte er durch Zufall einen neuen Planeten, der später den Namen Uranus enthielt. Der Uranus kreist weit hinter dem Saturn, und das bewies immerhin, dass der Weltraum ein gutes Stück weiter reicht, als die Griechen angenommen hatten. Das passiert übrigens in der Wissenschaft häufig: Ein Forscher sucht nach etwas und findet dann etwas ganz anderes, das sich als ebenso wichtig erweist.

EIN RIESIGES UNIVERSUM

Mit diesem größten Spiegelteleskop seiner Zeit entdeckte William Herschel nicht nur den Planeten Uranus, sondern auch die Saturnmonde Mimas und Enceladus. Herschel konnte aber nicht lange an dem Teleskop arbeiten, weil das Reflexionsvermögen des fast zwölf Meter großen Metallspiegels schnell nachließ.

Erst 1838 wurde die Entfernung eines Sterns gemessen. Und zwar von dem deutschen Astronomen Friedrich Bessel, der zu denselben Methoden griff wie Herschel. Bessel legte eine Tabelle der Positionen von 50 000 Sternen an und suchte sich einen Stern aus, der seiner Vermutung nach in Erdnähe lag. Dieser Stern hatte den wissenschaftlichen Namen 61 Cygni (Stern Nr. 61 im Sternbild Cygnus – oder, auf Deutsch, Schwan).

Später führte Bessel mit einem starken Teleskop hunderte von sehr präzisen Messungen durch und stellte fest, dass der Stern während eines Jahres langsam vor dem Himmel hin- und herzuwandern schien. Das war auch zu erwarten, denn die Erde braucht ein Jahr, um einmal um die Sonne zu kreisen. Die Bewegung des Sterns entspricht der einer Münze, die zehn Kilometer von uns entfernt liegt. Und das sagt uns, wie genau Bessel messen musste! Er verwendete eine Variante vom Lehrsatz des Pythagoras (vgl. S. 18) und berechnete damit die Entfernung seines Sterns. Das Ergebnis war eine ungeheuer große Zahl: 61 Cygni liegt hunderttausend Milliarden Kilometer von der Erde entfernt.

Wenige Jahre nach Bessels Entdeckung kannten die Astronomen bereits die Entfernungen zu allen nächstgelegenen Sternen. 61 Cygni ist, wie sie herausfanden, doch nicht der nächstgelegene, noch näher liegt Proxima Centauri, der stärkste Stern im Sternbild Centaurus. Aber selbst unser nächster Nachbar im Universum ist gute vierzigtausend Milliarden Kilometer entfernt.

Das Universum ist unvorstellbar viel größer, als irgendwer es sich hatte vorstellen können. Es ist so groß, dass es unpraktisch erschien, die Entfernung in Kilometern zu messen, deshalb wurde ein weiteres Entfernungsmaß eingeführt: das Lichtjahr. Ein Lichtjahr ist die Entfernung, die das Licht im Lauf eines Jahres zurücklegt. Da das Licht in der Sekunde 300 000 Kilometer schafft und das Jahr aus fast 31 Millionen Sekunden besteht, bedeutet ein Lichtjahr eine riesige Entfernung.

Der Stern Proxima Centauri liegt über vier Lichtjahre entfernt, die Entfernung zu 61 Cygni beträgt knapp zehn Lichtjahre. Ein anderer Aspekt bei der Verwendung von Lichtjahren ist, dass sie eine wichtige Auskunft über das Universum geben. Nämlich die Zeit, die das Licht der Sterne braucht, um uns zu erreichen. Die Anzahl der Jahre, die es dazu braucht, entspricht der Entfernung in Lichtjahren. Das Licht von Proxima Centauri war über vier Jahre lang unterwegs, das von 61 Cygni hat sich vor knapp zehn Jahren auf die Reise gemacht. Wenn wir die Sterne am Himmel betrachten, schauen wir also in der Zeit zurück. Je weiter entfernt ein Stern ist, desto älter ist das Licht, das wir sehen. Und das verrät uns, dass das Universum nicht nur unvorstellbar groß ist, sondern auch sehr, sehr alt.

Die Relativitätstheorie

Wie ich weiter vorn in diesem Buch geschrieben habe, hat die Erforschung des Lichts bei der Jagd nach der Wahrheit zu vielen großen Entdeckungen geführt (vgl. S. 125 und 170). Licht gehört zu den rätselhaftesten Dingen im Universum, und um die Jahrhundertwende erkannten die Forscher, dass sich auch in der Lichtgeschwindigkeit ein großes Mysterium verbirgt. Der amerikanische Astronom Albert Michelson hatte nämlich durch Experimente bewiesen, dass die Lichtgeschwindigkeit sich nie verändert.

Da sich Erde, Sonne und Sterne bewegen, müsste die Lichtgeschwindigkeit eigentlich variieren. Man muss sich das so vorstellen: Wenn man mit einem Zug fährt, der sich mit 90 Stundenkilometern bewegt, und wenn man dann mit fünf Stundenkilometern in diesem Zug vorwärts geht, dann ergibt das eine Geschwindigkeit von 95 Stundenkilometern (90 + 5). Dass Geschwindigkeit addiert und subtrahiert werden kann, ist eines der wichtigsten Ergebnisse der newtonschen Axiome.

Als Nächstes müssen wir uns vorstellen, wir versuchten die Geschwindigkeit des Lichts zu messen, das von einem Stern kommt. Der Stern saust der Erde entgegen und von der Erde fort, und er kann eine Geschwindigkeit von bis zu 200 Kilometern pro Sekunde erreichen. Wenn ein Stern mit zwei Sekundenkilometern auf die Erde zufliegt, dann müsste die Geschwindigkeit seines Lichts die Lichtgeschwindigkeit plus 200 Kilometer betragen, also 300 200 Kilometer in der Sekunde. Wenn sich ein Stern im selben Tempo von uns entfernt, dann müsste die Lichtgeschwindigkeit 299 800 Kilometer betragen. Die Geschwindigkeit des Lichts aller Sterne müsste von Stern zu Stern unterschiedlich sein.

Das Problem ist aber, dass wir bei der Lichtgeschwindigkeit keinen Unterschied erkennen können. Sie ist immer gleich! Das war eine sehr merkwürdige Erkenntnis, die nicht mit den newtonschen Axiomen übereinstimmte. (Damals hatte die Quantenphysik noch

Die Relativitätstheorie

nicht nachgewiesen, dass sich Newton bei den Atomen geirrt hatte, und deshalb galt er in der Forschung weiterhin als unfehlbar.)

Einer von denen, die sich fragten, ob Newton sich geirrt haben könnte, war Albert Einstein, der später zum berühmtesten aller Wissenschaftler werden sollte. Vermutlich hat jeder schon Bilder von ihm gesehen, von seinem scharfen Blick unter der zerzausten Mähne. Für Menschen in aller Welt ist Einstein nicht nur ein großer Forscher, sondern auch eins der größten Genies aller Zeiten. Noch immer hört man Sätze wie: „Man braucht nicht Einstein zu sein, um das zu kapieren!"

Albert Einstein wurde 1879 in der württembergischen Stadt Ulm geboren. Er soll ein ruhiges, nachdenkliches Kind gewesen sein, das gern allein mit Klötzen und mechanischen Baukästen spielte. Manche Menschen trösten sich damit, dass Einstein angeblich so schlecht in Mathematik war. Das stimmt aber nicht: Der kleine Albert konnte dem Mathematikunterricht durchaus folgen. Aber er hatte Probleme mit seinen Lehrern, weil er deren Unterrichtsmethoden nicht leiden konnte. Damals mussten die Schüler alles auswendig lernen; ob sie auch begriffen hatten, was der Lehrer erzählte, war nicht so wichtig.

Einstein rebellierte während seiner ganzen Schulzeit gegen diese unsinnige Methode. Er fand es nicht wichtig, sich an eine Menge von Zahlen und Fakten erinnern zu können, er wollte lieber frei denken und mit seinen kreativen Fähigkeiten schwierige Probleme lösen. Diese Denkweise erinnert an die von Künstlern, und Einstein war selber auch sehr kunstinteressiert. Er spielte gern Geige, allerdings behaupteten Freunde von ihm, es sei für die Welt der Musik doch ein großer Gewinn gewesen, dass Einstein sich später für die Physik entschied.

Nach vielen Auseinandersetzungen mit seinen Lehrern schaffte er doch noch sein Abitur und studierte danach Physik. Obwohl er sein Studium mit einem guten Examen abschloss, fand er keine Stelle als Wissenschaftler. Er musste sich mit einem Posten im Patentamt in der Schweizer Stadt Bern begnügen. Dort musste er sich die Entwürfe zu komplizierten Maschinen ansehen und sich vorstellen, wie diese in Wirklichkeit funktionieren würden. Einstein gelang das immer sehr schnell, und deshalb konnte er seine tägliche Arbeit innerhalb weniger Stunden hinter sich bringen.

In der verbleibenden Zeit forschte er. Das war gleich nach der Jahrhundertwende, als sich in der Physik die Ereignisse überschlugen. Wilhelm Röntgen hatte erst kurz zuvor die X-Strahlen entdeckt, und das Ehepaar Curie studierte die Strahlung der geheimnisvollen radioaktiven Stoffe. Einstein fand das alles hochinteressant. Zu dieser Zeit überlegte er sich, ob das Licht vielleicht aus Partikeln bestehen könne (vgl. S. 170–171).

Einstein kannte auch die Experimente von Michelson, deshalb wusste er, dass die Lichtgeschwindigkeit unveränderlich ist. Statt diese Tatsache aber als großes und ungelöstes Mysterium zu betrachten, nahm Einstein sie als Ausgangspunkt für seine eigenen Forschungen. Er fragte sich: „Was passiert mit den uns bekannten Naturgesetzen, wenn sich das Licht immer in derselben Geschwindigkeit bewegt?" Einstein studierte die maxwellschen Formeln (vgl. S. 124–126), er vertiefte sich in die newtonschen Axiome und in eine Reihe weiterer Naturgesetze.

Einstein unterschied sich von Röntgen, den Curies und anderen Physikern. Er machte keine Experimente. Während Marie Curie bei ihrer Jagd nach der Wahrheit tonnenweise Pechblende kochte, benutzte Einstein Feder und Papier. Er kombinierte die damals bekannten Naturgesetze und wandte mathematische Regeln an, um neue Naturgesetze aufzustellen. So wie er als Kind mit seinem Baukasten gespielt hatte, fügte Einstein auch jetzt verschiedene Teile der Wahrheit aneinander, um eine neue und größere Wahrheit zu finden. Diese Forschungsweise ist in der Physik ganz üblich, sie wird „theoretische Physik" genannt.

James Maxwell war ebenfalls theoretischer Physiker. Wie schon gesagt, war er bereits zwanzig Jahre lang von der Existenz der Radiowellen ausgegangen, ehe sie von Hertz entdeckt wurden. Er entdeckte sie mithilfe seiner mathematischen Formeln.

Während Einstein im Patentamt arbeitete, entwickelte er immer neue Formeln, die die Geschehnisse in der Natur beschrieben. Er fasste diese Formeln zu einer wissenschaftlichen Theorie über die Natur zusammen und stellte diese Theorie im Jahr 1905 erstmals seinen Kollegen vor. Und zwar in einem Artikel mit dem Titel „Zur Elektrodynamik bewegter Körper". Die Theorie, die in diesem Artikel präsentiert wird, ist heute als die „spezielle Relativitätstheorie" bekannt.

Vieles in diesem Artikel stand in krassem Widerspruch zu den Ansichten, die damals von den meisten Forschern vertreten wurden. Einstein schrieb nicht nur, dass das Licht immer dieselbe Geschwindigkeit hat. Die Lichtgeschwindigkeit stellt außerdem in unserem Universum das äußerste Tempolimit dar. Es ist unmöglich, schneller als 300 000 Kilometer in der Sekunde zu fliegen! Einsteins Berechnungen ergaben auch, dass nichts, was aus festem Stoff besteht, so schnell fliegen kann wie Licht. Bei hohem Tempo passieren nämlich seltsame Dinge!

Um diesen Teil der Relativitätstheorie zu verstehen, müssen wir

Die Relativitätstheorie

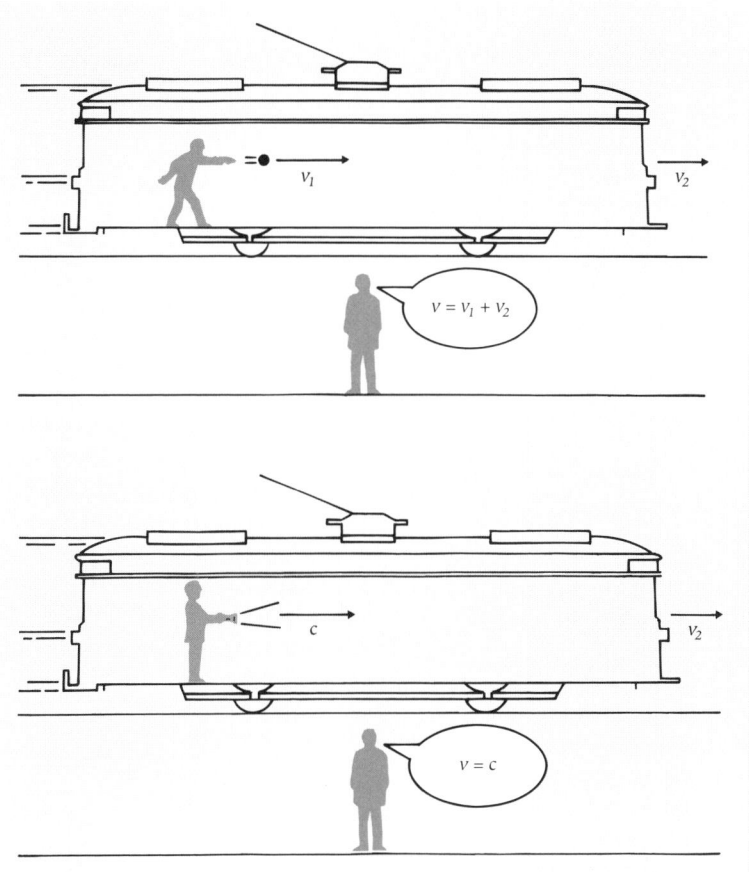

In einer Straßenbahn, die mit der Geschwindigkeit v_2 fährt, wirft ein Mann einen Ball mit der Geschwindigkeit v_1 nach vorn. Für einen Beobachter am Straßenrand errechnet sich die Geschwindigkeit des Balls relativ zu ihm aus der Addition von Straßenbahn- und Ballgeschwindigkeit ($v = v_1 + v_2$). Für den Mann in der Straßenbahn und für den Beobachter am Straßenrand ist die Geschwindigkeit des Balls also unterschiedlich. Wenn aber der Mann in der Straßenbahn mit einer Taschenlampe nach vorn leuchtet, ist die Geschwindigkeit des Lichts für ihn genauso groß wie für den Beobachter am Straßenrand, unabhängig von der Geschwindigkeit der Straßenbahn ($v = c$). Das gilt für alles, was sich mit Lichtgeschwindigkeit (c) fortbewegt. Eine höhere Geschwindigkeit ($c + x$) gibt es nicht.

wieder ein gedankliches Experiment machen. Angenommen, jemand könnte mit einem Raumschiff unterwegs sein, das fast Lichtgeschwindigkeit erreicht, also 300 000 Kilometer pro Sekunde. Das schnellste Raumschiff unserer Zeit schafft allerdings „nur" dreißig Kilometer pro Sekunde, es ist also zehntausendmal langsamer als das Licht. Es ist kaum vorstellbar, dass wir jemals ein Raumschiff entwickeln werden, das fast so schnell fliegen kann wie das Licht. Aber man bedenke, dass vor hundertfünfzig Jahren ein Zug mit 100 Stundenkilometern (gut dreißig Meter pro Sekunde) das schnellste Transportmittel war. Und heute können wir schon tausendmal schneller fliegen, warum sollten wir in Zukunft unser Tempo nicht noch einmal tausendfach steigern können?

Wir gehen also von einem Fantasieraumschiff aus, das 300 000 Kilometer pro Sekunde schafft.

Bei diesem Experiment fliegt also einer durch den Raum, wir dagegen bleiben auf der Erde zurück. Die ganze Zeit unterhalten wir uns mit ihm per Bildtelefon. Je tiefer er ins All hinausfliegt, desto länger brauchen die Bildsignale, um die Erde zu erreichen. Solche Signale reisen nämlich mit Lichtgeschwindigkeit. Wenn er den äußersten Planeten Pluto passiert, brauchen seine Signale an uns fünf Stunden, umgekehrt dauert es genauso lange.

Wir begleiten ihn außerdem mit einem ungeheuer sensiblen Raumteleskop auf seiner Reise. Damit können wir sein Raumschiff sehen. Anfangs sieht alles für beide Seiten ganz normal aus. Eine Fahrt mit einem schnellen Raumschiff ist auch nicht viel anders als eine mit der Bahn. Aber dann, wenn das Raumschiff eine Geschwindigkeit von über 200 000 Kilometern in der Sekunde erreicht, sehen wir in der Bodenstation etwas Seltsames: Das Raumschiff wird kürzer. Es wird zusammengedrückt. Und je schneller es wird, desto kürzer wird es. Bei 290 000 Sekundenkilometern ist es nur noch eine dicke Scheibe, bei 299 000 Sekundenkilometern ist es dermaßen gestaucht, dass wir es nur noch als dünne Platte sehen.

Inzwischen ist uns noch etwas anderes aufgefallen. Es passiert etwas mit der Zeit an Bord des Raumschiffes. Sie geht langsamer. Wenn der Pilot eine Uhr an seiner Raumschiffwand filmt, sehen wir auf dem Bildschirm am Boden, dass ihre Zeiger langsamer werden, je schneller er fliegt. Er spricht jetzt auch langsamer und scheint sich in Zeitlupe zu bewegen. Wenn er 290 000 Sekundenkilometer erreicht, vergeht die Zeit an Bord seines Raumschiffes viermal langsamer als auf der Erde. Bei 290 000 Sekundenkilometern geht seine Uhr zwölfmal langsamer als auf der Erde.

Das wirklich Seltsame daran ist, dass er nicht merkt, dass sich die Zeit anders verhält. Im Gegenteil, wenn er die Uhr in seinem Raumschiff ansieht und wir unsere auf der Erde, dann ticken sie in ihrem ganz normalen Tempo. Erst beim Uhrenvergleich lässt sich erkennen, dass etwas nicht stimmt.

Wenn das Raumschiff Lichtgeschwindigkeit erreichen könnte, dann würde es vor unseren Augen immer kleiner werden, bis wir es nicht mehr sehen könnten, und die Fernsehbilder würden zeigen, dass die Zeit an Bord stillsteht. Aber das ist nicht möglich. Denn wenn es sich der Lichtgeschwindigkeit nähert, wird es Probleme haben, noch schneller zu fliegen. Je näher es an die 300 000 Sekundenkilometer herankommt, desto mehr Kraft braucht der Antrieb, um das Tempo noch ein ganz klein wenig zu steigern.

Das liegt daran, dass das Raumschiff mit steigendem Tempo immer schwerer wird. Bei 290 000 Sekundenkilometern hat sich sein Gewicht vervierfacht, bei 299 000 ist es zwölfmal so hoch. Am Ende

Die Relativitätstheorie

wird das Raumschiff so schwer, dass der Antrieb nicht mehr mitkommt. Und diese Gewichtssteigerung macht es dem Raumschiff unmöglich, Lichtgeschwindigkeit zu erreichen.

Der Relativitätstheorie zufolge schrumpfen alle Gegenstände, die fast Lichtgeschwindigkeit erreichen, werden schwerer, und die Zeit vergeht für sie langsamer. Physiker haben große Maschinen gebaut, die Atome, Elektronen und Elementarteilchen fast bis auf Lichtgeschwindigkeit beschleunigen können. Was die Forscher in diesen Maschinen sehen, beweist, dass Einstein Recht gehabt hat.

Das ist nicht nur interessantes Wissen. In Zukunft kann die Relativitätstheorie für die Raumfahrt sehr wichtig werden. Da nichts schneller sein kann als das Licht, werden wir über vier Jahre brauchen, um den nächstgelegenen Stern zu besuchen. Wenn sich die Raumfahrer mit annähernder Lichtgeschwindigkeit bewegen, können sie die Reisedauer um einiges verkürzen. Eine Fahrt zu einem Stern, der 200 Lichtjahre von der Erde entfernt liegt, dauert dann nur noch einige Jahre. Aber wir dürfen nicht vergessen, das erleben nur die Raumfahrer so. Für alle, die auf der Erde sind, wird die Reise zweihundert Jahre dauern.

Auf diese Weise wird das Raumschiff zu einer Zeitmaschine. Angenommen, es gefiele den Raumfahrern auf dem andern Stern überhaupt nicht und sie würden sofort zur Erde zurückfliegen. Hin- und Rückreise dauern für sie jeweils etwas mehr als vier Jahre, zusammen also knapp 9 Jahre, während auf der Erde vierhundert Jahre vergangen sind! Die Raumfahrer sind nicht nur ins All gereist, sondern auch in die Zukunft. Das Problem ist, dass sie niemals in die Vergangenheit zurückkehren können. Eine solche Zeitreise ist nur in eine Richtung möglich: vorwärts. Die Freunde und Verwandten der Raumfahrer sind längst tot, sie selber haben sich seit ihrer Abreise kaum verändert. Besonders verlockend sind diese Aussichten nicht.

Obwohl auch vor Einstein schon einige Forscher Überlegungen angestellt haben, die zum Aufbau der Relativitätstheorie beitrugen, hat er als Erster nachgewiesen, welcher Zusammenhang zwischen den seltsamen Veränderungen besteht, die bei Annäherung an die Lichtgeschwindigkeit auftreten.

Die Relativitätstheorie wurde bald bei Physikern in aller Welt bekannt. Obwohl Einsteins Überlegungen ungewohnt waren, wirkten seine Formeln so überzeugend, dass viele sie sofort akzeptierten. Die Physiker erkannten, dass sie es mit einem genialen Forscher zu tun hatten, der vielleicht ebenso bedeutend war wie Isaac Newton.

Es war kein Zufall, dass Einstein mit Newton verglichen wurde. Die Relativitätstheorie befasst sich unter anderem mit Bewegung

DIE RELATIVITÄTSTHEORIE

und Geschwindigkeit, genau wie die drei newtonschen Axiome. Einstein wies nach, dass Newtons Axiome sich nicht auf Gegenstände anwenden lassen, die sich mit hoher Geschwindigkeit bewegen, und er entwickelte neue Formeln. Das hieß nicht, dass Newtons Axiome damit wertlos geworden wären. Bei sich langsam bewegenden Gegenständen treffen sie schließlich zu. Sogar Wissenschaftler, die Raumsonden zu fernen Planeten schicken, berechnen deren Bahnen mithilfe der newtonschen Formeln.

1911 fand Einstein eine feste Anstellung an einer Universität und konnte endlich seine gesamte Zeit den Überlegungen zum Universum widmen. Er konzentrierte sich sehr gern auf ein einziges Problem, aber das ließ ihn mit der Zeit auch arg zerstreut werden. Es konnte vorkommen, dass er seine Frau Mileva anrief (die an der Entwicklung seiner Formeln maßgeblich beteiligt gewesen war), um sie zu fragen, warum er ausgegangen sei und wen er besuchen wolle!

Obwohl von der Relativitätstheorie oft wie von einer einzigen Theorie gesprochen wird, handelt es sich in Wirklichkeit um zwei Theorien. Wir haben schon von der speziellen Relativitätstheorie aus dem Jahr 1905 gesprochen. 1915 kam die allgemeine Relativitätstheorie hinzu, die als wichtigere und schwierigere von beiden gilt. Bei dieser Theorie geht es um Zeit und Raum und um die Schwerkraft. Noch immer war die Schwerkraft unbegreiflich. Newton hatte eine Formel entwickelt, die beschrieb, wie zum Beispiel der Mond um die Erde kreist, aber diese Formel sagte nichts darüber aus, was Schwerkraft überhaupt ist. Die Schwerkraft erinnert bei ihm an eine unsichtbare Schnur, die sich durch den Raum zieht und den Mond an die Erde bindet.

Einstein fand eine ganz andere Antwort. Statt sich eine unsichtbare Kraft vorzustellen, die sich von der Erde durch den leeren Weltraum hinzieht, stellte er sich vor, dass die Schwerkraft den Weltraum selber beeinflusst. Mond, Sonne und alles andere, das Schwerkraft hat, beeinflussen das All. Aber wenn das möglich ist, kann der Weltraum kein Vakuum sein. Im Gegenteil, er ist eine Art Stoff, der von der Schwerkraft gebeugt wird. Die Schwerkraft kann eine Krümmung (eine Art Vertiefung) in den Raum machen.

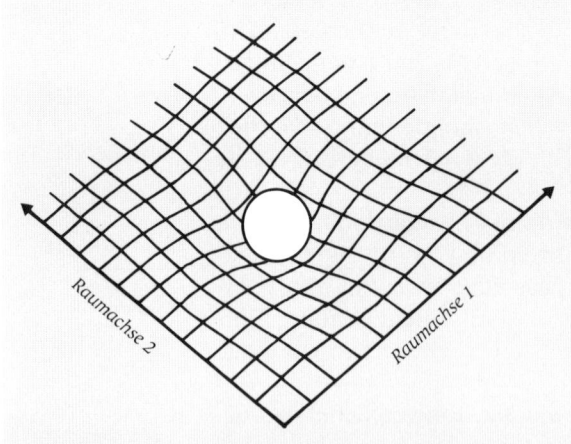

Gedankenmodell zur Veranschaulichung von Einsteins Vorstellung der Schwerkraft

Die Relativitätstheorie

Das ist eine der allerschwierigsten Überlegungen in der Wissenschaft, und man müsste schon so genial wie Einstein sein, um sie wirklich zu verstehen.

Oft machen Wissenschaftler Gedankenexperimente, um Einsteins Vorstellung der Schwerkraft zu begreifen. Sie vergleichen den Weltraum mit einem dünnen Netz aus Gummifäden, das in einen Rahmen gespannt ist. Angenommen, wir legen eine schwere Kugel mitten auf so ein Netz. Die Kugel bewirkt eine Vertiefung. Das Netz aus Gummifäden beult unter der Kugel aus, so wie der Weltraum sich um einen Planeten krümmt.

Wenn wir auch noch eine kleinere Kugel auf die Matte legen, dann rollt sie auf die große zu. Sie bewegt sich also in der Vertiefung abwärts. Genau dasselbe passiert, wenn ein Ball auf den Boden fällt. Die Erde scheint den Ball mit einer unsichtbaren Kraft anzuziehen, aber in Wirklichkeit rutscht der Ball in die Vertiefung, die die Erde im Raum verursacht hat.

Es ist auch möglich, eine kleine Kugel unten in der Vertiefung, die die große gemacht hat, herumkreiseln zu lassen. Die kleine Kugel kann auf diese Weise eine Bahn beschreiben. Einstein stellte sich vor, dass der Mond so um die Erde kreist: Er bewegt sich unten in der Krümmung, die die Erde im Raum verursacht hat.

Je größer und schwerer etwas ist, desto größer ist die Vertiefung in der Gummimatte. Und so ist es auch im Weltraum. Die Sterne verursachen größere Raumkrümmungen als die Planeten, deshalb drehen Erde und Mond sich in der Vertiefung der Sonne, zusammen mit den anderen Planeten. Die Sonne ihrerseits liegt in einer noch größeren Vertiefung, die von der Milchstraße stammt, unserer Galaxis.

Das ist schon eine seltsame Vorstellung, aber Einstein ging noch weiter. Er sagte, dass sich nicht nur der Weltraum auf diese Weise krümmt, sondern auch die Zeit. Zeit und Raum gehören zusammen, und Einstein belegte sie mit einem gemeinsamen Namen: Raumzeit. Wenn ein Planet in der Raumzeit eine Krümmung bewirkt, dann entsteht zugleich eine Krümmung in Raum und Zeit. Das führt zu einem merkwürdigen Phänomen: Unten in der Krümmung der Raumzeit vergeht die Zeit langsamer als außerhalb.

Eins der Phänomene im Weltraum, bei denen Einsteins Relativitätstheorie wirklich wichtig ist, sind die schwarzen Löcher. Ein schwarzes Loch ist ein Himmelskörper mit so starker Schwerkraft, dass sich nicht einmal Lichtstrahlen (die sich schneller als alles andere im Universum bewegen) von ihm lösen können. Deshalb gibt dieser Himmelskörper kein Licht ab, sondern bleibt schwarz.

Der Relativitätstheorie zufolge ist ein schwarzes Loch wie ein

DIE RELATIVITÄTSTHEORIE

bodenloser Brunnen in der Raumzeit. Ein Gegenstand (zum Beispiel eine Raumsonde), der in dieses Loch fällt, kann niemals wieder herausgelangen. Licht, das in diesen bodenlosen Brunnen geschickt wird, kommt niemals wieder heraus. Und unten im Brunnen spielen sich merkwürdige Dinge ab.

Angenommen, eine Raumsonde fällt in ein Loch und sendet jede Sekunde ein Signal aus. In sicherer Entfernung von diesem Loch liegt ein Raumschiff, das diese Signale auffängt. Wenn die Sonde sich dem Loch nähert, werden die Zwischenräume zwischen den vom Raumschiff erfassten Signalen immer länger. Am Ende vergehen zwischen zwei Signalen mehrere Jahre. Für die Sonde bleibt jedoch alles beim Alten: Sie schickt jede Sekunde ein Signal aus. Die große Vertiefung in der Raumzeit führt dazu, dass die Zeit auf diese Weise „gedehnt" wird.

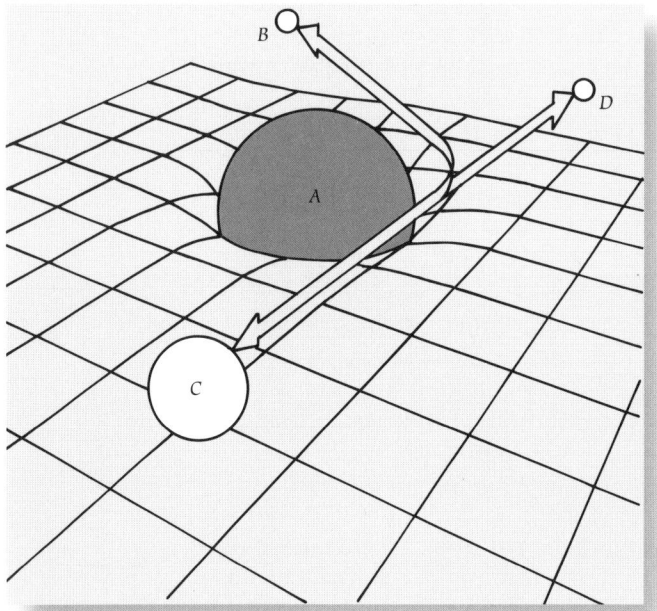

Raumzeitkrümmung nach Einstein. Die Masse der Sonne (A) krümmt in ihrer Nähe die Raumzeit. Daraus folgt, dass das Licht eines fernen Sterns (B) abgelenkt wird, wenn es nahe an der Sonne vorbeikommt. Auf der Erde (C) scheint es, als ob das Licht aus einer ganz anderen Richtung (D) kommt.

Während ich das schreibe, glauben die Astronomen bereits, solche schwarzen Löcher entdeckt zu haben. Eins liegt mitten in unserer Galaxis, der Milchstraße. Aber ganz sicher ist das alles nicht. Da die Löcher schwarz sind, können wir sie nicht direkt sehen und müssen nach anderen Hinweisen auf ihre Existenz suchen.

1919 wurde der erste Beweis dafür erbracht, dass Einsteins allgemeine Relativitätstheorie zutrifft, und seither sind zahllose Experimente durchgeführt worden, die perfekt mit ihr übereinstimmen. Alles, was wir draußen im Universum gesehen haben, deutet zum Beispiel darauf hin, dass es die Raumzeit gibt und dass diese von den Planeten „gekrümmt" wird. Wir wissen jetzt, dass die Zeit unten in einer Raumzeitkrümmung langsamer vergeht. Die Physiker haben Atomuhren (Uhren, die sehr genau gehen) hoch über die Erdoberfläche gebracht, und diese Uhren gehen schneller als Atomuhren auf dem Boden. Der Unterschied ist nicht sehr groß, aber er besteht, und nur die Relativitätstheorie kann ihn erklären.

Die Relativitätstheorie

Wenn andere Forscher Beweise für die Richtigkeit der Relativitätstheorie erbrachten, blieb Einstein ganz ruhig. Es schien ihn nicht im Geringsten zu überraschen, offenbar dachte er: Natürlich verhält sich das Universum so! Das klingt arrogant, denn trotz allem entscheidet das, was wir in der Natur sehen, ob eine Theorie zutrifft oder nicht. Aber Albert Einstein war nicht nur intelligent und hoch gebildet. Er verfügte auch über eine gute Portion Intuition. Intuition ist die Fähigkeit, etwas richtig zu erfassen, selbst dann, wenn man nicht genügend Informationen hat. Herausragende Forscher, zum Beispiel Michael Faraday und Louis Pasteur, hatten oft das Gefühl, dass etwas zutraf, auch wenn sie es nicht beweisen konnten.

Es ist allerdings gefährlich, sich blind auf die Intuition zu verlassen. Zum Beispiel war Einstein überzeugt, dass sich die Quantenphysik irrte, und er verbrachte viel Zeit mit dem Versuch, ihre Theorien zu widerlegen. Aber alles weist darauf hin, dass die Quantenphysik Recht hat.

Als Wissenschaftler beging Einstein noch einen weiteren großen Fehler. Die Relativitätstheorie verweist nämlich darauf, dass sich das gesamte Universum ausdehnt. Alles, was darin existiert, dehnt sich in alle Richtungen aus. Normalerweise war Einstein von seinen Formeln voll und ganz überzeugt. Aber dieses eine Mal versagte sein Selbstvertrauen: Ganz so konnte die Sache mit dem Universum ja wohl doch nicht aussehen!

DER URKNALL

In den Zwanzigerjahren diskutierten die Astronomen noch immer, ob Galaxien Wolken sein könnten, die sich zu neuen Sternen zusammenziehen, oder vielleicht gigantische Ansammlungen von Sternen wie die Milchstraße, zu der die Sonne gehört. Mithilfe der damaligen Teleskope ließ sich das nicht sicher sagen. Der große „Galaxienstreit" dauerte viele Jahre und führte dazu, dass die Astronomen unsicher waren, in was für einer Art von Universum sie eigentlich lebten. In einem Punkt jedoch waren sie sich fast alle einig: Es sei undenkbar, dass das Universum sich ausweitet.

Deshalb änderte Einstein die Relativitätstheorie, um sie dem anzupassen, was die Astronomen zu wissen glaubten. Das war ein Fehler, wie er später selber zugab. Gegen Ende der Zwanzigerjahre beobachtete der amerikanische Astronom Edwin Hubble, dass sich die Galaxien wirklich zu bewegen schienen.

Edwin Hubble konnte als Erster die Entfernung zu unserer Nachbargalaxis, dem Andromedanebel, messen. Nun wollte er so viele Galaxien wie möglich fotografieren, um sich einen Überblick über ihr Aussehen zu verschaffen (Galaxien sind sehr unterschiedlich geformt). Hubble benutzte das größte Teleskop, das es damals gab, und unter anderem konnte er auch die Spektren der Galaxien aufnehmen. Zur Erinnerung: Isaac Newton hatte entdeckt, wie ein Prisma weißes Licht in die Farben des Regenbogens zerlegen kann. Das nennt man Spektrum.

Zu Beginn des 19. Jahrhunderts entdeckte der deutsche Optiker Joseph von Fraunhofer, dass das regenbogenfarbene Spektrum der Sonne von dunklen Streifen durchzogen ist. Er hatte eines der Geheimnisse des Lichts entdeckt, denn später erkannten die Physiker, dass die dunklen Linien im Sonnenspektrum von chemischen Stoffen herrühren.

Zum Beispiel gibt es eine dunkle Linie im gelben Teil des Sonnenspektrums, die vom Element Natrium hervorgerufen wird. Das wussten die Physiker, weil sie an derselben Stelle des Spektrums eine Linie sahen, wenn sie in ihren Labors kleine Natriumkörner verbrannten.

Dass die Forscher im Labor und im Sonnenspektrum an derselben Stelle eine Linie fanden, zeigte, dass es auf der Sonne Natrium gibt. Es ließ sich also ermitteln, was die Sonne enthält, obwohl sie 150 Millionen Kilometer entfernt ist. Nach und nach entdeckten die Astronomen, dass auch Sterne, Planeten und Galaxien ähnliche dunkle Streifen aufweisen. Damit wussten sie, dass die Sterne, die viele Lichtjahre von uns entfernt sind, aus denselben Stoffen bestehen wie die Sonne.

Hubble untersuchte also Galaxienspektren und maß die Position der dunklen Linien aus. Das Seltsame war, dass die dunklen Linien nicht da lagen, wo er sie bei der Sonne und den Sternen gesehen hatte. Die Linien in den Galaxien hatten sich verschoben.

Wenn wir ein Spektrum betrachten, dann liegen die Farben immer in derselben Reihenfolge: Violett, blau, grün, gelb, orange und rot. Hubble sah nun im gelben Teil Linien, die sich normalerweise im grünen befinden. Linien, die in den grünen Teil des Regenbogens gehören, lagen im roten. Alle Linien waren in Richtung Rot verschoben.

Hubble kannte dieses Phänomen. Im Jahr 1842 hatte der österreichische Physiker Christian Doppler entdeckt, dass sich ein Geräusch verändern kann, wenn sich die Geräuschquelle bewegt. Das hat jeder von uns schon unzählige Male selber gehört: Man steht am Straßenrand und hört einen Krankenwagen kommen. Das Martinshorn klingt deutlich tiefer, wenn der Wagen an einem vorbeigefahren ist. Das gilt auch für alle anderen Autos auf der Straße. Das Brummen eines Motors zum Beispiel wird deutlich tiefer, wenn der Wagen an uns vorbei ist.

Doppler sah die Ursache für dieses Phänomen darin, dass ein Geräusch wellenförmig ausgestrahlt wird, und er glaubte, dass sich

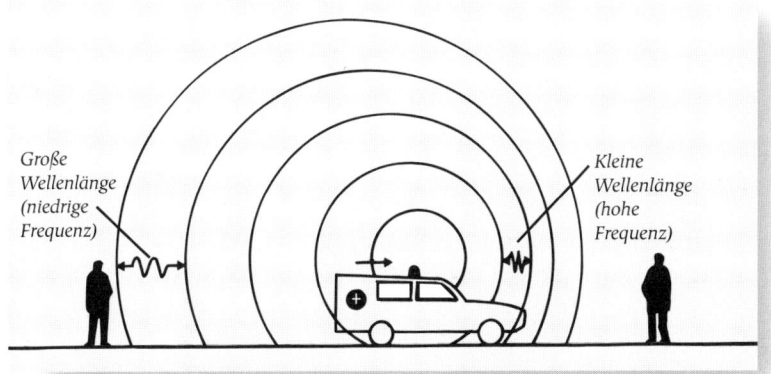

Dopplereffekt. Wie hier beim Schall verlängern sich auch die Wellenlängen des Lichts der Galaxien, die sich von uns wegbewegen. Die Frequenz der Lichtschwingungen wird niedriger, das Licht ist für uns roter.

alle anderen Formen von Wellen genauso verhielten. Auch Licht besteht aus Wellen, und Experimente zeigten, dass sich das Licht verändert, wenn sich die Lichtquelle bewegte. Wenn sich die Lichtquelle von uns entfernt, verändert sich das Licht nicht immer so, dass es rötlicher wird. Auf der Erde sehen wir das nie – das Tempo, das nötig ist, um Licht rötlicher zu machen, ist riesengroß.

Im Weltraum ist das anders. Dort bewegt sich alles mit ungeheurer Geschwindigkeit. Und als Edward Hubble sah, dass das Licht sämtlicher Galaxien rötlicher wurde, konnte er nur einen Schluss ziehen: Alle Galaxien entfernen sich von uns. Hubble konnte auch die Geschwindigkeit der Galaxien messen und stellte fest, dass sie oft viele hundert Kilometer pro Sekunde betrug.

Als Nächstes musste ermittelt werden, wie weit die Galaxien voneinander entfernt sind. Das war keine leichte Aufgabe. Es ist nämlich unmöglich, die Entfernungen mithilfe der Parallaxe zu messen, wie das bei Sternen möglich ist. Die Galaxien sind dafür ganz einfach zu weit weg.

Die Lösung für das Problem kam von unerwarteter Seite. Zu Beginn des 20. Jahrhunderts sammelte die Astronomin Henrietta Leavitt das gesamte Wissen über Sterne in einem riesigen Katalog. Damals wurden Forscherinnen oft mit langweiligen Routinearbeiten beauftragt, zum Beispiel mussten sie tausende von Sternen in Tabellen einordnen.

Aber solche Arbeiten sind in der Wissenschaft wichtig. Wir haben ja schon festgestellt, wie Carl von Linné Tiere und Pflanzen eingeordnet hat und wie wichtig das für unser Wissen war (vgl. S.132–134). Während ihrer Arbeit an den Sternentabellen entdeckte Henrietta Leavitt einige wenige Sterne mit einer ganz besonderen Eigenschaft.

Diese Sterne gehörten zu einem Typ, der von Astronomen als „veränderliche Sterne" bezeichnet wird. Das bedeutet, dass sie nicht immer gleich stark leuchten – ab und zu werden sie blasser, dann wieder heller. Solche Sterne gibt es im Universum oft. Das Seltsame an den Sternen, die Henrietta Leavitt entdeckte, war nicht, dass sich ihre Lichtstärke im Lauf der Zeit veränderte, sondern, wie das geschah.

Leavitt stellte nämlich fest, dass ein solcher Stern umso stärker strahlt, je länger er braucht, zwischen hell und blass zu wechseln. Ein ziemlich schwacher Stern dieser Sorte wird innerhalb von einem oder zwei Tagen ein bisschen heller und dann wieder blasser, ein stark strahlender Stern dagegen kann Monate brauchen, um zwischen hellem und blassem Leuchten zu wechseln.

Ein Gedankenexperiment zeigt, was das bedeutet. Angenom-

DER URKNALL

Die Bestimmung der Expansion

Die Lichtwellen einer vergleichsweise langsamen Galaxie (obere Abbildung) erreichen uns fast unverändert, während die einer schnellen Galaxie (untere Abbildung) deutlich gedehnt sind, also rot verschoben erscheinen. Die Größe der Rotverschiebung wird anhand dunkler Absorptionslinien gemessen, die als schmale schwarze Balken im Spektrum erkennbar sind. Dabei hat sich gezeigt, dass die entferntesten Galaxien die schnellsten sind.

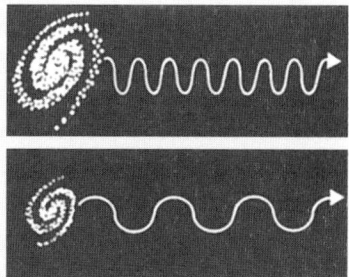

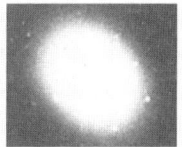
Galaxie im Sternbild Virgo, 39 Mio. Lichtjahre entfernt, Fluchtgeschwindigkeit: 1 200 km/s
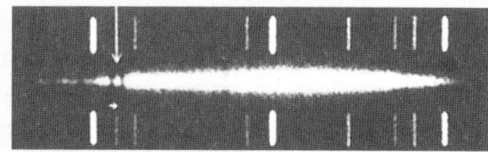

Galaxie im Sternbild Großer Wagen, 490 Mio. Lichtjahre entfernt, Fluchtgeschwindigkeit: 15 000 km/s
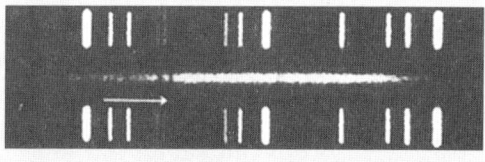

Galaxie im Sternbild Corona Borealis, 700 Mio. Lichtjahre entfernt, Fluchtgeschwindigkeit: 21 500 km/s
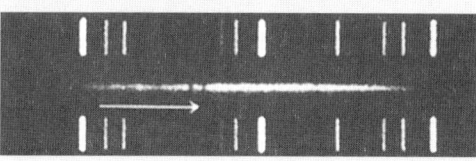

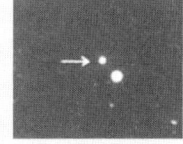
Galaxie im Sternbild Bootes, 1,27 Mrd. Lichtjahre entfernt, Fluchtgeschwindigkeit: 39 000 km/s
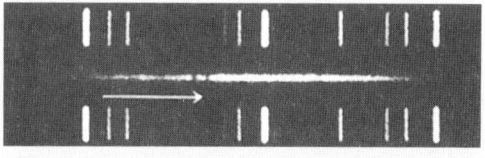

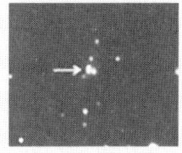
Galaxie im Sternbild Hydra, 2 Mrd. Lichtjahre entfernt, Fluchtgeschwindigkeit: 61 000 km/s
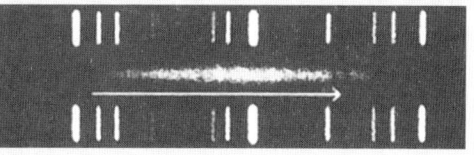

men, ich bin mit zwei Freunden in einer dunklen Nacht unterwegs. Jeder meiner Freunde hat eine Taschenlampe in der Hand. Die eine Lampe leuchtet hell, die andere ist ziemlich trüb. Ich bitte meine Freunde, in entgegengesetzter Richtung loszugehen, ich dagegen bleibe stehen.

Ich bitte sie nach zehn Minuten, ihre Lampen einzuschalten und auf mich zu richten. Ich sehe meine Freunde nicht, nur das Licht ihrer Lampen. Die eine leuchtet stark, die andere schwach. Zuerst glaube ich, dass das stärkere Licht von der stärkeren Lampe stammt. Aber dann werde ich unsicher. Ist es nicht auch möglich, dass der mit der schwächeren Lampe näher bei mir steht, während der mit der stärkeren viel weiter weggegangen ist?

Jeder hat sicher schon mal beobachtet, dass ein leuchtender Gegenstand schwächer wird, je weiter man von ihm entfernt ist. Und deshalb wissen wir, dass eine kräftige Taschenlampe, die weit von uns entfernt ist, schwächer leuchtet als eine schwache Taschenlampe in unserer Nähe. Wenn wir nur das Licht der Lampen sehen können, können wir nicht sicher wissen, welche Lampe schwächer ist. Und deshalb können wir auch nicht wissen, wie weit sie von uns entfernt sind.

Aber jetzt nehme ich mal an, ich hätte mit meinen Freunden von Anfang an abgesprochen, dass der mit der schwachen Lampe sie einmal pro Sekunde ein- und ausschaltet, der andere aber macht das mit seiner nur jede fünfte Sekunde. Wenn ich sie nun losschicke und bitte, nach zehn Minuten ihre Lampen einzuschalten, dann weiß ich sofort, welche die stärkere Lampe ist. Die, die zwischen dem Aufleuchten mehr Zeit gebraucht hat.

So verhält es sich auch mit dem von Henrietta Leavitt entdeckten Sternentyp. Solche Sterne werden Cepheiden genannt, da der Erste von ihnen, der entdeckt wurde, zum Sternbild Cepheus gehört (gleich beim Großen Wagen). Leavitt gelang ihre Entdeckung im Jahr 1913, und ihre Kollegen erkannten sehr rasch, wie wichtig das war. Denn wenn sie einen Cepheidenstern fanden und ausmaßen, wie viel Zeit er zum Wechseln brauchte, dann wussten sie auch, wie stark er ungefähr in Wirklichkeit strahlte. Und wenn sie das wussten, konnten sie seine Entfernung berechnen, indem sie die errechnete Helligkeit mit der scheinbaren am irdischen Nachthimmel verglichen!

Edwin Hubble benutzte in den Zwanzigerjahren einen Cepheidenstern im Andromedanebel, um die Entfernung dieser Galaxis auszumessen. Er beobachtete, wie der Stern sich veränderte, rechnete aus, wie stark er strahlte und berechnete daraus dann die Entfernung.

DER URKNALL

Die Cepheidensterne verhalfen den Astronomen zum ersten Entfernungsmaßstab, der auch auf Galaxien anwendbar war. Später entwickelten Hubble und andere Astronomen weitere Methoden, um die Entfernung einer Galaxis auszumessen, aber noch immer ist die Cepheidentechnik von allen die zuverlässigste.

Als Edwin Hubble die Entfernungen der Galaxien ausmaß, stellte er nicht nur fest, dass sie viele Millionen Lichtjahre entfernt sind. Er erkannte auch, dass Galaxien, die weit weg sind, sich schneller von uns entfernen als die näher gelegenen. Je weiter entfernt eine Galaxis von der Milchstraße ist, umso schneller fliegt sie davon. Das nennt man heute den „Hubble-Effekt". Hubble stellte eine einfache Formel für dieses Phänomen auf.

Der Hubble-Effekt besagt also, dass sich das Universum in gewaltigem Tempo in alle Richtungen ausdehnt. Manche Astronomen mochten sich mit dieser Vorstellung zunächst nicht anfreunden. Aber da die Relativitätstheorie und die Beobachtungen der Galaxien dasselbe aussagten, fand sie doch bald ihre Anhänger.

Die Frage war jetzt: Warum dehnt sich das Universum aus? Was bringt die Galaxien dazu, in alle Richtungen auseinander zu streben? 1931 fand ein katholischer Theologe und Astronom aus Belgien eine Antwort. Georges Lemaître stellte sich vor, alles, was im Universum existiert, habe sich vor Milliarden von Jahren zu einem kleinen Klumpen (den er „Uratom" nannte) gesammelt. Dann explodierte dieser Klumpen, und alle Materie im Universum flog in alle Richtungen auseinander. 1948 bekam diese Theorie von der Urexplosion im Englischen den Namen Big Bang, was „der große Knall" bedeutet. Die Theorie ist seither als Big-Bang- oder Urknall-Theorie bekannt.

Heute nehmen die Astronomen an, dass es sich um keine normale Explosion gehandelt hat. Zeichnungen zeigen oft den Urknall als Lichtaufflackern in einem dunklen Raum. Aber so war es nicht. Denn bei dem Knall entstanden nicht nur die Atome, die später zu Sternen und Planeten werden sollten. Damals entstanden auch Zeit und Raum. Vor dem Urknall gab es weder Raum noch Zeit. Nach dem Knall fing der Weltraum an, sich auszuweiten, und alles, was darin existierte, machte mit. Wenn wir beobachten, dass die Galaxien auseinander streben, dann liegt das daran, dass sich der gesamte Weltraum ausweitet.

Anfangs wiesen nur die Bewegungen der Galaxien auf die Richtigkeit der Urknall-Theorie hin. Und wenn die Forscher so wenige Anhaltspunkte haben, greifen sie oft zu anderen Erklärungen. In den Fünfzigerjahren gab es eine weitere Theorie, die ebenfalls das Auseinanderstreben der Galaxien erklären konnte.

Der Urknall

Eine Gruppe englischer und amerikanischer Wissenschaftler stellte sich vor, das Universum sei nicht durch eine Urexplosion entstanden, sondern habe sich immer schon erweitert. Das Universum habe keinen Anfang und kein Ende, es bewege sich einfach in alle Ewigkeit weiter. Diese Theorie erhielt den Namen Steady State, das bedeutet „stabiler Zustand", also dass sich das Universum kaum ändert.

Das Problem der Steady-State-Theorie besteht darin, dass es im Universum irgendwann sehr leer sein würde, wenn die Galaxien immer weiter voneinander weg wanderten. Aber die Anhänger der neuen Theorie glaubten, auch dieses Problem lösen zu können. Sie stellten sich vor, dass im Universum immer wieder Materie nachgefüllt würde. Die ganze Zeit tauchten im Weltraum neue Atome auf und sorgten dafür, dass neue Sterne und Galaxien den Leerraum füllten, den die weiterwandernden hinterlassen hatten.

Das klingt seltsam, aber der Quantenphysik zufolge können Atome tatsächlich spontan entstehen. Deshalb vertraten viele Wissenschaftler die Ansicht, die Steady-State-Theorie müsse ebenso ernst genommen werden wie die Urknall-Theorie, bis eine Entdeckung es ermögliche, die tatsächlich zutreffende Theorie zu ermitteln.

Diese Entdeckung wurde im Jahr 1965 gemacht, als die beiden amerikanischen Astronomen Arno Penzias und Robert Wilson eine große Funkantenne testeten, die mit Satelliten, die die Erde umkreisen, Signale austauschen sollte. Durch einen Zufall entdeckten sie, dass die Antenne ganz unbekannte Radiowellen aufgefangen hatte. Und egal, in welche Richtung sie die Antenne drehten, immer fing sie diese Radiowellen ein. Zuerst hielten Penzias und Wilson das für einen Defekt ihrer Antenne, dann aber ging ihnen auf, dass die Radiowellen aus dem fernen Weltraum stammten.

Seit den Vierzigerjahren untersuchten Astronomen nun schon die Radiowellen vom Himmel. Sie wussten, dass die Sonne und der Planet Jupiter Radiowellen aussenden und dass diese nur von einem kleinen Teil des Himmels stammen. Die Milchstraße sendet ebenfalls Radiowellen aus, aber sie sind nur entlang des bleichen Streifens zu registrieren, den wir in einer dunklen Nacht am Himmel sehen können. Die Wellen, die Penzias und Wilson auffingen, kamen dagegen aus allen Teilen des Himmels. Und das konnte allein bedeuten, dass sie aus dem gesamten Universum stammten, das demnach ein riesiger Radiosender sein musste.

Das alles ließ sich mit der Urknall-Theorie ziemlich leicht erklären. Bei der Urexplosion sind enorme Mengen von Licht und anderen Formen elektromagnetischer Strahlung freigesetzt worden. Jetzt, zehn bis zwanzig Milliarden Jahre nach der Explosion, kann der letzte Rest dieser Strahlung in Form von Radiowellen aufgefangen werden. Die Kosmologen konnten ungefähr berechnen, welche Strahlung sie sehen würden, wenn die Urknall-Theorie zutraf, und ihr Ergebnis entsprach den Beobachtungen von Penzias und Wilson.

Die Anhänger der Steady-State-Theorie dagegen konnten die Herkunft der Strahlung nicht erklären, weshalb diese Theorie mehr und mehr aufgegeben wurde. Seither haben Astronomen noch viele weitere Beobachtungen gemacht, die die Urknall-Theorie stützen.

Wir erfahren hier ein wenig darüber, wie Wissenschaft funktioniert. Wenn sich 1964 herausgestellt hätte, dass die von Penzias und Wilson beobachteten Strahlungen zur Steady-State-Theorie passten, hätte ich jetzt von einer halb vergessenen Theorie schreiben können, nach der das Universum durch einen Urknall entstanden ist. Die Wissenschaft ist unbarmherzig, und die Arbeiten von Astronomen, die auf die falsche Theorie gesetzt haben, ist umsonst. Oft heißt es zwar, dass auch die falschen Antworten wichtig sind, aber das ist für die, die viele Jahre gebraucht haben, um sie zu finden, nur ein schwacher Trost.

Die Steady-State-Theorie hatte allerdings einen großen Vorteil: Sie konnte nämlich eine Art Antwort auf zwei der schwierigsten Fragen geben, die wir überhaupt kennen: Wie ist das Universum entstanden? Und: Was war vorher da? Nach der Steady-State-Theorie gab es vor dem Universum nichts. Das Universum hat immer existiert, und damit basta. Es ist in Zeit und Raum unendlich.

Ein unendliches Universum ist eine seltsame Vorstellung, aber Vorsicht: In der Mathematik ist Unendlichkeit ganz normal. Es gibt sogar ein Symbol für unendlich große Zahlen, ∞, auch „liegende Acht" genannt. Wir wissen bereits, dass die Natur oft mathematischen Regeln folgt und dass zwischen Mathematik und Natur ein Zusammenhang besteht. Da die Unendlichkeit in der Mathematik so normal ist (es gibt zum Beispiel unendlich viele Dezimalzahlen zwischen den Zahlen 1 und 2), können wir uns vorstellen, dass Unendlichkeit auch in der Natur häufig vorkommt.

Die Urknall-Theorie dagegen sagt, das Universum sei nicht unendlich alt. Das Universum ist vor zehn bis zwanzig Milliarden Jahren entstanden, und was es vorher gegeben hat, wissen wir nicht. Viele Kosmologen glauben, dass wir das auch nie herausfinden werden. Sie meinen, das Universum sei so entstanden: Zuerst gab es nichts. Dann gab es plötzlich alles.

Das klingt nun wirklich nicht besonders vernünftig. Denn aus nichts kann doch wohl nichts entstehen? Doch die Quantenphysik sagt uns, dass das durchaus möglich ist. Einzelne Kosmologen glauben, dass dauernd neue Universen entstehen und dass unser Universum nur eines in einer Unendlichkeit von Universen ist.

Wenn wir hier schon schwierige Fragen stellen, dann können wir gleich noch weitermachen. Denn wenn ein Universum aufgrund eines Naturgesetzes entstehen kann, dann muss das Naturgesetz älter sein als das Universum. Woher kommt das Naturgesetz? Wie ist die Quantenphysik entstanden?

Diese Frage können die Kosmologen nicht beantworten. Aber es gibt andere, die durchaus einen Versuch wagen. Die katholische Kirche zum Beispiel war sehr schnell bereit, die Urknall-Theorie zu unterstützen. Und das ist ja auch kein Wunder. Denn die Riesenexplosion hat ein bisschen Ähnlichkeit mit der in der Bibel beschriebenen Schöpfungsgeschichte. Deshalb sagte die Kirche: Die Wissenschaft kann erklären, was nach dem Urknall passiert ist, aber über die Zeit davor weiß nur die Kirche etwas. Gott steckt hinter dem Urknall.

Aber dann können wir noch eine Frage stellen: Woher kommt Gott? Die Antwort der Kirche ist, dass Gott immer schon existiert hat. Aber, wenden viele Kosmologen ein, wenn Gott in Ewigkeit existieren kann, warum nicht auch die Naturgesetze? Anstelle eines ewigen Gottes haben wir ewige Naturgesetze, die immer wieder neue Universen erschaffen können.

Es ist möglich, dass die Forscher niemals eine Antwort auf die Frage finden werden, was es vor dem Urknall gegeben hat. Vielleicht zeigt die Kosmologie, dass die Jagd nach der Wahrheit auch an ihre Grenzen stößt.

Der britische Forscher J.B.S. Haldane drückt es so aus: „Das Universum ist nicht nur seltsamer, als wir begreifen. Es ist seltsamer, als wir begreifen können." Er meint, dass unser Gehirn nicht gut genug ist. Das menschliche Gehirn ist fantastisch, und wir glauben leicht, dass es für seine Fassenskraft keine Grenzen gibt. Aber wenn nun doch eine solche Grenze existiert? Wenn die Menschen von heute einfach zu dumm sind, das Universum zu verstehen?

Warum sollte das nicht so sein? Die Urmenschen, von denen wir abstammen, hätten vermutlich nicht begriffen, dass sich die Erde in einem leeren Weltraum um die Sonne dreht. Vielleicht wird es eines Tages Menschen mit so klugen Gehirnen geben, dass sie nicht begreifen, wieso wir die Entstehung des Universums nicht erklären konnten.

Die Kosmologie sagt uns aber, dass wir bei der Jagd nach der Wahrheit nicht übermütig werden dürfen. Dort draußen gibt es vielleicht Wahrheiten, die zu groß sind, als dass wir sie verstehen könnten.

Die grosse Bibliothek
in uns allen

Ab und zu sind wissenschaftliche Theorien wie Kreuzworträtsel, bei denen uns zur endgültigen Auflösung nur noch wenige Buchstaben fehlen. Das kann ungeheuer nervend sein, kann uns aber auch zum Weiterdenken zwingen. Charles Darwins Evolutionslehre war so ein Fall.

Alles wies darauf hin, dass Darwin Recht hatte. Seine Aussagen stimmten mit der Natur, die wir heute sehen, und mit den Fossilien im Boden überein. Aber eine wichtige Frage war noch ungelöst. Darwins Theorie baut nämlich darauf auf, dass der Nachwuchs von Tieren und Pflanzen die Eigenschaften der Eltern erbt. Wenn ein Tier über eine nützliche Eigenschaft verfügt, dann müssen die Jungen sie erben. Und wenn das nicht passiert, trifft die Evolutionslehre nicht zu. Das wusste Darwin, und deswegen wollte er feststellen, wie Eigenschaften vererbt werden.

Heute gilt ein Teil der Evolutionslehre als überholt. Darwin hielt Kinder nämlich für eine Art Mischung aus Mutter und Vater. Er glaubte, dass eine Flüssigkeit im Blut der Tiere die Eigenschaften dieser Tiere festlegte. Wenn sich zwei Tiere paaren, glaubte Darwin, dann vermischen sich die Blutflüssigkeiten der Elternteile, und auf diese Weise werden auch die Eigenschaften miteinander verrührt.

Aber dieser Prozess hätte zu seltsamen Ergebnissen geführt. Die Kinder eines großen Mannes und einer kleinen Frau hätten nach der Theorie nur mittelgroß werden können. Jeder sieht sofort ein, dass das nicht stimmt. Kinder können so groß wie ihr Vater werden, so klein wie ihre Mutter oder umgekehrt oder etwas dazwischen. Und so ist es auch mit anderen Eigenschaften, dem Aussehen zum Beispiel. Nur selten werden Kinder zu einem Mittelding zwischen ihren Eltern. Viele Biologen wiesen Darwin auf diese Schwäche seiner Theorie hin, und er konnte keine Gegenargumente anführen.

Wenn ein österreichischer Mönch damals größere Tatkraft bewiesen hätte, dann wäre alles anders gekommen. Denn als Charles

Darwin „Vom Ursprung der Arten" schrieb, züchtete Gregor Mendel in einem Kloster in der tschechischen Stadt Brünn Erbsen und Bohnen. Mendel wäre gern Wissenschaftler geworden, seine Zeugnisse waren jedoch nicht gut genug, um ihm den Universitätsbesuch zu gestatten. Stattdessen besuchte er ein Priesterseminar, ging ins Kloster und wurde dort Lehrer für Naturwissenschaften. Mendel war außerdem ein Bauernsohn, es war also nicht weiter überraschend, dass er sich für Botanik interessierte, die Wissenschaft von den Pflanzen, und im Klostergarten experimentierte.

Ein großer Vorteil der Pflanzenforschung ist, dass Botaniker die Vermehrung der Pflanzen beeinflussen können. Bei Erbsen und Bohnen sitzen zum Beispiel männliche und weibliche Teile in derselben Blüte. Der weibliche Teil einer Pflanze wird Narbe, der männliche Staubblatt genannt. Wenn Pollen des Staubblatts auf die Narbe auftreffen, werden die Eizellen in der Blüte befruchtet, und dann entwickeln sich Samen, die später zu neuen Pflanzen heranwachsen.

In der Natur geschieht Befruchtung unter anderem dadurch, dass die Pollen vom Wind weitergetragen werden und irgendwann auf eine Narbe auftreffen oder dass sie von Insekten transportiert werden. Aber auch Botaniker können eine Pflanze zur Vermehrung bringen, wenn sie eine Narbe in einer Blüte mit Pollen von einem Staubblatt bepinseln. Auf diese Weise können Botaniker eine weibliche Blüte „zwingen", sich zusammen mit der gewünschten männlichen Pflanze zu vermehren.

Diese Technik war von Blumenzüchtern schon seit dem 18. Jahrhundert benutzt worden, wenn sie zum Beispiel Blumen in einer neuen Farbe hervorbringen wollten. Auf großen Blumenfeldern tauchen ab und zu zwischen allen anderen Blumen einzelne mit neuen Farben auf. Wenn ein Blumenzüchter eine solche Blume entdeckte, bepinselte er mit dem Pollen andere Blumen derselben Art. Aus diesen Blumen erhielt er dann einen Samen, der oft zu Pflanzen in der neuen Farbe heranwuchs. Die neue Farbe wurde also von den Eltern an ihre Nachkommenschaft vererbt.

Gregor Mendel wusste, dass sich viele Forscher mit der Frage der Vererbung befassten, und ihm kam eine Idee: Wenn es Naturgesetze gibt, die bestimmen, wie die Eigenschaften der Eltern vererbt werden, dann müsste man diese Gesetze doch gerade an Pflanzen besonders gut beobachten können. 1854 ging Mendel ans Werk, und zwar zunächst wie die Blumenzüchter: Er bepinselte die Narbe einer Pflanze mit den Pollen einer anderen. Dann wartete er, bis sich Samen gebildet hatte, den er schließlich aussäte und zu neuen Pflanzen heranwachsen ließ.

Danach paarte Mendel diese Pflanzenkinder miteinander, um weitere Samen zu erhalten. Und als er die „Enkel" der ersten Pflanzen unter die Lupe nahm, machte er seine Beobachtungen, unter anderem zur Länge der Pflanzen. Wenn von den ersten beiden eine kurz und eine lang gewesen war, dann wurden alle „Kinder" lang. Die Eigenschaft, die kurze Pflanzen hervorrief, schien verschwunden zu sein. Aber sie tauchte wieder auf, als auch die Kinder Kinder bekamen. Von vier Enkeln waren drei lang, eins war kurz.

Etwas Ähnliches konnte Mendel beobachten, als er sich die Farben der Blüte oder Form und Farbe der Bohnen genauer ansah. Obwohl es gar nicht leicht war, Übersicht über die verschiedenen Eigenschaften zu behalten, die von Pflanze zu Pflanze vererbt wurden, konnte Mendel doch eine Art System entdecken.

Mendel beschäftigte sich länger als ein Jahrzehnt mit seinen Erbsen und Bohnen. Und diese Mühe zahlte sich aus. Es stellte sich wirklich heraus, dass sich Pflanzen nach gewissen Regeln vermehren. Die Länge des Blütenstils und die Farbe der Blüte verteilen sich nicht zufällig, sondern werden nach bestimmten Regeln von einer Generation an die nächste vererbt. Genauso ist es bei den Bohnen bezüglich ihrer Farbe. Mendel schrieb diese Regeln auf, die heute als „mendelsche Vererbungsgesetze" bekannt sind.

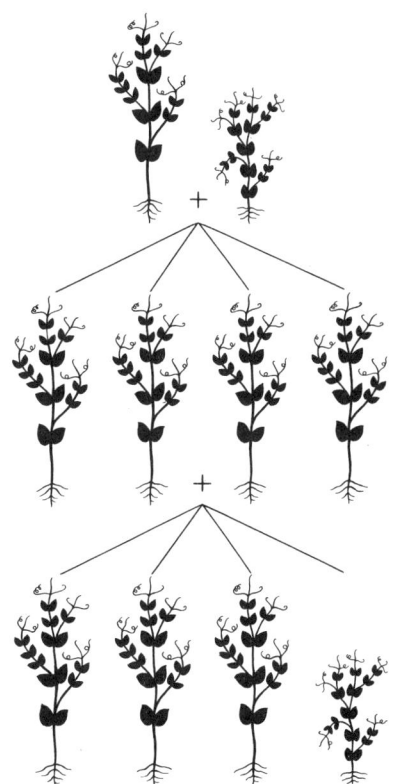

Mendelsches Vererbungsschema mit hohen und niedrigen Erbsen. Aus der Kreuzung einer hohen mit einer niedrigen Pflanze erhielt Mendel eine nur aus hohen Pflanzen bestehende erste Generation (mittlere Reihe). Die Kreuzung zweier hoher Pflanzen dieser Generation ergab hohe und niedrige Pflanzen im Verhältnis 3:1.

Ich will diese Vererbungsgesetze hier nicht wiedergeben, sie sind nämlich sehr kompliziert. Für uns ist vor allem eins wichtig: Mendel hatte bewiesen, dass es keine Flüssigkeit gibt, die sich vermischt und die Eigenschaften der Eltern gerecht unter den Kindern verteilt. Die Eigenschaften der Pflanzen schienen vielmehr durch so etwas wie Partikel weitergegeben zu werden.

Der männliche Teil einer Pflanze lieferte ein Erbpartikel, der weibliche ein anderes. Es gab einen Erbpartikel für jede Eigenschaft: einen für die Farbe der Blüten, einen für die Stiellänge, einen für die Formen der Bohnen und einen für jede weitere Eigenschaft.

Mendel begriff, dass er eine wichtige Entdeckung gemacht hatte, die von großer Bedeutung für Darwins Evolutionslehre war. 1866 schrieb er einen Artikel über seine Experimente und schickte ihn einem Biologieprofessor. Der Professor ließ sich jedoch nicht über-

Die grosse Bibliothek in uns allen

zeugen und antwortete nur mit Spott. Mendel war zutiefst niedergeschlagen und stellte seine Forschungen ein. Er schrieb einen weiteren Artikel für eine Zeitschrift, die nur in Brünn erschien, weshalb der Artikel zu seinen Lebzeiten von sehr wenigen anderen Forschern gelesen wurde. Darwin starb, ohne zu erfahren, dass die Lösung für das größte Problem der Evolutionslehre gefunden war.

1900, über zwanzig Jahre nach Mendels Tod, wurden seine Vererbungsgesetze wieder entdeckt. Das passierte gleichzeitig in drei verschiedenen Ländern, und alle drei Entdecker erkannten, dass Mendel ihnen zuvorgekommen war. Deshalb wurde die neue Lehre nach ihm benannt. Erst viele Jahre später jedoch ging den Forschern auf, dass Mendels Gesetze für alle Lebewesen gelten, auch für uns Menschen.

Das zeigt sich unter anderem an der Bluterkrankheit, bei der das Blut nach einer Verletzung nicht gerinnt. In früheren Zeiten war diese Krankheit oft tödlich, denn Betroffene konnten selbst an kleinen Wunden verbluten. Als sich die Wissenschaftler genauer mit dieser Krankheit beschäftigten, stellte sich heraus, dass sie entsprechend der mendelschen Gesetze vererbt wird. Sie ist also eine vererbbare Eigenschaft wie die Farben der Blüten.

Diese Feststellung überzeugte die Forscher davon, dass es auch in Menschen und anderen Lebewesen solche Erbpartikel geben musste. Die Frage war: Wo verstecken sie sich?

Ein Teil der Antwort war natürlich, dass die Erbpartikel in den Zellen liegen, aus denen alle Lebewesen aufgebaut sind. Um die Mitte des 19. Jahrhunderts wussten die Forscher, dass alle Pflanzen und Tiere aus solchen winzigen „Bausteinen" zusammengesetzt sind.

Um diese Zeit kamen auch die ersten Mikroskope auf, die so leistungsfähig waren, dass die Zellen nun genau untersucht werden konnten. Damals stellten die Forscher fest, dass Zellen selber auch eine Art von Lebewesen sind. Zellen stellen ihre eigene Energie her, sie können chemische Stoffe produzieren und aus ihrer Umgebung Nahrung aufnehmen (in Tierkörpern holen viele Zellen ihre Nahrung aus dem Blut). Außerdem können sie sich vermehren.

Um die Mitte des 19. Jahrhunderts stellten die Biologen auch fest, dass sich Zellen durch Zweiteilung vermehren. Wenn sich eine Zelle teilt, passiert in ihr etwas Seltsames. Mitten in jeder Zelle gibt es einen Kern, einen etwas dunkleren Bereich. Ehe die Zelle sich teilt, scheint sich dieser kleine Kern zu zersetzen.

Viele dünne Fäden kommen zum Vorschein und liegen danach immer zu zweit nebeneinander. Dann bewegt sich je ein Faden von jedem Fadenpaar zu einer Seite der Zelle hin. Wenn die Fäden jeweils in ihren Zellteil hinübergewandert sind, verengt sich die Zelle

Die grosse Bibliothek in uns allen

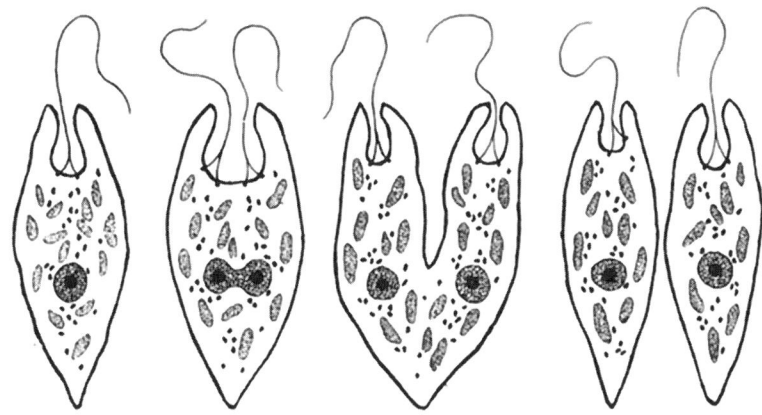

Eine Zelle teilt sich (schematische Darstellung).

in der Mitte. Am Ende ist sie in der Mitte so dünn, dass sie aussieht wie eine Eieruhr, danach teilt sie sich.

Die Fäden in den beiden neuen Zellen sammeln sich wieder zu Kernen. Was die Forscher gegen Ende des 19. Jahrhunderts entdeckten, war, dass jede neue Zelle genauso viele Fäden enthält wie die alte vor ihrer Teilung. Offenbar musste der Zellkern immer genau die richtige Anzahl von Fäden enthalten. Da es leichter war, diese Fäden zu sehen, wenn der Zelle Farbstoff beigegeben wurde, erhielten die Fäden den Namen Chromosomen, das bedeutet auf Griechisch: „gefärbter Körper".

Die Tatsache, dass Zellen sich teilen, ist sehr wichtig. Denn eine Zelle lebt nicht ewig und muss vor ihrem Tod eine neue, frische Kopie von sich selber herstellen. In unserem Körper entstehen auf diese Weise immer neue Zellen, während alte Zellen sterben und verschwinden.

Es gibt nur eine Ausnahme von jener Regel, dass alle Zellen immer die gleiche Anzahl Chromosomen enthalten, und zwar bei den Zellen, die mit der Vermehrung zu tun haben. Im 17. Jahrhundert hatte man die männlichen Samenzellen entdeckt, und später hatte sich herausgestellt, dass alle männlichen Wesen solche Zellen haben. Im Jahr 1827 stellte der deutsche Forscher Karl Ernst von Baer fest, dass es bei Frauen ein Gegenstück gibt – die Eizellen. Und dann erkannten die Biologen 1875, dass bei der Vermehrung eine Samenzelle und eine Eizelle zu einer einzigen Zelle verschmelzen.

Bei den Menschen hat eine normale Zelle 46 Chromosomenfäden. In weiblichen Eizellen und in männlichen Samenzellen dagegen gibt es nur 23 Chromosomen. Wenn eine Samenzelle und eine

Eizelle verschmelzen und die erste Zelle bilden, aus der später ein Mensch werden soll, liefert jede dazu 23 Chromosomen, und die richtige Zahl von 46 ist wieder komplett.

Die Forscher überlegten nun: Wenn die Eigenschaften der Nachkommen von den Eltern stammen und wenn die Zellen der Nachkommen zur Hälfte die Chromosomen von der Mutter und zur Hälfte die des Vaters haben, dann müssten diese Eigenschaften doch in den Chromosomen liegen? Es sah so aus, als seien die Chromosomen die von Mendel vermuteten Erbpartikel.

Aber ein Mensch hat schließlich weitaus mehr als nur 46 Eigenschaften. Wenn wir uns überlegen, was uns zum Beispiel alles von einem Leberblümchen unterscheidet, dann sehen wir, dass uns tausende von Eigenschaften zum Menschen und nicht zur Pflanze machen. Es konnte also unmöglich sein, dass ein Mensch pro Chromosom nur eine Eigenschaft erbte. Die Chromosomen mussten hunderte oder tausende von Eigenschaften enthalten.

Im Jahr 1909 wurden die Erbpartikel mit der Bezeichnung „Gene" belegt, nach einem griechischen Wort, das „erzeugen" bedeutet. Aus diesem neuen Wort wurde der Name der Wissenschaft gebildet, die sich mit der Frage befaßt, wie Lebewesen ihre Eigenschaften erben: Genetik. Die Forscher, die sich mit Genetik beschäftigen, heißen Genforscher oder Genetiker.

Um die Zeit, als die Gene ihren Namen bekamen, begann der amerikanische Forscher Thomas Morgan, sich mit Fruchtfliegen zu beschäftigen. Diese Fliegen sind normalerweise klein (2 bis 4 Millimeter lang), sie sind gelbbraun und haben rote Augen. Fruchtfliegen sind wie alle anderen Lebewesen: Sie haben unterschiedliche Eigenschaften, und diese Eigenschaften werden vererbt. Der große Vorteil der Fruchtfliege ist jedoch, dass sie sich in Gefangenschaft leicht und schnell züchten lassen, bei jeder Paarung entstehen zweihundert „Fliegenkinder", und die Nachkommen können sich schon acht bis zehn Tage nach ihrer „Geburt" selber paaren.

Einen Monat, nachdem sich eine Fruchtfliege zum ersten Mal vermehrt hat, kann sie bereits ihre ersten „Urgroßenkel" erleben. Ein Mensch erlebt oft schon seine Großenkel nicht mehr. Da die Zellen von Fruchtfliegen nur wenige Chromosomen enthalten und da einige dieser Chromosomen mit einem normalen Mikroskop untersucht werden können, erfuhr Morgan viel darüber, wie Chromosomen als Träger der Vererbung funktionieren.

Unter anderem entdeckte er neue Vererbungsgesetze, die sich von den mendelschen um einiges unterschieden. Die Wirklichkeit schien komplizierter zu sein, als Mendel sich das vorgestellt hatte. Morgan stellte auch fest, dass Gene Teile von Chromosomen sind, denn bei der Fruchtfliege sind sie als dunkle Bänder auf den Chromosomen zu sehen.

Als nächster Schritt musste ermittelt werden, woraus Gene eigentlich bestehen. Natürlich sind Chromosomen, wie alles andere in der Natur, aus Atomen zusammengesetzt. Die Frage war jedoch, wie die Atome zusammengesetzt sind und um welche Atome es sich hier handelt. Da die Chromosomen unter dem Mikroskop wie lange dünne Fäden aussehen, konnten sie durchaus aus langen Molekülen bestehen. Solche Chromosomenmoleküle können aus tausenden von Atomen bestehen, die zu einer langen, langen Kette nebeneinander aufgereiht sind.

Die Genforschung arbeitete schon viele Jahre mit Chemikern zusammen, und die kennen sich mit Molekülen aus. Deshalb fanden sie heraus, dass die Chromosomen ein Molekül mit dem langen chemischen Namen Desoxyribonukleinsäure (auch DNS oder, englisch, DNA genannt) enthalten. Sie wussten, dass das Molekül riesig ist, es enthält Milliarden Atome, die eine lange Kette bilden. Es ist ein riesengroßes Molekül im Vergleich zu Wasser, das nur aus drei Atomen besteht, aus einem Sauerstoff- und zwei Wasserstoffatomen.

Das DNS-Molekül enthält die Grundstoffe Kohlenstoff, Sauerstoff, Schwefel, Phosphor und Wasserstoff: fünf unterschiedliche Atome, die so zusammengesetzt sind, dass sie alle zur Entstehung eines Menschen nötigen Informationen speichern können. Dass das möglich sei, erschien den Forschern unvorstellbar. Wie konnten diese Informationen gespeichert werden? Und wie konnten die Körperzellen die Informationen „lesen"?

Die Forscher mussten darüber hinaus auch noch eine ganz einzigartige Eigenschaft des DNS-Moleküls erklären: Es kann sich selber kopieren. Wenn sich eine Zelle teilt, erhält die neue Zelle automatisch dieselbe Anzahl von Chromosomen, die die erste hatte. Unter dem Mikroskop sehen wir, dass die Chromosomen sich verdoppeln. Da das DNS-Molekül in den Chromosomen enthalten ist, muss bei der Zellteilung auch die doppelte Anzahl von DNS-Molekülen entstehen.

Um zu verstehen, wie ein Molekül arbeitet, müssen wir sein Aussehen kennen. Es reicht nicht zu wissen, welche Atome es enthält oder wie viele Atome jeder Art es hat. Die Genforscher müssen das genaue Aussehen des Moleküls kennen.

Das klingt kompliziert, und das ist es auch. Das DNS-Molekül besteht ja nur aus unvorstellbar winzigen Atomen, die im Kern von einigen hundertstel Millimeter großen Zellen liegen. Es ist unmöglich, diese Moleküle unter einem normalen Mikroskop zu ent-

Die grosse Bibliothek in uns allen

decken. Und auch das gewaltig vergrößernde Elektronenmikroskop ist hier keine Hilfe. Trotzdem fanden die Genforscher eine Lösung. Sie konnten das DNS-Molekül „sehen", ohne es jemals mit dem Auge zu erblicken.

Ihre Technik funktioniert so: Angenommen, mitten im Zimmer steht ein Stuhl. Aus irgendeinem Grund können wir diesen Stuhl nicht direkt sehen. Wir sehen nur seinen Schatten. Wir stellen eine Lampe vor den Stuhl und sehen an der Wand dahinter den Schatten. Der Schatten ist ziemlich verwirrend: Die vier Stuhlbeine scheinen nebeneinander zu stehen.

Dann stellen wir die Lampe neben den Stuhl und sehen uns noch einmal den Schatten an. Jetzt haben sich Stuhlbeine und Rückenlehne im Verhältnis zueinander verschoben. Wenn wir die Lampe noch zweimal verstellen, dann erhalten wir vier verschiedene Schattenbilder. Wenn wir uns jetzt hinsetzen und uns die Bilder ansehen, können wir uns ausrechnen, wie der Stuhl aussieht.

Die englische Wissenschaftlerin Rosalind Franklin war eine von vielen, die zu dieser Technik griffen, um das Aussehen des DNS-Moleküls zu ermitteln. Sie benutzte dabei jedoch kein sichtbares Licht. Bei solchen kleinen Gegenständen helfen nämlich nur Röntgenstrahlen weiter. Die „Schatten" des DNS-Moleküls wurden auf einem Filmstreifen festgehalten, und nun musste das entsprechende Bild gedeutet werden.

Nun sieht ein DNS-Molekül sehr viel verwirrender aus als ein Stuhl, und deshalb waren auch die Schattenbilder alles andere als klar. Aber die beiden Forscher, die sie schließlich entschlüsseln konnten, Francis Crick und James Watson, griffen zu einer Technik, die fast kindisch wirkt. Sie verwendeten ein Modell aus Pappstücken. Die Pappstücke stellten verschiedene kleine Moleküle dar, aus denen sich, wie die Forscher wussten, das große DNS-Modell zusammensetzt. Wenn sie die Pappstücke auf unterschiedliche Weise zusammensetz-

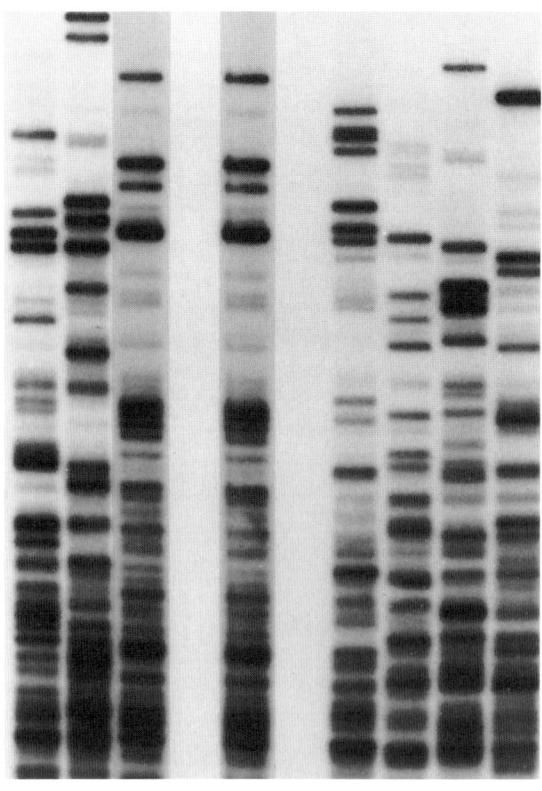

Die DNS hilft auch der Kriminalpolizei, Täter zweifelsfrei zu identifizieren. Dazu wird ein DNS-Muster (Mitte) aus einem Blutfleck am Tatort gewonnen. Dann wird es mit der DNS der Verdächtigen verglichen. Nur die DNS links neben der, die aus dem Blutfleck gewonnen wurde, passt. Die DNS überführt so den Schuldigen und entlastet die übrigen Verdächtigen.

Die grosse Bibliothek in uns allen

ten, konnten sie DNS-Moleküle von unterschiedlichem Aussehen bilden und sie dann mit den Bildern vergleichen.

Solche Molekülbaukästen werden in der Chemie häufig verwendet, sie geben ein brauchbares Bild vom Aussehen des wirklichen Moleküls. Diese Baukästen bestehen oft aus kleinen Plastikkugeln für die Atome und aus kleinen Stäbchen, die die Atome miteinander verbinden. Wissenschaftler sind nicht anders als andere Menschen: Sie verstehen ein Problem oft besser, wenn sie etwas Konkretes betrachten und anfassen können.

Crick und Watson bauten nicht auf Anhieb das richtige Modell. Im Gegenteil, sie versuchten ihr Glück mit verschiedenen Modellen und stellten sich vor, welchen Schatten diese Modelle werfen würden. Sie achteten auch darauf, dass die Gestalt des Moleküls ihren übrigen chemischen Kenntnissen entsprach. Dann baten sie andere Forscher um deren Meinung. Immer wieder mussten sie ein Modell aufgeben und wieder von vorn anfangen – immer wenn sie glaubten, das richtige Aussehen des DNS-Moleküls entdeckt zu haben, warf sie irgendein kleines Detail wieder zurück.

Aber dann, im April 1953, konnten sie endlich ein Modell konstruieren, das mit allem übereinstimmte, den Schattenbildern und den chemischen Ergebnissen. Das Modell zeigte, dass das DNS-Molekül aus zwei spiralförmigen Ketten von Molekülen besteht, die miteinander verbunden sind. In gewisser Hinsicht erinnert das DNS-Molekül an eine Wendeltreppe mit Molekülen als Verbindungsstufen zwischen den beiden Spiralen. Und zwar an eine lange Wendeltreppe mit Millionen von Treppenstufen.

Das Geniale an dieser Überlegung ist nicht leicht zu begreifen, wenn man nicht sehr viel Ahnung von Chemie hat. Aber ich will versuchen, es zu erklären. Ich habe erzählt, dass sich die

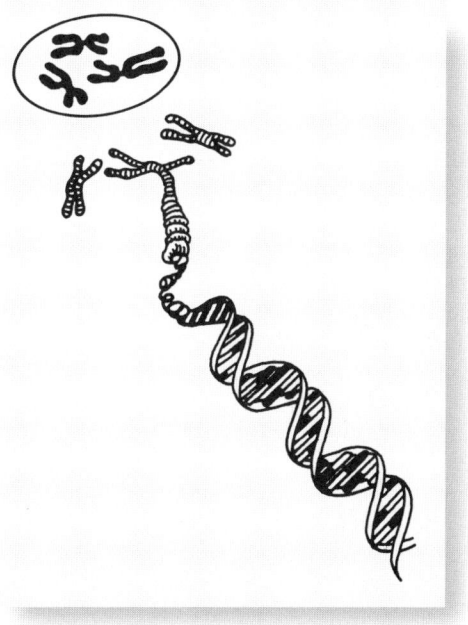

Die Chromosomen einer Zelle enthalten die DNS, den genetischen Gedächtnisspeicher. In der lebenden Zelle liegen die DNS-Moleküle jeweils paarweise in spiralförmigen Doppelsträngen. Zur Vermehrung stellen die Moleküle eine identische Kopie von sich selber her, indem sich die Stränge zunächst trennen und anschließend beide wieder selbstständig verdoppeln.

Forscher fragten, wie ein Molekül eine Kopie von sich selber herstellen kann. Genau das geschieht bei jeder Zellteilung, denn die neuen Zellen haben ebenso viele Chromosomen wie die alten.

Da das DNS-Molekül aus zwei miteinander verbundenen Spiralen besteht (deswegen wird es auch Doppelspirale genannt), kann sich jedes Molekül längs teilen, sodass sich die Spiralen voneinander trennen. Und das Molekül ist so beschaffen, dass sich jede der beiden DNS-Hälften eine neue zweite Hälfte zulegen kann. Sie wird aus kleineren Molekülen zusammengesetzt, die in der Zelle herumschwimmen. So entstehen wieder zwei komplette DNS-Doppelspiralen, von denen jede in ihrer Zelle landet.

Die Entdeckung von Crick und Watson erregte gewaltiges Aufsehen. Sie war eine der wichtigsten Entdeckungen des 20. Jahrhunderts (Francis Crick glaubte, das eigentliche „Rätsel des Lebens" gelöst zu haben), und bald kannte alle Welt die DNS-Doppelspirale. Sie ist auf ungefähr dieselbe Weise wie Albert Einsteins Gesicht zum Symbol für die Wissenschaft des 20. Jahrhunderts geworden.

DAS GEHEIMNIS
DES LEBENS

Für die Genforschung bedeutete diese Entdeckung einen großen Schritt nach vorn. Vorbei war die Zeit, als man im Dunkeln tappte und versuchte, den Geheimnissen der Gene auf die Spur zu kommen, indem man Erbsen kreuzte oder Fruchtfliegen züchtete. Jetzt wussten die Forscher, wie Eigenschaften von Eltern an ihre Nachkommen vererbt werden. Mendels Vererbungslehre und die anderen Vererbungsgesetze, die inzwischen entdeckt worden waren, beruhen eigentlich auf den Ereignissen im DNS-Molekül. Um diese Ereignisse wirklich zu begreifen, mussten die Forscher die „Sprache" des DNS-Moleküls lernen.

Seit 1953 arbeiten Genforscher und Chemiker an der Entschlüsselung der DNS-Sprache. Und seither ist entdeckt worden, dass die DNS-Moleküle riesige, mit Informationen voll gestopfte Bibliotheken sind. Das DNS-Molekül in jeder einzelnen Zelle enthält ungefähr so viele Informationen wie fünftausend Bücher, die so dick sind wie meins.

In der DNS-Molekül-Bibliothek finden wir auch die wichtigste Information von allen: das Rezept, wie ein Lebewesen entsteht. Wenn eine Eizelle und eine Samenzelle aufeinander treffen, dann verschmelzen die DNS-Moleküle beider Zellen miteinander. Auf diese Weise entsteht eine neue Bibliothek mit den Informationen von beiden Elternteilen. Die Gene im DNS-Molekül der verschmolzenen Zelle teilen mit, ob ein Mensch, ein Krebs, eine Pflanze, eine Bakterie oder irgendein anderes Wesen entstehen soll. Wenn es ein Mensch wird, dann entscheiden die Gene, wie dieser Mensch aussehen wird.

Die Gene lassen sich mit Kapiteln in den Büchern der DNS-Bibliothek vergleichen, und diese Kapitel sind von unterschiedlicher Länge. Einige Genkapitel haben nur wenige Seiten, andere über hundert. Warum das so ist, wissen wir nicht. Vermutlich gibt es im DNS-Molekül eines Menschen über hunderttausend verschiedene

Gene, hunderttausend „Kapitel" mit den Rezepten für alles, von der Zusammensetzung unserer Niere bis zu unserer Haarfarbe.

Aber die Gene sind mehr als nur Rezepte für unser Aussehen. Damit unser Körper überhaupt funktioniert, müssen immer wieder tausende verschiedene chemische Stoffe produziert werden. Die Rezepte für diese Stoffe liegen auch in Genen des DNS-Moleküls. Allein um in unserem Magen einen Apfel zu verdauen und die Nährstoffe in uns aufzunehmen, müssen hunderte von chemischen Reaktionen auf die richtige Weise und in der richtigen Reihenfolge ablaufen. Wenn eine Zelle chemische Stoffe produziert, dann holt sie die dafür nötige Information aus dem DNS-Molekül.

Da sich die meisten Zellen im Körper teilen und da fast alle Zellen chemische Stoffe produzieren, muss es in allen Zellen eine DNS-Bibliothek geben.

Obwohl die Forschung inzwischen versteht, wie die DNS-Sprache funktioniert, können wir noch längst nicht alle Bände in der Bibliothek lesen. Das DNS-Molekül ist eben doch keine richtige Bibliothek, wie wir sie kennen. Es gibt zum Beispiel keinen Bibliothekar, der uns das Suchen abnehmen könnte. Und es scheint auch kein richtiges Ordnungssystem zu geben. Offenbar liegen die Bücher wild durcheinander.

Allein die Frage, wo man anfangen soll, ist ein gewaltiges Problem. Noch vor wenigen Jahren konzentrierte sich die Genforschung auf einige wenige Gene, vor allem auf solche, die mit Krankheiten zu tun hatten und deshalb interessant waren. Mithilfe komplizierter Techniken hat die Forschung herausfinden können, wo im DNS-Molekül die „kranken" Gene sitzen und was mit ihnen nicht stimmt.

Wir können vielleicht sagen, dass die Genforscher wissen wollen, wo in der Bibliothek ein interessantes Kapitel steht. Was sie nicht so sehr interessiert, wird übersprungen. Aber inzwischen ist den Genforschern aufgegangen, dass wir nicht die ganze DNS-Bibliothek verstehen können, wenn wir nicht jede Seite in jedem Buch studiert haben. Sie müssen ganz einfach das gesamte DNS-Molekül erforschen, um festzustellen, wo sämtliche Gene sitzen.

1990 wurde zu diesem Ziel ein gewaltiges Forschungsprojekt ins Leben gerufen. Es heißt *Human Genome Project* („Menschen-Gen-Projekt"). Es geht darum, sich durch das gesamte DNS-Molekül hindurchzuarbeiten und eine Übersicht über alle dabei gefundenen Gene zu erstellen. Diese Übersicht wird dann an den Katalog in einer Bibliothek erinnern, in dem wir nachschlagen können, in welchem Regalfach ein bestimmtes Buch steht.

Dieses Projekt ist eins der größten Forschungsunternehmen aller Zeiten, und Wissenschaftler aus vielen Ländern sind daran beteiligt. Es ist ein seltsamer Gedanke, dass es ebenso viel kostet, die Gene eines Menschen zu beschreiben, wie es damals gekostet hat, einen Menschen zum Mond zu schicken!

Und das alles ist erst der Anfang. Denn auf unserem Planeten sind wir umgeben von vielen Millionen anderer Arten, und jede Art hat ein einzigartiges DNS-Molekül. Über die Fruchtfliegen wissen die Genforscher schon recht viel, und 1995 wurde eine Bakterie zum ersten Lebewesen, dessen gesamtes DNS-Molekül katalogisiert werden konnte. Aber sieht man ab von solch kleinen Lebewesen, dann sind die Erbanlagen von Millionen Arten auf unserer Erde noch ebenso unerforscht wie die fernsten Galaxien im All.

Erinnern wir uns noch einmal an den großen Lebensbaum des Carl von Linné (vgl. S. 132–134), der zeigte, wie alles Lebende miteinander verwandt ist. Bis heute versuchen Biologen, die Verwandtschaft zwischen verschiedenen Tier- und Pflanzenarten zu ermitteln, indem sie deren Eigenschaften vergleichen. Aber in der Regel konzentrieren sie sich dabei auf die Eigenschaften, die wir mit bloßem Auge sehen können – zum Beispiel das Aussehen des Fells oder die Blätterformen einer Pflanze.

Die Genforschung hat den Biologen zu neuem Werkzeug verholfen. Wenn sie die DNS-Moleküle von verschiedenen Tieren und Pflanzen miteinander vergleichen, können sie deren Verwandtschaftsgrad ermitteln. Der Gedanke ist einfach. Je näher zwei Wesen miteinander verwandt sind, desto ähnlicher sind ihre DNS-Moleküle. Zwei Menschen haben sehr ähnliche Gene. Zwei Vertreter unterschiedlicher Arten weisen in ihren Genen größere Unterschiede auf. Zwischen den Genen eines Gorillas und eines Menschen besteht also ein größerer Unterschied als zwischen den Genen zweier Menschen.

Auf diese Weise können wir weiter aufzählen: Zwischen Luchs- und Menschengenen ist der Unterschied noch größer, und er wächst noch einmal, wenn wir Menschen- und Krokodilgene miteinander vergleichen. Auch die Gene von Bäumen und Menschen weisen gewisse Ähnlichkeiten auf, aber die Unterschiede sind viel, viel größer als zwischen Menschen und Krokodilen. Aber wir dürfen nicht vergessen: So groß der Unterschied zwischen dem DNS-Molekül eines Menschen und dem einer Bakterie auch sein mag, es gibt immer noch Ähnlichkeiten.

Und das ist sehr wichtig. Denn dass es in den Erbanlagen aller Lebewesen auf der Erde Ähnlichkeiten gibt, bedeutet vermutlich, dass wir alle von demselben Wesen abstammen, das vor langer Zeit gelebt hat. Die Teile des DNS-Moleküls, die Menschen und Bakterien gemeinsam aufweisen, sind vielleicht auch die ältesten. Wenn das zutrifft, dann trägt jeder von uns und tragen alle anderen Lebewesen DNS-Teile mit sich herum, die sich in Jahrmilliarden nicht verändert haben. In den Händen, die dieses Buch halten, befinden sich uralte DNS-Fossilien.

Die Arbeit an einem neuen Stammbaum für die Erde, bei der die DNS-Moleküle der Lebewesen miteinander verglichen werden, hat eben erst begonnen. Es ist ein gewaltiges Projekt, viel größer als das „Menschen-Gen-Projekt", und niemand weiß, wie lange wir dafür brauchen werden. Aber es muss durchgeführt werden, wenn wir die Antwort auf eine der spannendsten Fragen finden wollen: Wie ist das Leben auf der Erde entstanden?

Einiges von dieser Arbeit ist schon getan. Denn als die Wissenschaftler erkannt hatten, dass die Erbanlagen aus einem Molekül bestehen, das sich aus Kohlenstoff, Wasserstoff, Schwefel, Phosphor und Sauerstoff zusammensetzt, konnten sie sich auch vorstellen, dass das Leben vielleicht mit einem Molekül angefangen haben könnte. Die Forscher stellten sich vor, dass sich die Atome, die das DNS-Molekül bilden, auf eigene Faust zusammengetan hätten. Aus toten Atomen wäre dann die Grundlage für Leben entstanden.

Es ist eine seltsame Vorstellung, dass sich plötzlich Milliarden Atome zu etwas so Kompliziertem wie dem DNS-Molekül zusammenschließen sollen. Aber das glaubt auch kein Wissenschaftler. Viele stellen sich vor, dass das allererste DNS-Molekül vielleicht aus kleineren Molekülen entstanden ist, die sich dann schrittweise zusammengefunden haben.

1952 wurde in den USA ein berühmtes Experiment durchgeführt. Der Chemiker Stanley Miller versuchte, die Verhältnisse zu rekonstruieren, die vor vier Milliarden Jahren auf der Erde geherrscht haben. Von den Astronomen wusste er, dass die Erde damals von dicken Wolken aus Gasen wie Ammoniak und Methan (sie bestehen aus Kohlenstoff, Stickstoff, Wasserstoff und Sauerstoff) bedeckt war. Vermutlich blitzte es die ganze Zeit, während die ultravioletten Strahlen der Sonne von oben die Wolken trafen.

Miller legte in einem Glasbehälter seine eigene „Uratmosphäre" an. Er ließ durch die entsprechenden Gase eine Woche lang elektrische Funken schlagen (die sollten Blitze und Sonnenstrahlung darstellen). Nach dieser Woche war der Behälter innen von einer braunen Masse bedeckt. Bei genauerer Untersuchung ergab sich, dass es in dieser Masse von komplizierten Molekülen nur so wimmelte. Und mehrere dieser Moleküle waren so beschaffen wie die „Bausteine" im DNS-Molekül.

Später wurden viele vergleichbare Experimente durchgeführt,

und alle legten denselben Schluss nahe: Die Moleküle, die ein DNS-Molekül bilden, entstehen in einer Atmosphäre, die der der Urerde gleicht, ganz von selbst. Aber es ist noch immer ein weiter Weg von den Bausteinen zum fertigen DNS-Molekül. Wenn dieses Molekül eine Bibliothek ist, dann sind die Bausteine die Sätze in den Büchern. Wie die Sätze sich zu kompletten Bauanleitungen zusammengesetzt haben, ist schwer zu begreifen.

Die meisten Wissenschaftler glauben, dass es ungefähr so gewesen sein kann: Vor vier Milliarden Jahren verfügte die Erde nicht nur über eine dichte Atmosphäre. Sie war auch von einem seichten, warmen Meer bedeckt. Die Molekülbausteine, die in dieser Atmosphäre entstanden, regneten ins Meer hinab. Das Meer wurde zu einer „Suppe" aus Molekülen, in der sie Millionen Jahre hindurch immerzu gegeneinander stießen. Wenn die Moleküle zusammenstießen, hängen sie sich bisweilen in langen Ketten aneinander, und auf diese Weise entstand dann ein größeres Molekül. Diese langen Moleküle können sich zu noch viel längeren Molekülen zusammengeschlossen haben. Schließlich enthielt das Urmeer eine Unzahl von unterschiedlichen komplizierten Molekülen, die immer wieder miteinander kollidierten.

Und dann, ganz zufällig, entstand ein Molekül, das sich selber kopieren konnte. Das Molekül konnte kleine Moleküle aus der Suppe fischen und sie so zusammensetzen, dass eine Kopie entstand. Schon bald gab es viele dieser Kopiermoleküle. Denn die Moleküle, die Kopien von Kopiermolekülen waren, konnten sich auch wieder selber kopieren. Auf diese Weise wurden immer mehr Moleküle im seichten Meer zu langen Kopiermolekülen.

Nun griff die Natur auf andere Weise ein. Denn in einigen Kopiermolekülen kam es zu kleinen Veränderungen, und auf diese Weise gab es plötzlich unterschiedliche Typen. Manche konnten sich besser kopieren als andere, und sie traten häufiger auf als andere Varianten. Die Auswahl der besten Varianten, von der Darwin gesprochen hat, setzte schon hier im Urmeer ein. Die Moleküle, die sich am besten kopieren konnten, siegten im Wettkampf mit den andern.

Vielleicht entstand damals eine Art von Molekül, das andere aufspaltete und sich selber mit deren Teilen aufbaute. Das wäre das allererste „Raubtier" gewesen, ein Wesen, das andere „fraß". Wie das genau passiert ist, wissen wir nicht. Und wir werden es auch nie erfahren, denn die Moleküle haben keine Fossilien hinterlassen, die wir heute studieren könnten.

Die Wissenschaftler sind aber ziemlich sicher, dass sich mehrere Moleküle irgendwann zusammentaten, vielleicht, um sich gegen die „Raubmoleküle" zu wehren. Im Daseinskampf ist Zusammenarbeit von Vorteil. Den Molekülen wurden unterschiedliche Aufgaben zugewiesen: Einige legten sich als beschützende Haut um die anderen, andere mussten Energie herstellen, noch andere waren für die neuen Kopien der beteiligten Moleküle verantwortlich. Vielleicht entstand auf diese Weise die allererste Zelle.

Eineinhalb Milliarden Jahre lang gab es im Meer nur einzellige Organismen. Aber dann taten sich die Zellen zusammen und wurden zu mehrzelligen Pflanzen und Tieren. Krustentiere, Quallen und Fische entstanden, und vor 400 Millionen Jahren krochen schließlich die ersten Amphibien und Insekten an Land. Aus den Amphibien entwickelten sich die Kriechtiere und die Säugetiere. Und von den Säugetieren stammen wir selber ab, die Art Mensch.

Diese Entwicklung ist genauso abgelaufen, wie Darwin sich das vorgestellt hatte: Zufällige Veränderungen in den Genen führen zu kleinen Unterschieden zwischen Tieren und Pflanzen. Ab und zu vergrößern diese Veränderungen die Überlebens- und Vermehrungschancen des Tiers oder der Pflanze, sodass neue Arten entstehen können.

Die DNS-Forschung kann inzwischen in diese Veränderungen eingreifen. Nach 1960 entdeckten Genforscher in den USA, dass sie eine DNS-Doppelspirale zur Teilung bringen konnten, wenn sie einen bestimmten Stoff dazugaben. Wenn sie dann ein bestimmtes Gen hinzufügten, verschmolz dieses Gen oft mit dem DNS-Molekül, das sich geteilt hatte. Auf diese Weise entstand ein neues DNS-Molekül mit einem von Menschenhand beigesteuerten Gen. Diese Technik wird Genmanipulation genannt. Sie lässt sich so beschreiben: In einem der Bücher der DNS-Bibliothek wird ein Kapitel angehängt oder ausgetauscht.

Wenn das neue DNS-Molekül in die Eizelle einer Maus gespritzt wird (Mäuse werden bei wissenschaftlichen Experimenten oft benutzt), dann beeinflusst dieses neue Gen die Maus. Das Gen gibt der Maus eine neue Eigenschaft, wie sie keine Maus bisher gehabt hat. Das Unglaubliche ist, dass wir ein Gen der einen Art einer anderen Art einsetzen können. Zum Beispiel sind Gene aus einem menschlichen DNS-Molekül ins DNS-Molekül einer Maus eingepflanzt worden. Und die Maus erhält eine Eigenschaft, die es sonst nur bei Menschen gibt.

Dass dieses Verfahren überhaupt funktioniert, liegt daran, dass die DNS-Sprache bei allen Lebewesen gleich ist. Die Mäusezellen können ein Menschengen ebenso nach Informationen abfragen wie ein Mäusegen. Die genaue Technik der Genmanipulation ist seit fünfzehn Jahren bekannt und wird immer häufiger angewandt.

Das Geheimnis des Lebens

Als die Genforscher zum Beispiel zwei Gene verschiedener Bakterien kombinierten, konnten sie eine Getreidesorte herstellen, die nicht von Insekten befallen wird. Sie haben auch Bakterien hergestellt, die umweltschädliches Öl „auffressen" und den Abfall bei der Papierproduktion in Zucker verwandeln können. Wenn menschliche Gene ins DNS-Molekül eines befruchteten Eis von Schafen, Kühen oder Ziegen eingepflanzt werden, können die Genforscher Tiere züchten, deren Milch eine heilende Wirkung bei Menschen hat. Solche Tiere werden „transgen" genannt.

Immer häufiger werden die Gene von Versuchstieren verändert, zum Beispiel von Mäusen und Ratten, um so die Tiere geeigneter für die Forschung werden zu lassen. Amerikanische Forscher haben zum Beispiel eine Maus „gemacht", die leicht an Krebs erkrankt. Diese Maus wird in der Krebsforschung oft benutzt.

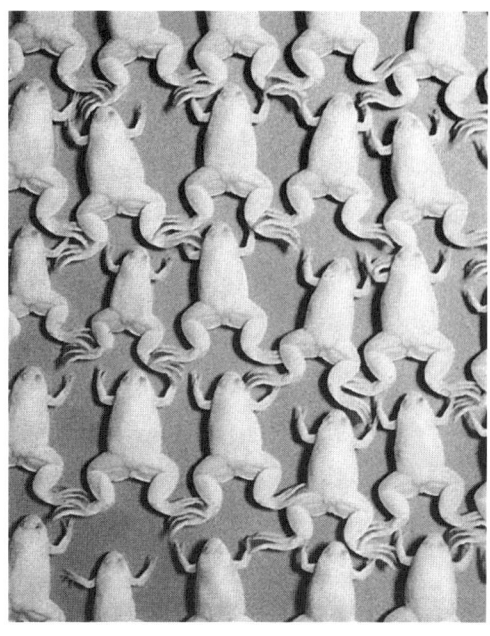

Geklonte, genetisch identische Kröten. Beim Klonen werden keine neuen Gene hinzugefügt, sondern die bestehenden vervielfältigt.

Die Vorteile dieser Technik liegen auf der Hand. In einer Welt mit zu vielen Menschen und zu wenig Lebensmitteln kann uns die Genmanipulation helfen, die Nahrungsmittelproduktion entscheidend zu steigern. Die Gentechnologie kann den Kampf gegen gefährliche Krankheiten erleichtern. Wir können vielleicht neue Impfstoffe herstellen, um die grausame Krankheit Krebs und viele uns heute vertraute Erbkrankheiten zu bekämpfen.

Aber die Gentechnologie bringt auch ihre Probleme mit sich, von denen man immer öfter lesen kann. Gentechnologie lässt sich missbrauchen, um gefährliche Bakterien zu produzieren, die im Krieg Anwendung finden. Gentechnologie ist teuer, und das kann dazu führen, dass nur die Menschen in den reichen Ländern von ihr profitieren. Es ist auch vorstellbar, dass wir Tiere und Pflanzen herstellen, die viel besser sind als die, die wir bisher hatten, und dass diese neuen Arten im Kampf ums Dasein gewinnen und die alten aussterben.

Vor allem aber haben viele Menschen Angst davor, was passieren wird, wenn sich die Genforscher mit menschlichen Genen befassen. Es ist möglich, Gene einzupflanzen, die uns stärker und widerstandsfähiger gegen Krankheiten machen, sodass wir länger leben. Vielleicht lässt sich unsere Intelligenz auch auf diese Weise verbessern. Und dann können die Forscher Kinder herstellen, aus denen „Supermenschen" werden. Wenn die Natur einen solchen Menschen entwickeln wollte, würde sie tausende von Jahren dafür brauchen. Die Genforscher schaffen das vielleicht schon in einem Jahrhundert.

Die Genforschung stellt uns, wie damals die Forschung zur Atombombe (vgl. S. 174–177), vor ein Dilemma. Deshalb wird bei uns heiß über Sinn und Zweck der Genforschung diskutiert. An dieser Diskussion beteiligen sich unter anderem Wissenschaftler, Philosophen und Politiker, und alle stellen die Frage: Ist es richtig, Tiere, Pflanzen und Menschen zu verändern? Sollten wir die Natur nicht in Ruhe lassen? Wie wird die Zukunft für „altmodische" Menschen aussehen, wenn sie unter genmanipulierten Supermenschen leben müssen? Und wer soll eigentlich entscheiden, wie viel wir verändern dürfen?

Viele meinen, die künftige Genforschung sollte durch Gesetze geregelt werden. Aber es ist sehr schwer, der Forschung Grenzen zu setzen. Denken wir nur an die Atombombe. Um die Entwicklung zu verhindern, hätten die Politiker Marie Curie verbieten müssen, sich mit Radioaktivität zu befassen. Als die Radioaktivität erst entdeckt war, war es nur noch eine Frage der Zeit, bis ihre Energie auch genutzt werden konnte. Das Problem war, dass niemand (auch nicht Marie Curie) voraussehen konnte, dass die Uranforschung zu einer Bombe führen würde.

Dasselbe gilt für die Gentechnologie. Jetzt, wo wir wissen, wie wir das DNS-Molekül katalogisieren und ihm fremde Gene einpflanzen können, ist es schwer, damit aufzuhören. Die Technik der Genmanipulation ist bekannt, und wir können ihre Anwendung nicht verhindern. Vermutlich kann nur eine Gruppe von Menschen der Forschung Grenzen setzen, und das sind die Forscher selber. Deshalb ist es wichtig, dass sie nicht nur an ihr Fach denken, sondern auch an die Folgen ihrer Entdeckungen und Erfindungen.

Aber es wird immer wieder auch solche Wissenschaftler geben, die sich in ihrer Forschung durch nichts aufhalten lassen und ihre Erkenntnisse um jeden Preis und ohne Bedenken in die Praxis umsetzen wollen, so wie es im Januar 1998 der amerikanische Genforscher Richard Seed angekündigt hat, der sich durch kein Verbot daran hindern lassen will, erstmals einen Menschen zu klonen, d.h. eine identische Kopie herzustellen. Die Jagd nach der Wahrheit ist für manche Forscher auch eine Sucht, der sie erliegen. Nicht mal Gesetze können sie dann bremsen.

Woher wir wissen, was wir wissen

Ich wusste schon mit sieben Jahren, dass ich Wissenschaftler werden wollte. Ich hatte im Fernsehen Astronauten gesehen, die auf der Oberfläche des Mondes herumliefen, und die Vorstellung, dass dort oben wirklich Menschen waren, weckte meine Neugier auf alles, was mit Weltraum und Raumfahrt zu tun hatte.

Ich beschaffte mir zuerst Bücher über Astronomie und später mehrere Teleskope. Damit erforschte ich jahrelang den Himmel und sah die Sterne, Galaxien und Planeten, über die ich gelesen hatte, mit eigenen Augen. In der Schule gab ich mir in Mathematik und den anderen naturwissenschaftlichen Fächern alle Mühe, weil ich wusste, dass diese Fächer für einen angehenden Forscher wichtig sind.

Elf Jahre, nachdem ich im Fernsehen die Astronauten gesehen hatte, konnte ich mein Studium an der Universität aufnehmen. Ich stellte rasch fest, dass es dort ganz anders zuging als in der Schule. Ich musste mir zwar Professoren anhören, die Vorlesungen über Physik, Mathematik und Astronomie ungefähr so hielten, wie Lehrer eine Schulklasse unterrichten. Aber die meiste Zeit konnte ich auf eigene Faust arbeiten.

Ich las viele Bücher über die Entdeckungen, die Astronomen und Physikern im Lauf der Zeit gelungen waren. Ich löste komplizierte Mathematikaufgaben, machte Experimente und beobachtete die Natur. Ich befasste mich wie einst Galilei mit schwingenden Pendeln. Ich maß die Bewegungen von Gegenständen aus, um festzustellen, ob Isaac Newtons Axiome wirklich stimmten. Ich studierte radioaktive Stoffe und lernte alles Mögliche über Alpha- und Betastrahlen. Und ich fotografierte Galaxien und studierte die Spektren der Sonne und anderer Sterne.

Das alles musste ich tun, um zu begreifen, wie ein Forscher denkt und arbeitet. Und das dauerte seine Zeit – fast sieben Jahre, nachdem ich den ersten Fuß in die Universität gesetzt hatte, beendete ich meine erste Forschungsarbeit. Aber dann ging es mir wie den meisten anderen Studenten. Ich wurde doch kein Wissenschaftler, da es ganz einfach nicht genug Forschungsplätze für alle gibt, die studiert haben. Ich musste die Universität verlassen und verlegte mich aufs Schreiben. Auf diese Weise konnte ich über Forscher und ihre Entdeckungen schreiben wie in diesem Buch.

Als ich anfing, mich mit der Jagd nach der Wahrheit vertraut zu machen, fiel mir bald auf, wie viel sich geändert hat, seit Galileo Galilei vor vierhundert Jahren seine ersten Experimente machte. Damals konnten nur sehr wenige Menschen studieren, und die Universitäten waren meist ziemlich klein. Heute haben in unserem Teil der Erde viel mehr Menschen die Möglichkeit, ein Studium aufzunehmen, und viele Universitäten haben zehntausende Studenten. Auf der Welt gibt es tausende von Universitäten und Millionen Menschen, die in der Forschung arbeiten. Und noch mehr, die studieren.

Die meisten wohlhabenden Länder stellen relativ große Summen für Forschung und Ausbildung zur Verfügung, da die Wissenschaft für Industrie, Gesundheitswesen und für die Gesellschaft ganz allgemein sehr wichtig geworden ist. Arme Länder versuchen, ihre Universitäten ebenfalls gut auszustatten, weil sie sehen, dass Länder, die viel Geld für Forschung ausgeben, in der Regel Vorteile davon haben und ihren Reichtum mehren.

An modernen Universitäten ist jede Wissenschaft ein eigenständiges Fach. Die Wissenschaften, von denen ich diesem Buch erzählt habe – Astronomie, Biologie, Physik, Chemie, Mathematik und Medizin – hatten an der Universität, die ich besuchte, jeweils eine eigene Abteilung. Ähnliche Einteilungen findet man auch an allen anderen Universitäten. Alle, die im Rahmen einer bestimmten Wissenschaft forschen, arbeiten in der Regel am selben Ort, zum Beispiel in einem eigenen Gebäude auf dem Universitätsgelände. Eine solche Abteilung an einer Universität wird auch Institut genannt. Weil ich Astronomie studiert habe, verbrachte ich meine Zeit zumeist im Astronomischen Institut.

Allerdings befasst sich jedes Institut auch noch mit anderen Wissenschaften, zum Beispiel das Astronomische auch mit Physik und Chemie. Und es ist nicht mehr so, dass ein Forscher alles weiß, was es über seine Wissenschaft zu wissen gibt. Im Lauf der Jahrhunderte haben wir so viele Kenntnisse über die Natur gesammelt, dass Forscher nur einen kleinen Teil davon im Kopf haben können. Sie müssen zu Fachleuten für einen kleinen Bereich werden, und es gibt neue kleinere Wissenschaften für diese kleinen Bereiche.

Bei den Astronomen gibt es zum Beispiel Kosmologen, Fachleu-

Woher wir wissen, was wir wissen

te für Entstehung und Entwicklung des Universums, Planetologen (Fachleute für Planeten), Astrophysiker (Fachleute für Sterne) und Sonnenphysiker (Sonnenfachleute), um nur einige wenige zu nennen. Und so ist es auch in allen anderen Wissenschaften.

Heute sind zum Forschen oft viele und teure Geräte nötig. Während Galileo Galilei nur mit einem kleinen Fernrohr aus dem Haus zu gehen brauchte, um die Jupitermonde zu entdecken, brauchen die heutigen Astronomen Teleskope mit Spiegeln von bis zu zehn Metern Durchmesser, die auf hohen Bergen in Gebäuden mit Klimaanlagen untergebracht sind. Moderne Astronomen benutzen Geräte, von denen Galilei nicht einmal träumen konnte. Denken wir nur an die Raumsonden, die zu fernen Planeten geschickt werden, und an Raumteleskope, die hoch über der Erdatmosphäre kreisen.

Fast alle Wissenschaftler arbeiten heute auf irgendeine Weise mit Computern. In den meisten Fächern sind mathematische Berechnungen unabdingbar, und Computer sind ideal für alle Arbeiten, die mit Zahlen zu tun haben. Computer können unvorstellbar schnell rechnen und werden, anders als Menschen, niemals müde. Schon recht kleine Computer können heute Berechnungen anstellen, die vor hundert Jahren für die Wissenschaftler einfach undenkbar waren. Viele Teile der heutigen Forschung wären ohne Computer unmöglich.

Seit Anfang der Siebzigerjahre haben Forscher ihre Computer miteinander vernetzt und nach und nach das System aufgebaut, das inzwischen als „Internet" bekannt ist. Über Internet können Forscher auf der ganzen Welt Texte, Bilder und wissenschaftliche Informationen austauschen. Sie können innerhalb weniger Minuten Informationen verbreiten.

Das ist vor allem wichtig, weil so viele Wissenschaftler in Gruppen arbeiten. Früher waren es eher die Einzelgänger wie Galilei oder Newton, die die großen Entdeckungen machten. Das kommt heute nur noch selten vor. Viele Fragen, mit denen die Forscher heute zu kämpfen haben, sind einfach zu kompliziert, als dass sie eine einzelne Person im Lauf ihres Lebens beantworten könnte.

Manchmal arbeiten Gruppen von mehreren hundert Wissenschaftlern an einem Problem. Die Mitglieder einer solchen Forschergruppe können durchaus in verschiedenen Ländern leben. Erfindungen wie Internet, Düsenflugzeuge, Telefon und Telefax haben dafür gesorgt, dass Entfernungen viel weniger bedeuten als früher.

Seit den Tagen Galileis hat sich also vieles geändert. Aber das Wichtigste hat sich nicht geändert: Wissenschaftler sind noch immer neugierige Menschen, die versuchen, das zu verstehen, was sie um sich herum im Universum sehen. Und so viele leistungsstarke Instrumente und Maschinen sie auch benutzen mögen, noch immer ist das Gehirn das wichtigste Werkzeug eines Forschers.

Deshalb gibt es auch Menschen, die herausfinden möchten, wie Wissenschaftler auf der Jagd nach der Wahrheit ihr Gehirn benutzen. Ich habe erzählt, dass sich die Wege von Naturwissenschaft und Philosophie im 18. Jahrhundert (vgl. S. 92) getrennt haben. Aber obwohl Philosophen und Wissenschaftler nicht mehr auf dieselbe Weise arbeiten, interessieren sie sich weiterhin für das jeweils andere Fach. In der Philosophie gibt es einen Bereich, der Wissenschaftsphilosophie genannt wird, die Lehre davon, wie die verschiedenen Wissenschaften funktionieren. Ein Wissenschaftsphilosoph studiert, wie Forscher denken, wenn sie ihre Theorien entwickeln. Er will wissen, wie Theorien entstehen und wie sie das erklären können, was wir in der Natur sehen.

Ganz zu Anfang dieses Buches habe ich gesagt, wie schwer es ist, sich auf die eigenen Sinne zu verlassen. Die Wissenschaftsphilosophen sehen darin ein großes Problem für Forscher. Ein großer Teil der Arbeit besteht für den Forscher ja darin, die Natur zu studieren oder Experimente zu beobachten, und dabei ist es natürlich wichtig, dass er sich auf das verlassen kann, was er sieht, hört und fühlt.

Aber Wissenschaftler wissen schon lange, dass unsere Sinne nicht funktionieren wie Maschinen. Ein Auge fängt Licht zwar ungefähr auf dieselbe Weise ein wie eine Videokamera, und ein Ohr kann an ein Mikrofon erinnern. Aber damit sind die Ähnlichkeiten auch schon aufgezählt. Denn wenn unsere Augen und Ohren Lichtstrahlen und Geräusche auffangen, senden sie diese als schwache elektrische Signale weiter zu unserem Gehirn. Wenn die Signale bestimmte Gehirnteile erreichen, werden sie bearbeitet und in unserem Kopf zu Bildern und Geräuschen umgeformt. Auf diese Weise trägt das Gehirn dazu bei, die Bilder, die wir sehen, und die Geräusche, die wir hören, herzustellen.

Das Problem ist, dass wir mit unserem Gehirn auch denken, fühlen und fantasieren. Das Gehirn kann sehr lebhafte Fantasiebilder produzieren. Jeder weiß, wie echt unsere Träume wirken können. Die Frage ist also: Wie kann das Gehirn Bilder aus der Welt um uns herum und Fantasiebilder unterscheiden? Und wie können wir sicher sein, dass die Fantasie „sich nicht einmischt", wenn unser Gehirn Bilder von der Welt um uns herum produziert? Die Wissenschaftsphilosophen haben eine Antwort auf diese Frage zur Hand: Wir können nicht sicher sein.

Woher wir wissen, was wir wissen

Es kommt vor, dass wir Wissenschaft mit dem Wort „objektiv" bezeichnen. Objektiv sein bedeutet, dass man einen klaren Kopf behält und sich von Gefühlen nicht beeinflussen lässt. Aber das ist natürlich unmöglich. Wir sind Menschen, und deshalb fühlen wir immer irgendetwas. Neugier, wie sie alle Forscher kennen, ist auch ein Gefühl! Forschung beginnt also mit einem Gefühl, und alle Wissenschaftler entwickeln Gefühle für die Theorien, mit denen sie arbeiten. Viele Forscher können erzählen, wie spannend ihre Arbeit ist, wie es ihnen im Magen kribbelt, wenn sie das Gefühl haben, auf der richtigen Spur zu sein, und wie enttäuscht sie sind, wenn ihr Gefühl sie dann doch getäuscht hat.

Unser bisher angehäuftes Wissen über das menschliche Gehirn sagt uns, dass wir niemals ganz objektiv sein können. Wenn Forscher Experimente durchführen oder die Natur beobachten, hoffen sie oft, etwas Bestimmtes zu sehen. Wenn sie viele Jahre gebraucht haben, um eine Theorie zu entwickeln, dann wünschen sie sich natürlich den Beweis, dass ihre Theorie zutrifft. Ab und zu wünschen sie das so sehr, dass sie Dinge sehen, die gar nicht vorhanden sind.

Dafür gibt es in der Astronomie ein berühmtes Beispiel. Um das Jahr 1900 studierte der amerikanische Astronom Percival Lowell mit seinem Teleskop den Planeten Mars. Lowell war sehr reich und hatte sich ein privates astronomisches Observatorium mit einem der größten Teleskope der damaligen Zeit bauen lassen.

Lowell war überzeugt, dass es auf dem Planeten Mars Leben gebe. Und da war er nicht der Einzige. Die Vorstellung von Lebewesen auf anderen Planeten ist viele Jahrhunderte alt und war damals sehr verbreitet. Lowell hatte außerdem Artikel des italienischen Astronomen Giovanni Schiaparelli gelesen, der behauptete, auf der Marsoberfläche lange dünne Linien entdeckt zu haben. Schiaparelli nannte diese Linien Kanäle und glaubte, sie könnten auf natürliche Weise entstanden sein.

Als Lowell den Mars mit seinem neuen Teleskop betrachtete, sah auch er diese Linien. Er sah sogar noch sehr viel mehr Linien als Schiaparelli. Der ganze Planet war von kreuz und quer verlaufenden Linien überzogen, die eine Art regelmäßiges Muster zu bilden schienen. Im Gegensatz zu Schiaparelli nahm Lowell an, dass es sich um künstliche Kanäle handelte, ähnlich denen, die die Menschen auf der Erde anlegen. Ein solches Muster könne nicht von allein entstehen, meinte Lowell. Es müsste von lebenden, intelligenten Menschen geschaffen sein.

Lowell zeichnete Karten von Kanälen und schrieb mehrere viel gelesene Bücher über seine Theorie der Kanäle und der intelligenten Marsbewohner. In seinen Büchern spekulierte er darüber, was

WOHER WIR WISSEN, WAS WIR WISSEN

die Marsmenschen wohl für Wesen sein mochten und warum sie ihren gesamten Planeten mit Kanälen überzogen hatten.

Andere Astronomen fanden Lowells Entdeckung interessant und richteten ebenfalls ihre Fernrohre auf den Mars. Aber es fiel ihnen sehr schwer, die Kanäle zu entdecken. Einige Astronomen sahen einige wenige, andere überhaupt keine.

Jahrelang lief die Diskussion zwischen Anhängern und Gegnern von Lowells Kanaltheorie. Aber je besser die Teleskope wurden, desto weniger Astronomen konnten die Kanäle entdecken. Und die Diskussion wurde ein für alle Mal beendet, als 1971 die amerikanische Raumsonde Mariner 9 den Planeten Mars erreichte und tausende von Nahaufnahmen machte. Die Bilder zeigten, dass es auf dem ganzen Mars keinen einzigen künstlichen Kanal gab.

1976 landeten die beiden Raumsonden Viking 1 und 2 auf der Marsoberfläche. Sie fotografierten und untersuchten den Boden auf Anzeichen von Leben. Sie fanden jedoch keine, und deshalb gingen die Wissenschaftler einige Jahre davon aus,

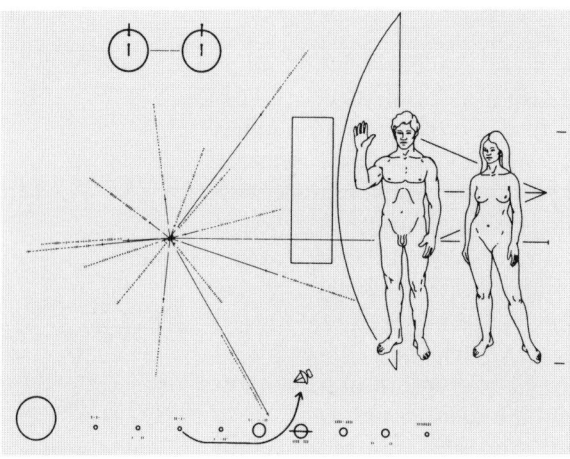

Diese Plakette (original ca. 15 x 23 cm, aus Gold) wurde der Raumsonde Pioneer 10 mitgegeben, um außerirdischen Zivilisationen Auskunft über die Menschheit auf der Erde zu geben. Unten ist das Sonnensystem mit der Pioneer-Flugbahn gezeigt, rechts Mann und Frau im Größenvergleich zu Pioneer, links daneben die Lage der 14 bekanntesten Pulsare (von der Erde aus), oben Frequenzen in Einheiten des Wasserstoffmoleküls.

dass es auf dem Mars schwerlich jemals Leben gegeben haben könne. Das hat sich kürzlich wieder geändert.

Wie aber konnte Percival Lowell detaillierte Karten von Kanälen zeichnen, die niemals existiert haben? Er kann natürlich ein Betrüger gewesen sein, der die Kanäle erfand, um Aufmerksamkeit zu erregen. Das kommt in der Wissenschaft ebenso vor wie anderswo. Manche Forscher schreiben ihre Beobachtungen um, damit sie besser zu ihren Theorien passen. Selbst Gregor Mendel hat angeblich zu denen gehört, die ihre Zahlen ein wenig „frisierten", damit sie mit der Theorie übereinstimmten.

Aber höchstwahrscheinlich hat Percival Lowell wirklich etwas gesehen, was er für Kanäle hielt. Die Marsoberfläche ist nämlich bedeckt von kleinen Punkten und Flecken (eigentlich sind das riesige Krater und Wüstengebiete). Und Experimente haben gezeigt, dass wir manchmal, wenn wir solche Flecken und Punkte durch ein starkes Teleskop sehen, glauben, dünne Linien verbänden sie. Das Gehirn „hilft nach" und zeigt Linien, die es gar nicht gibt. Dieses Phänomen nennen wir „Sinnestäuschung".

WOHER WIR WISSEN, WAS WIR WISSEN

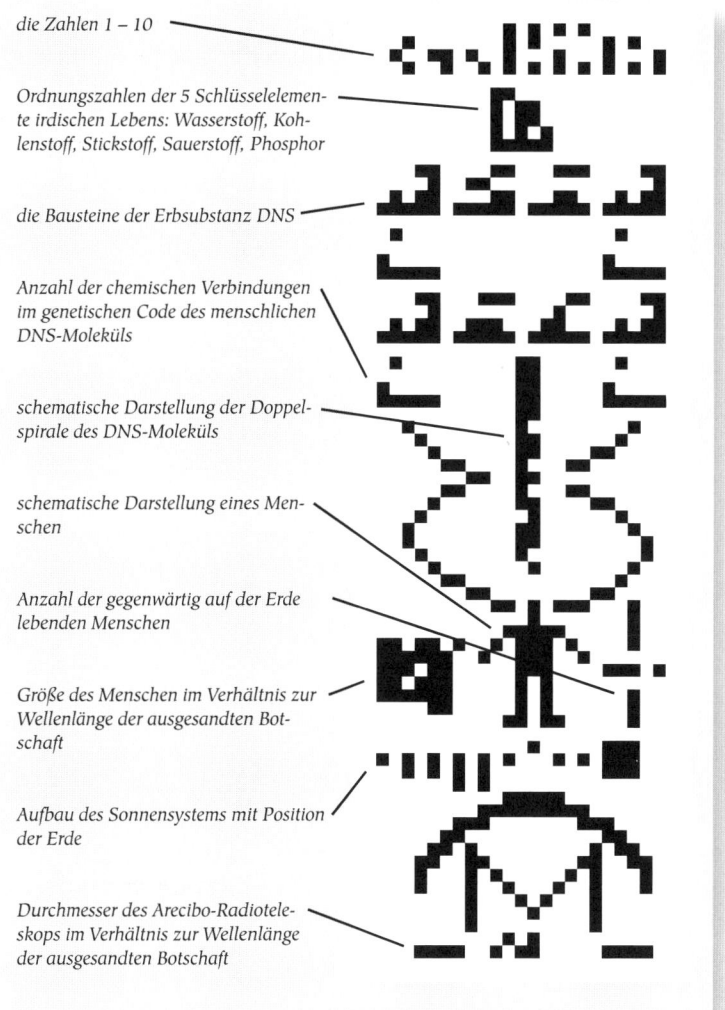

die Zahlen 1 – 10

Ordnungszahlen der 5 Schlüsselelemente irdischen Lebens: Wasserstoff, Kohlenstoff, Stickstoff, Sauerstoff, Phosphor

die Bausteine der Erbsubstanz DNS

Anzahl der chemischen Verbindungen im genetischen Code des menschlichen DNS-Moleküls

schematische Darstellung der Doppelspirale des DNS-Moleküls

schematische Darstellung eines Menschen

Anzahl der gegenwärtig auf der Erde lebenden Menschen

Größe des Menschen im Verhältnis zur Wellenlänge der ausgesandten Botschaft

Aufbau des Sonnensystems mit Position der Erde

Durchmesser des Arecibo-Radioteleskops im Verhältnis zur Wellenlänge der ausgesandten Botschaft

Am 16. November 1974 wurde mit dem Arecibo-Radioteleskop auf Puerto Rico die erste detaillierte Radiobotschaft über unsere Erde ins All geschickt. Die Botschaft verließ das Teleskop in Richtung kugelförmiger Sternhaufen M 13, der ca. 34 000 Lichtjahre von uns entfernt ist. Die 169 Sekunden dauernde Botschaft beinhaltete einige Grundinformationen über das Leben auf unserem Planeten. Die Schwierigkeit, die sich beim Versuch der Kontaktaufnahme mit möglichen anderen Zivilisationen ergibt: M 13 ist ein relativ naher Begleiter unserer Galaxis, und doch dauert es rund 70 000 Jahre, ehe frühestens eine erste Antwort auf unsere Botschaft bei uns ankommen kann. Das befördert nicht gerade das Gespräch.

Die Arecibo-Botschaft enthielt die nebenstehenden Informationen im Binärcode und wurde als Sequenz von An-Aus-Radioimpulsen übermittelt.

Wenn wir dann auch noch stark an das vermeintlich Vorhandene glauben, kann die Fantasie besonders „hilfreich" eingreifen. Percival Lowell war sich sicher, dass es auf dem Mars Lebewesen gebe, und er wollte gern ihr Entdecker sein. Als er den Mars durch sein Teleskop studierte, kann seine Fantasie ihm das gezeigt haben, was er am liebsten sehen wollte: Hinweise auf Leben an der Oberfläche des Planeten.

Man könnte vielleicht meinen, Percival Lowell habe über eine besonders lebhafte Fantasie verfügt. Aber Polizeibeamte, die die

Zeugen eines Verbrechens verhören sollen, haben da eine ganz andere Erfahrung gemacht. Selbst wenn zwei Zeugen dasselbe Verbrechen gesehen haben, machen sie oft ganz unterschiedliche Aussagen. Sie haben dasselbe auf unterschiedliche Weise erlebt. Und alle Zeugen sind davon überzeugt, dass ihre Darstellung der Ereignisse die einzig wahre ist.

Es ist klar, dass das für die Wissenschaft ein Problem ist. Wie können Forscher ihre Theorien mit der Natur vergleichen, wenn alle die Natur unterschiedlich wahrnehmen? Ist die Jagd nach der Wahrheit überhaupt möglich, wenn wir alle ganz unterschiedliche Vorstellungen davon haben, was Wahrheit ist? Gibt es dann überhaupt eine Wahrheit, die wir erjagen können?

Die Wissenschaftsphilosophen sind sich da nicht einig. Manche halten es für unmöglich, die Wahrheit über die Natur herauszufinden, sie halten alle Gedanken über die Natur für gleich interessant. Für sie ist ein Märchen ebenso „wahr" wie die Relativitätstheorie. Andere Philosophen gehen nicht ganz so weit. Sie glauben, dass manche Theorien eher mit der Natur übereinstimmen als andere und deshalb als „wahrer" angesehen werden können. Doch auch sie bezweifeln, dass es endgültige Wahrheiten gibt, auf die man Jagd machen kann.

Die meisten Wissenschaftler sind anderer Ansicht. Sie glauben, dass es wirklich Wahrheiten über die Natur gibt und dass die Theorien einen Teil dieser Wahrheit erzählen. In gewisser Hinsicht müssen Forscher das glauben, denn wenn alle Vorstellungen über die Natur gleich „wahr" wären, dann wären neue Theorien nicht mehr sehr interessant. Der Glaube, dass eine Theorie wirklich etwas über die Natur aussagt, ist ein wichtiger Antrieb für einen Forscher.

Wissenschaftler glauben auch, eine gute Lösung für das Problem der unterschiedlichen Wirklichkeitsauffassung gefunden zu haben. Einen Teil dieser Lösung finden wir im Zusammenhang mit Percival Lowell. Wenn sich Lowell auch von seiner eigenen Fantasie austricksen ließ, viele andere Astronomen sind nicht in diese Falle gegangen. Wo Lowell gerade Kanäle sah, sahen sie nur Flecken und Punkte.

Diese Astronomen sagten offen, dass sie keine Kanäle entdecken konnten, und das brachte die Kanaltheorie schließlich in Schwierigkeiten. Viele Astronomen akzeptierten sie einfach nicht, und als die Bilder der Raumsonde veröffentlicht wurden, wurde der Theorie der Todesstoß versetzt. Dass andere Forscher eine Theorie akzeptieren, ist sehr wichtig in der Wissenschaft. Es reicht nicht, dass man selber seine Theorie für die Wahrheit hält. Sie muss von so vielen Wissenschaftlern wie möglich akzeptiert werden.

Um entscheiden zu können, ob eine neue Theorie zutrifft oder nicht, muss sie erst bekannt gemacht werden. Deshalb ist im Lauf der Jahrhunderte ein System entwickelt worden, das neue Theorien so vielen Forschern wie möglich mitteilt. Schon zu Zeiten Isaac Newtons fingen Forscher an, ihre Entdeckungen und Theorien in Fachzeitschriften zu veröffentlichen, die an die Universitäten in ganz Europa und Amerika verschickt wurden.

Heutzutage gehören solche wissenschaftlichen Zeitschriften zu den wichtigsten Hilfsmitteln bei der Jagd nach der Wahrheit. Es gibt tausende von Zeitschriften für alle Wissenschaftszweige, für Astronomie, Geologie, Chemie und Biologie. Ein Forscher, der seine Vorstellungen durchsetzen möchte, ist davon abhängig, dass eine Zeitschrift einen Artikel über seine Theorie veröffentlicht.

Wie wichtig das ist, zeigt die Geschichte von Gregor Mendel. Weil er seine Ergebnisse nicht in einer Zeitschrift veröffentlichen konnte, die von vielen Biologen gelesen wurde, dauerte es über dreißig Jahre, bis seine Arbeiten entdeckt wurden. Eine ganze Wissenschaft – die Genetik – verspätete sich aus diesem Grund.

Wenn ein Artikel gedruckt ist, können andere Wissenschaftler untersuchen, ob die Theorie zutrifft. Wenn Experimente gemacht worden sind, können andere sie wiederholen und feststellen, ob sie zu demselben Ergebnis kommen. Noch nützlicher sind solche Experimente, wenn eine Theorie voraussagt, was dabei geschehen wird.

Einsteins Relativitätstheorie war so ein Fall. Sie brachte eine Menge von Voraussagen, unter anderem, dass Gegenstände schwerer werden, wenn sie sich der Lichtgeschwindigkeit nähern. Seit diese Theorie bekannt ist, haben Forscher auf der ganzen Welt Experimente gemacht, um festzustellen, ob diese Voraussagen zutreffen. Bisher war das immer der Fall.

Wenn ein Experiment die Voraussagen der Theorie erfüllt, sagen wir, das Experiment sei eine Bestätigung der Theorie. Wenn Wissenschaftler die Wahl zwischen zwei Theorien haben, werden sie immer die nehmen, von der sich die meisten Voraussagen bestätigen lassen. Es klingt seltsam, dass Forscher viel Zeit mit Experimenten zu Theorien verbringen, die nicht von ihnen selber stammen. Aber die Wissenschaftler haben ihre guten Gründe. Sie meinen vielleicht, dass die Theorie richtig klingt und wollen sie unterstützen. Oder sie sind Anhänger einer anderen Theorie, die dasselbe Problem zu lösen versucht. Und dann versuchen sie, die neue Theorie zu widerlegen.

Die Wissenschaft springt mit Theorien brutal um. Wenn eine nicht mit Experimenten oder Beobachtungen übereinstimmt, kann sie nicht akzeptiert werden. Eine Theorie kann durchaus immer wieder, hunderte Male, bestätigt worden sein. Aber wenn sie durch ein einziges Experiment widerlegt wird, kann das ausreichen, die ganze Theorie zu ändern oder aufzugeben.

Immer wieder tauchen neue Theorien auf, die die alten herausfordern. Die meisten neuen Theorien verlieren bei diesem Kampf und werden vergessen. Aber ab und zu gibt es eine neue Theorie, die Probleme klären kann, die die alte nicht lösen konnte, oder sie enthält eine Voraussage, die der alten fehlte. Wenn die neue Theorie von vielen Beobachtungen und Experimenten bestätigt wird, wird sie schließlich die alte verdrängen. Es kann manchmal auch sehr lange dauern, bis eine Theorie akzeptiert wird. Als Kopernikus seine Theorie entwickelt hatte, dass die Sonne im Zentrum des Sonnensystems steht, dauerte es noch Jahrhunderte, bis alle Astronomen von ihr überzeugt waren.

Dass Theorien immer wieder miteinander konkurrieren und alte Theorien neuen weichen müssen, gehört zu den charakteristischsten Eigenschaften der Wissenschaft. Aber das finden viele Menschen ziemlich verwirrend. Schließlich kann der Eindruck entstehen, dass Wissenschaftler immer wieder ihre Meinung ändern. Heute sagt der eine Forscher das, morgen sagt ein anderer dies.

Wenn die Theorie, die diskutiert wird, mit Leben und Gesundheit zu tun hat, können die Meinungsverschiedenheiten zwischen den Forschern besonders störend wirken. Ehe sich nachweisen ließ, dass radioaktive Strahlung, von Atomkraftwerken zum Beispiel, schädlich sein kann, wurde unter Wissenschaftlern ausgiebig diskutiert. Ehe wir genau wussten, wie die Krankheit AIDS von Mensch zu Mensch übertragen wird, herrschte zwischen den Forschern ebenfalls Uneinigkeit. Eine ganze Weile stritten sich die Forscher auch darüber, ob Rinderwahnsinn (BSE) auf Menschen übertragen werden kann, die das Fleisch von erkrankten Tieren essen.

Meinungsverschiedenheiten sind bei der Jagd nach der Wahrheit ganz natürlich. So muss es sogar sein. Wissenschaftler müssen miteinander diskutieren, denn nur so können sie die unterschiedlichen Theorien bewerten und jene ermitteln, die am ehesten mit der Wirklichkeit übereinstimmt.

In gewisser Hinsicht ist das ein Vorteil für die Forscher. Denn solange sich die Wissenschaft dauernd verändert und neue Theorien miteinander wetteifern, wird immer die Möglichkeit bestehen, dass neue Wissenschaftler neue Beiträge liefern. Alle, die Begabung und Interesse für die Forschung haben, können Entdeckungen machen, die vielleicht unser Bild von der Natur ändern oder Millionen von Menschenleben retten können.

Woher wir wissen, was wir wissen

Jeder, der will, kann mitmachen. Wer dieses Buch freiwillig bis zu diesem Satz gelesen hat, verfügt sicher über eine ziemliche Portion Neugier. Und das ist beim Forschen ein hervorragender Ausgangspunkt.

Auch wenn Wissenschaftler ihre neuen Wahrheiten für besser halten als alte Wahrheiten, glauben doch nur wenige, dass wir bereits die besten Wahrheiten gefunden haben. Manche Forscher meinen, dass wir kurz vor der Antwort auf die Frage stehen, wie das Universum entstanden ist. Sie hoffen, ein „Urnaturgesetz" zu finden, das erklärt, wie alles im Universum entstanden ist und welcher Zusammenhang zwischen allem in der Natur besteht. Die meisten bezweifeln aber, dass das gelingen wird, und meinen, die Kollegen erinnerten sehr an die Forscher des 19. Jahrhunderts, die glaubten, alles Wissenswerte bereits zu wissen.

Eins, was ich hoffentlich in diesem Buch deutlich gemacht habe, ist, dass sich die Vorstellungen der Wissenschaftler von Wahrheit immer wieder ändern. Es ist nicht leicht, die Zukunft vorauszusagen, aber in einem Punkt bin ich mir ganz sicher: Viele der Theorien, die in diesem Buch stehen, werden eines Tages so verschroben und altmodisch wirken wie auf uns die aristotelische Vorstellung vom Sonnensystem.

Vielleicht gibt es überhaupt keine endgültige Wahrheit. Vielleicht werden wir niemals sagen: „Jetzt kennen wir die Wahrheit und brauchen nicht mehr weiterzusuchen!" Wir werden immer neue Theorien entwickeln, die immer mehr von dem Universum erklären, in dem wir leben, aber immer, wenn wir eine Frage beantworten können, werden neue Fragen auftauchen.

Vielleicht sieht unser Universum so aus: Es gibt unendlich viele Rätsel, und es gibt Rätsel, auf die wir niemals eine Antwort finden werden. Dann wird die Jagd nach der Wahrheit jedenfalls nie ein Ende nehmen.

Ich hoffe, dass es so ist!

„Die Menschen der kommenden Zeiten werden vieles wissen, was uns jetzt unbekannt ist. Und wenn die Erinnerung an uns verblichen ist, werden zukünftige Jahrhunderte noch vieles zu entdecken haben: Die Welt ist zwar klein, und wenn sie auch nicht viele andere Reichtümer aufweist, so gibt es doch für die ganze Welt genug zu erforschen. Wie viele Himmelskörper kann es schließlich noch geben, die kein menschliches Auge je gesehen hat?"

Geschrieben vom römischen Philosophen Seneca (4 v. Chr. – 65 n. Chr.), in seinem Buch „Untersuchungen über die Natur".

Namen- und Sachregister

Buchtitel sind *kursiv* gesetzt; *kursive Seitenzahlen* verweisen auf Abbildungen beziehungsweise den jeweiligen Text dazu; die Buchstaben „ZT" verweisen auf die Zeittafel am Ende des Buches.

A

Abacus 48–49
Abhandlung über die Methode ZT
Aegyptopethicus ZT
Affen 140–141, *140*
Agnodike 32
Ägypten, Ägypter 9, 17, *17, 18, 41,* ZT
AIDS 230, ZT *siehe auch* HIV-Virus
Aiken, Howard ZT
Akademie von Athen 23–24, 40, 41, 44, 55, 60, ZT
Alchimie 50–51, *51,* 157, ZT
Aldrovandi, Ulisse ZT
Alexandria 37, 38, 40, ZT
Al-Gebr 48
Algebra 48
Alhaitham, Abu Ali Muhammed ben el Hasan ZT
Al-Khwarizmi, Muhammed ibn 48
Alkmäon 31, ZT
Alkohol 50, 148–149
Almagest 45, 73
Alphastrahlung (-teilchen) 164, 165–166, 172
Alpini, Prospero ZT
Al-Quarashi ZT
Alvarez, Walter ZT
Ammoniak 216, ZT
Amphibien 7, 218
Anatolien ZT
Anatomie 31, 85
Anaxagoras 21, ZT
Anaximenes 13
Andromedanebel 194, 198, ZT
Anning, Mary ZT
Antibiotika 155–156, *155*
Antike 41
Antikörper 153
Apollo 11 (Raumkapsel) ZT
Araber, Arabien *19,* 44–46, 48–49, 50, 53–54, 55, 59, *59,* 116, ZT
Arago, Domenique François 117
Archaeopteryx ZT
Archimedes 33–35, 77, 112, ZT
archimedisches Prinzip 33–34
archimedische Schraube 34–35
Ardenne, Manfred von ZT
Arecibo-Botschaft *227*
– Radioteleskop *227*
Aristarchos von Samos 27–28, *28,* 69, ZT
Aristoteles 22, 23–28, 29, 38, 39, 45, 55, 56, 60, 68, 69, *69,* 73, 77, 79, 83, 88, 90, 94, 95, 131–132, 179, *180,* ZT
Armati, Salvina degli 58
Armstrong, Neil ZT
Ar-Razi ZT
Arsen 51
Arten 25, 132–133, 134, 137–139, 143, ZT
Aryabhata ZT
Äskulap 30
Astrolabium ZT
Astrologie 17
Astronomia Nova 84
Astronomie 16, 17, 72–73, 81, 84, ZT
Astrophysik 223
Athen 23, 41, 44, ZT
Atmosphäre ZT
Atom 22, 157, 159–161, 164–167, *166,* 169–177, *169, 175, 176,* 192, 199, 200, 209, 220, ZT
– Atombombe 173, 174–177, *175, 176,* 220, ZT
– Atomkern 166–167, *166,* 169, *169,* 171–172, 174
– Atomuhr 192
Auftrieb 33–34
Auslesetheorie 138–141
Auto 112, ZT
Avery, Oswald ZT
Axiom 98

B

Babbage, Charles ZT
Babylon, Babylonier 9, 16–19, ZT
Bacon, Francis 90–91, ZT
Bacon, Roger 56–57, 66, 77, ZT
Baer, Karl Ernst von 207
Bagdad 45, 48
Baird, John Logie 121, ZT
Bakterien 149–156, *150, 155,* 215, 219, ZT
Banken 59

Barghoorn, Elso ZT
Batterie 114, 116, 117, 119, 121, 164, 165, ZT
Bauer, Georg ZT
Bayer, Johann ZT
Becquerel, Antoine Henri 161–162, 163, ZT
Beebe, William ZT
Bell, Alexander Graham 120
Bell, Jocelyn ZT
Benz, Carl Friedrich ZT
Berger, Hans ZT
Bernstein 113–115, 116
Berzelius, Jakob ZT
Bessel, Friedrich 182, ZT
Beta Pictoris ZT
Betastrahlung 164, 165
Beteigeuze 45
Bethe, Hans ZT
Bibel 10, 42, 46, 56, 81, 85, 135, 136, 137, ZT
Bibliothek 36
Bibliothek von Alexandria 37–40, ZT
Big Bang 199 siehe auch Urknall
Biologie 25, 88, 131, 133, 134, 138, 140, 143
Blitz 114–115
Blitzableiter 115, ZT
Blut 86–87, ZT
Bluterkrankheit 206
Blutvergiftung 154
Bockmühle 59
Bohnen 204, 205
Bohr, Niels 169–170, *169*, 171, ZT
Bologna 60, 69, 76
Bootes *197*
Bosch, Carl ZT
Botanik 132, 204, ZT
Boyle, Robert ZT
Bradley, Stephen ZT
Brahe, Tycho *71*, 72–74, *74*, 83, 84, ZT
Brahmagupta 48, ZT
Brasilien 136
Brennpunkt 58, 84
Brille 58
Bronze 50, ZT
Brown, Robert 159
brownsche Bewegung 159–160

Bruno, Giordano 82, ZT
BSE *siehe* Rinderwahnsinn
Bücher 55–56, ZT
Buffon, Georges Louis de ZT

C

Cambridge 60, 94, 97
Cannon, Anny Jump ZT
Cano, Raul ZT
Cäsar, Julius 40, ZT
Cassini, Giovanni ZT
Cassiopeia 73, ZT
Cavendish, Henry 158, ZT
Celsius, Anders ZT
Centaurus 182
Cepheiden 198–199, ZT
Cepheus 198
Chadwick, James 167, ZT
Chain, Sir Ernst Boris ZT
Chamberlain, Peter ZT
Chang Chi 53
Chemie 157–159, 164, 211
China, Chinesen 44, *48*, 49, 50, 51–53, 108, 116, 135, ZT
Chlorophyll ZT
Cholera 151
Chromosomen 207–209, *211*, ZT
Computer 112, 173, 223, ZT
Computertomographie ZT
Corona Borealis *197*
Coulomb, Charles Augustin de 115
Crick, Francis 210–212, ZT
Cro-Magnon ZT
Curie, Marie 162–163, 185, 186, 220, ZT
Curie, Pierre 162–163, 185, 186, ZT
61 Cygni 182–183
Cygnus 182

D

Daimler, Gottlieb ZT
Dalton, John 159, ZT
Dampfkochtopf 106–108
Dampflokomotive 110, *111*
Dampfmaschine 35, 106–110, *107*, 118, 122, *123*, ZT

Dampfpumpe ZT
Dampfschiffe 111–112, 120, ZT
Dampftraktor ZT
d'Arlandes, François ZT
Darlington 110–111
d'Arrest, Heinrich ZT
Darwin, Charles 136–143, *140*, *142*, 203–204, 205–206, 217, 218, ZT
Davy, Humphry 117–118
De humani corporis fabrica 85
Delfine ZT
Demokratie 14
Demokrit 22, 54, 158, 159, ZT
Denis, Jean-Baptiste ZT
De revolutionibus orbium coelestium 68
Descartes, René 91–93, 94, ZT
Desoxyribonukleinsäure *siehe* DNS
De Stella Nova 73
Deutschland 59, *110*, 111, 119, 122, 129, 173, 174–175, 176
Diagnose 31
Diagramm 92, *92*
Dialog 81
Dialog über das ptolemäische und das kopernikanische Weltsystem 81, ZT
Die Abstammung des Menschen 140, ZT
Die Elemente 19–20, 40, ZT
Differenzialrechnung 95, 124
Dinosaurier 135, 140, ZT
Dioptrica Pratica 57
Dioskurides, Pedanios ZT
Diphterie 154
DNS 209–220, *210*, *211*, ZT
Domagk, Gerhard ZT
Doppelspirale *211*, 212, 218
Doppelsterne 179
Doppler, Christian 195
– Dopplereffekt *195*
Dynamit ZT
Dynamo 118, 121

E

Ebbe und Flut 103
Ebolavirus 156

Edison, Thomas Alva 33, 121–122, *123*, 127, ZT
Einige philosophische Fragen 95
Einstein, Albert 170, 174–175, 178, 185–193, *190*, *192*, 194, 229, ZT
Einstein, Mileva 190
Eisen 116, 117, 158, ZT
Eisenbahn 110–111, *110–111*, 119–120, ZT
Eizelle 143, 207–208, 213, 218, ZT
Elektrizität 112, 113–118, 124, 129–130, 164, *166*, ZT
Elektrizitätswerk 122, *123*
Elektroden 164, 165
Elektroenzephalograph (EEG) ZT
Elektroherd 112
Elektromagnet 117
elektromagnetische Kraft 124, 165
elektromagnetisches Spektrum *127*
elektromagnetische Strahlung 125, 126, 163, 200
elektromagnetische Wellen 125–127, *126*, *127*, 129, 130, 170
Elektronen 165–166, *166*, 167, 169–170, *169*, *170*, 171–173, 177, 178, ZT
Elektronenmikroskop 173, ZT
Elektronenschleuder ZT
Elementarteilchen 177–178, 189
Elemente 22, 23, 157, 158–159, 160–161, 162, 167
Ellipse 83–84
Embryologie 25
Empedokles 21, 22, 157
Enceladus *182*
Encyclopædia Britannica 117
Encyclopédie ZT
Energie 170, 174, *175*
England 59, 108, 110, 119, 120, 145, 174, 180, ZT
Epilepsie 30
Eratosthenes 37–38, *37*, *38*, ZT
Erbium 158
Erbsen 204, *205*
Erdanziehungskraft *siehe* Schwerkraft

Erde 22, 25, 28, *28*, 37, *37*, 38, 68, 69–72, *69*, 73, 74, 82, *83*, 84, *84*, 101, 102–103, 179, 181, 182, 190, 191, 217, ZT
– Erdumfang 37, *37*
Eriksson, Leif ZT
Erkältung 156
Erxleben, Dorothea ZT
Essigsäure 50, ZT
Euklid 19–20, *19*, 40, ZT
Evolutionslehre 138–141, 142–143, 155, 203, 205–206

F

Fahrrad ZT
Familien 133–134, ZT
Faraday, Michael 117–118, 122, 124, 159, 164, 193, ZT
FCKW (Chlor-Fluor-Karbone) ZT
Fermi, Enrico ZT
Fernsehen 121, ZT
Fernsehwellen *127*
Fessenden, Reginald 128
Feuer ZT
Feuerwerk 51
Fibonacci, Leonardo ZT
Fibrose, zystische ZT
Film 112, ZT
Finken 137, *137*, 141
Fixsterne *9*, *83*
Flandern 59
Flammarion, Camille *180*
Fleming, Alexander 154, ZT
Florenz 76, 89
Florey, Howard ZT
Fluchtpunkt *63*
Flugmaschinen 56, 65–66, *65*
Flugzeug ZT
Forschung 122–123, 222–231
– angewandte 123
– Grundlagenforschung 122
Fossilien *65*, 135, 136, 141, 142, ZT
Fotoplatten 161, ZT
Franklin, Benjamin 113–115, *114*, ZT
Franklin, Rosalind 210
Frankreich 120, 148, ZT
Fraunhofer, Joseph von 194, ZT

Frequenz *126*
Fruchtfliege 208–209, 215, ZT
Fürth *110*, 111

G

Gagarin, Juri ZT
Galapagosinseln 136–137, *137*, 141
Galaxien 179, 194–196, *195*, *197*, 199–200, ZT
Galen (Galenos) 31, 45, 85, ZT
Galilei, Galileo 76–83, *78*, 84, 86, 88, 90, 92, 93, 94, 97, 98, 100, 104, 114, 124, 221, 222, 223
Galileo (Raumsonde) ZT
Galle, Johann ZT
Gallo, Robert ZT
Galton, Francis ZT
Gama, Vasco da ZT
Gammastrahlen *127*, *128*, 129
Gamow, George ZT
Gärung 148
Gaspra ZT
Gassendi, Pierre ZT
Gattungen 132–133, 134
Gegenkraft 99–100
Geiger, Johannes ZT
– Geigerzähler ZT
Gell-Mann, Murray 178, ZT
Gen 208–209, 213–215, 218, ZT
Generator 118, 122
Genetik 208, 229
Genforschung 208–209, 213–220
Genmanipulation 218–220, ZT
Gentechnologie 219–220
Geografie 38
Geologie 135, ZT
Geometrie 17, 18, 20
Geographia ZT
geozentrisches Weltbild *siehe* Weltbild
Gesner, Conrad ZT
Gewehr ZT
Gewitter 113, 114, ZT
Gilbert, William 113
Gips ZT
Glühbirne 112, 121, 122, ZT

Goddard, Robert ZT
Goebel, Heinrich 121
Gold 50, 165–166, ZT
Goodall, Jane ZT
Goodyear, Charles ZT
Gorilla 140, 141
Gott 9–10, 10, 45, 54, 60, 61, 134–135, 202
Gottheiten 8–9
Gregor XIII. (Papst) ZT
Griechen, Griechenland 10, 14, 17–18, 29, 37, 39–40, 46, 48, 52, 64, 65, 81, 116, 158, 179, 181, ZT
Grippe 156
Großbritannien 106, 110
Großer Wagen 197, 198
Grundstoffe 158
Guilmet, A. ZT
Gummi ZT
Gutenberg, Johannes ZT

H

Haber, Fritz ZT
Hahn, Otto 174, ZT
Haldane, J. B. S. 202
Halley, Edmond 98, ZT
– Halleyscher Komet ZT
Harvey, William 86–88, 90, 144, ZT
Hauksbee, Francis ZT
„Haus der Weisheit" 45, 48, 55
Hayyan, Jabir ibn 50, ZT
Hefe 148–149
Heisenberg, Werner 173, 175
– heisenbergsche Unschärferelation 173
Heißluftballon ZT
heliozentrisches Weltbild *siehe* Weltbild
Helium 164, 165, 166, 166, 167, 169, 170, 174, ZT
Henlein, Peter ZT
Henry, Joseph 119, ZT
Herjolfsson, Bjarne ZT
Heron von Alexandria 35, 106, ZT
Herophilos ZT
Herschel, William 180–182, 182, ZT

Hertwig, Oskar ZT
Hertz, Heinrich 126–127, 186, ZT
Hertzsprung, Ejnar ZT
Herz 31, 86–87, 144, ZT
Hilfe bei plötzlichen Unfällen ZT
Hinduismus 46
Hipparchos 39, ZT
Hippokrates 30–31, 30, 45
– hippokratischer Eid 31
Hiroshima 176, 176, ZT
Hitler, Adolf 141–142, 174–175, 176
HIV-Virus 156 *siehe auch* AIDS
Holzkohle 51
Homo erectus ZT
Homo sapiens 141
Hooke, Robert ZT
Horoskop ZT
Hubble, Edwin 194–196, 198–199, ZT
– Hubble-Effekt 199
– Hubble-Weltraumteleskop ZT
Hühnercholera 151, ZT
Human Genome Project 214
Huygens, Christiaan 78, 97, 125, ZT
Hydra 197
Hypatia 40

I

Immunsystem 153–154, ZT
Impfstoff 52, 151–154, 156
Impfung 146, 154, ZT
Inder, Indien 46–49, 52, ZT
industrielle Revolution 105–112
Infrarotlicht 127, 129
Ingenhousz, Jan ZT
Ingenieur 59
Interferon ZT
Internet 223
Inquisition 82
Irak 16, ZT
Isaacs, Alick ZT
Islam 45
Italien, Italiener 59, 62, 63–64, 66

J

Jansky, Karl ZT
Janssen, Zacharias 88, ZT
Japan 176
Java ZT
Jenner, Edward 145–146, 151, ZT
Jupiter 38, 68, 70, 73, 79–80, 83, 131, 200, ZT

K

Kalender 39, ZT
Kanone 49, ZT
Kapteyn, Jacobus ZT
Karbolsäure 150
Karolus, August 121
Katapult 34, 49
katholische Kirche 81–83, 180
Kausalität 171–172
Kepler, Johannes 74, 83–84, 94, 98, 104, ZT
– keplersche Gesetze 84
Kernreaktor 175
Kettenreaktion 174, 175, ZT
Ketzer 81–82
Kindbettfieber 146–147, ZT
Kinderlähmung 154, ZT
Klassen 133, 134
Kleiner Bär 12
klonen 219, 220, ZT
Kloster 55, 59
Knorr, Ludwig ZT
Koch, Robert 150–151, 152, ZT
Kohle ZT
Kohlendioxid 134, ZT
Kohlenstoff 159, 209, 216, ZT
Kolumbus, Christoph 67, 69, ZT
Kometen 74, ZT
Kompass 116–117
König, Franz Niklaus 9
Konfuzius (K'ung-fu-tzu) 53
Konjunktion 73
Kontinentalverschiebung ZT
konvertieren 55
Kopernikus, Nikolaus 68–72, 71, 74, 77, 78–79, 81–82, 83, 94, 104, 179, 230

Koran 54
kosmische Strahlung *127*
Kosmologie 222–223, ZT
Kraft 33, 99–101, 115, 116, 124, 166
Krankenhaus 31, 40, 42, 45–46, 129, 146–147, 152, ZT
Krankenkasse 46
Kröten *219*
Kühlschrank ZT
Kuhpocken 145–146
Kupfer 121, 122, 158, 159, 165
Kupferkarbonat 159
Kurzsichtigkeit 58

L

Labor 50, *51*
Ladung 166, 169
Lamarck, Jean-Baptiste de 137, ZT
Lamettrie, Julien Offray de ZT
Landwirtschaft ZT
Laplace, Pierre de ZT
Lartet, Édouard ZT
Laser ZT
Latein 55–56, ZT
Lavoisier, Antoine de 157–158
Leakey, Mary *und* Louis ZT
Leavitt, Henrietta 196, 198, ZT
Lebenselixier 50–51
Leeuwenhoek, Antoni van ZT
Leibniz, Gottfried Wilhelm 95
Leiden 63, ZT
Leidener Flasche ZT
Lemaître, Georges 199, ZT
Leonardo da Vinci 64–67, *65*, 85, 135, ZT
Leukippos von Milet ZT
Lexikon 117, ZT
Libby, Willard ZT
Licht 57, 96–97, *97*, 121, 122, 125–126, *127*, 129, 130, 163–164, 165, 170–171, 183–184, 186–189, *186*, 191–192, 194–196, *195*, *197*, 200, ZT
– Lichtbrechung 57
– Lichtgeschwindigkeit 184, 186–189, *187*, ZT
– Lichtjahr 183
– Lichtpartikel 96–97, 170–171, ZT
– Lichtstrahlen 57, 96, *97*, 125, 126, 171, 191
– Lichtwellen 130, 170–171, *197*, ZT
Linde, Carl von ZT
Linné, Carl von (Linnaeus) 132–134, *133*, 196, 215, ZT
Linsen (Optik) 58, 75–76, *75*, ZT
Lippershey, Hans 75–76, ZT
Lister, Joseph 150, 152
Lithium 160–161
Logik 26, 60
Los Alamos 175
Lovelace, Lady Ada ZT
Lowell, Percival 225–227, 228
Lumière, Auguste Marie Louis Nicolas *und* Louis Jean ZT
Luna (Mondsonden) ZT
Lyell, Charles 135–136, ZT

M

M 13 (Sternhaufen) 227
MacDonald, Ian ZT
Maden 88–89
Magellan, Ferdinand ZT
Magnesia 116
Magnet 116–118, *118*, 165
Magnetismus 117–118, 124, ZT
Maiman, Theodore Harold ZT
Mangelerkrankungen 53
Manhattan-Projekt 175, 177, ZT
Marconi, Guglielmo 33, 120–121, 127–128, ZT
Mariner (Raumsonden) 226, ZT
Mars 38, 68, 70, *70*, 83, 84, *84*, 225–227, ZT
– Marsmenschen 225–226
Marshall-Inseln 44
Masern 153, 154, ZT
Mathematik 15–20, 39, 46–49, 78, 92, 95, 124, 125, 201, ZT
Mäuse 218, 219
Maxwell, James Clerk 124–126, 143, 170, 186, ZT
– maxwellsche Gleichungen 124–126, 129, 143, 165, 186

Maya ZT
Mayow, John ZT
McCollum, Elmer ZT
Medici, Lorenzo 67
Melischipak II. *8*
Mendel, Gregor, 204–208, *205*, 213, 226, 229, ZT
– mendelsche Vererbungsgesetze 205, 206, 208, 213, ZT
Mercator, Gerhard ZT
Merkur 38, 68, *70*, 83, 84
Mesonen 177
Meteorit ZT
Methan 216
metrisches System ZT
Michelson, Albert 184, 186
Mikroorganismen 148–150, 156, ZT
Mikroprozessor ZT
Mikroskop 88, *88*, *89*, 150, 206, ZT
Mikrowellen 129
Milchstraße 79, 157, 179, 191, 192, 194, 199, 200, ZT
Miller, Stanley 216, ZT
Milzbrand 151
Mimas *182*
Mittelalter 41–42, 55, 59, 116, 156
Mohammed 45
Mohorvicic, Andrika ZT
Moleküle 159–160, *160*, 169, 209–212, *211*, 213, 216–218, ZT
Mond 21, 25–26, 27, 28, *28*, 70–71, 71, 73, 74, 78, 79–80, *79*, 101, 102–103, 179, 190, 191, ZT
– Mondfinsternis 25–26, 27
– Mondphasen 78–79, 80
Montagnier, Luc ZT
Montague, Lady Mary 145
Montgolfier, Étienne-Jacques *und* Michel-Joseph de ZT
Morgan, Thomas 208–209, ZT
Morse, Samuel 119, ZT
Morsealphabet 119, *120*
Morton, William Thomas Green ZT
Müller, Erwin ZT
Mumps 154

Musik 18
Muslime 45, 55
Myasmen 147
Myriade 46

N

Nagasaki 177, ZT
Nähmaschine ZT
Nähnadeln ZT
Narkose ZT
Natrium 194–195
Naturgesetze 77–78, 98, 103, 104, 129, 131 142, 173
natürliche Auslese 140, 141
Naturphilosophen 13–14, 38
Naturstudium 23–24
Naturwissenschaft 92, 142, 224
Neandertaler 141, ZT
Nehon, Lucas de ZT
Neon *169*
Neptun ZT
Neun Kapitel über die Kunst der Mathematik ZT
Neutronen *166*, 167, 174, *175*, 177, ZT
Neutrinos 177
Newcomen, Thomas 107–108, 109, ZT
Newton, Isaac 93, 94–104, *96*, *97*, 114, 115, 124, 125, 143, 170, 172, 185, 189–190, 194, 221, 223, 229, ZT
– newtonsche Gesetze 98–100, 101, 103–104, 109, 129, 131, 143, 184–185, 190
New York 122, *123*, 128
Niederlande ZT
Niepce, Joseph ZT
Nikolaus von Kues (Cusanus) ZT
Nil 17, 37
Nipkow, Paul ZT
Nippur 36
Nobel, Alfred 163, ZT
Nobelpreis 163
Null 48, 95
Nullmeridian ZT
Nuntius sidereus 81
Nürnberg *110*, 111
Nylon ZT

Objektiv 75, *89*
Observatorium 74, *74*, ZT
Ockham, Wilhelm von 60–61
– „Ockhams Rasiermesser" 61, 70
Ökologie 143
Okular 75, *89*
Oort, Jan ZT
Oparin, Alexander ZT
Oppenheimer, Robert 177
Optiker 58
Orang *140*
Ordnungen 133, 134
Organon 26
Orion 45
Ornithopter *65*
Ørsted, Hans Christian 116, 117, 118, 122, ZT
Oslo 105
Otto, Nikolaus ZT
„Ötzi" ZT
Oxford 60
Ozonschicht ZT

P

Paläontologen 141
Pangea ZT
Papier ZT
Papin, Denis 106–107, *107*, ZT
Papyrusrollen 37, 40
Paracelsus, Philippus Aureolus Theophrastus ZT
Parallaxe 180–181, 196
Paris 60, 162
Partikel 22, 159–160, 164, 170–171, 178
Pascal, Blaise ZT
Pasteur, Louis 148–154, 156, 193, ZT
pasteurisieren 149
Patent 76
Pathfinder (Raumsonde) ZT
Pechblende 162–163
Pellos, Francesco ZT
Pendeluhr 78
Penizillin 154–155, 156, ZT

Penzias, Arno 200, ZT
Perkins, J. ZT
Persien (Iran) ZT
Perspektive 63–64
Peru ZT
Pest 61–62, 95, 112, 156
Peyère, Isaac de la ZT
Pfeil und Bogen ZT
Pflanzen 132, *133*, ZT
Pflanzenreich 134
Philosophie 13–14, 90, 92, 224, 228
Philosophiae naturalis principia mathematica 98, 104
Phosphor 209, 216
Physik 77, 163
Picard, Jean ZT
Pi Sheng ZT
Pioneer (Raumsonden) *226*, ZT
Pionen 177
Pisa 76
Pitton, Joseph ZT
Planeten 16, 38–39, 68, 70–72, *71*, 73–74, 82, 83–84, *83*, *84*, 98, 103, 131, 195, ZT
– Planetenbahnen 72, 83, *83*, *84*
– Planetologie 223
plastische Operationen ZT
Platon 23–24, 45, 60, 95, ZT
Plattenspieler 112
Pluto 188, ZT
Plutonium *170*
Pocken 145–146, 154, ZT
Pollen 159, 160, 204, ZT
Polonium 163, ZT
Polynesier 43, 44
Porzellan ZT
Priestley, Joseph ZT
Prinzipien der Geologie 135
Prisma 96–97, *97*
Professoren 60
Protonen *166*, 167, 169, 177, ZT
Proust, Joseph Louis 159
Proxima Centauri 182, 183
Ptolemäus 38–39, 40, 45, 55, 68, 69–72, *69*, 73, 74, ZT
Pulsare ZT
Pythagoras (Satz des) 18–20, *18*, *19*, 182, ZT
Pythagoreer 19
Pytheas aus Massalia ZT

Q

Quanten 171
Quantenphysik 171–173, 175, 178, 184–185, 193, 200, 201–202
Quarks 178, ZT
Quecksilber 51

R

Ra 9
Rad ZT
Radar *127*, ZT
Radio *siehe* Rundfunk
Radioaktivität 163–167, 220, 230, ZT
Radio-Astronomie ZT
Radiowellen 127, *127*, 128, 129, 165, 186, 200–201, ZT
Radium 163, ZT
Raketen 49, 52, 100, ZT
Ramsey, Sir William ZT
Raumfahrt ZT
Raumkrümmung 190–191, *190*
Raumsonden 223, 226, *226*, ZT
Raumzeit 191–192, *192*
Reber, Grote ZT
Rechenmaschine ZT
Rechenschieber ZT
Redi, Francesco 89
Regenwurm 142
Reibung 99
Reich 134
Reis, Johann Philipp 120
Relativitätstheorie, spezielle und allgemeine 186–193, 199, 229, ZT
Renaissance 63–67, 69
Richter, Charles ZT
Richterskala ZT
Rinderwahnsinn 230
Ritter, Johann ZT
Rivera, Thomas ZT
Römer, Ole ZT
Römer, Römisches Reich 39–41, 45, 46–48, *47*, 49, 55–56, ZT
Röntgen, Wilhelm Conrad 128–129, *128*, 161, 163, 185, 186, ZT

Röntgenstrahlen *127*, 128–129, 161, 163, 165, 185, 210, ZT
Röteln 154
Roosevelt, Theodore ZT
Rozier, Jean Pilâtre de ZT
Rundfunk 112, 121, 128, ZT
Russell, Henry ZT
Rutherford, Ernest 164–167, 169, 174, ZT

S

Sachs, Julius ZT
Salk, Jonas ZT
Salmiak 50
Salpeter 51
Samenzelle 143, 207, 213, ZT
Satelliten ZT
Saturn 38, 68, *70*, 73, *83*, 84, 179, 181, *182*, ZT
Sauerstoff 144, 157–158, 159, 160, 167, *169*, 209, 216, ZT
Säugetiere 25, 134, 218
Savery, Thomas ZT
Schall ZT
Schiaparelli, Giovanni 225
Schießpulver 49–50, 51–52, ZT
Schimmelpilz 154–155, ZT
Schimpansen 7–8, 43, *140*, 141, ZT
Schrift 8, *16*, 17, ZT
Schubkarre ZT
Schwabe, Heinrich ZT
Schwan (Sternbild) 182
Schwanzwirbel 142–143
schwarze Löcher 191–192, ZT
schwarzer Tod *siehe* Pest
Schwefel 51, 209, 216
Schwerkraft 101–104, 115, 131, 190–191, *190*
Sedgwick, Adam ZT
Seed, Richard 220
Segelschiffe 112
Semmelweis, Ignaz 146–148, 149, ZT
Seneca, Lucius Annaeus 213
sezieren 31, 65, 86, *87*, 147, 149, ZT
Shapley, Harlow ZT
Siemens und Halske 122

Silber ZT
Singer, Isaac ZT
Skelett *140*
Sklodowska, Marie *siehe* Curie, Marie
Skorbut ZT
Smith, William ZT
Sokrates 23–24
Somerset, Edward ZT
Sonne 21, 22, 28, *28*, 37, *37*, 68, 70–74, *70–71*, 79, 80, 84, *84*, 92, 103, 130, 131, 170, 179, 181, 182, 190, 191, 194–195, 200, 223, ZT
- Sonnenfinsternis 72–73, ZT
- Sonnenflecken 79, ZT
- Sonnenphysik 223
- Sonnensystem 71–72, 74, 79, 84, 131
Sowjetunion 177, ZT
Sozialdarwinismus 141–142
Spektrum 96–97, *97*, 194–195, ZT
Spengel, Christian ZT
Spiegel 34
Sputnik (Satelliten) ZT
Städte ZT
Stamm 134
Staubgefäße *133*
Steady-State-Theorie 200–201
Steenbeck, Max ZT
Stein von Rosette 41
Steinkohle 108
Steno, Nicolaus ZT
Stephenson, George 110
Sternbilder 9
Sterne 73, 79, 179–183, 195, 196, ZT
- Sternennebel 179, ZT
- Sternvermessung 181–183
- veränderliche 196
Stickstoff 157, 158, 167, 216, ZT
Stockton 110
Strabon 38, ZT
Strahlung 125, 126, 128, 161–165
Straßmann, Friedrich ZT
Stratosphäre ZT
Strickmaschine ZT
Sumer, Sumerer 16, *16*, 46, 50, ZT

Namen- und Sachregister SUP–ZAH

Supernova ZT
Susruta ZT
Syntaxis mathematike 39, 40, 45
Systema Naturae 132

Talglämpchen ZT
Teilchen 164–165, 167, 170–171, 172
Teisserenc, Leon ZT
Telefon 112, 120
Telegraf 119–120, 121, 127–128, ZT
Teleskop 75–76, 79, 81, 83, 95–96, *96*, 179, 180, 182, *182*, 223, 225, 226, ZT
Terbium 158
Thales von Milet 12–13, 18, 19, 26, 30, 44, 113, 116, 137, ZT
Theophrastos ZT
Theorie 26–27
Thomson, Joseph 165
Tierreich 134
Tollwut 152–153
Tombaugh, Clyde ZT
Trägheit 99
transgene Tiere 219
Trevithick, Richard 110, ZT
Troposhäre ZT
Truman, Harry S. *176*
Tsai Lun ZT
Tsiolkowski, Konstantin ZT
Tuberkulose 144, 151, 155, ZT
Türkei 145
Typhus 144, 150, 154

Über die Struktur des menschlichen Körpers ZT
Über die Umläufe der Himmelskörper 85, ZT
Uhren 53, 78, 192, ZT
Ultraschall ZT
Ultraviolettlicht *127*, 129, ZT
Ulugh Beg ZT
Universität 24, 60, 69, 122, 222–223, ZT

Universum 68–71, 82, 92, 130, 131, 157, 167, 178, 179, *180*, 182–183, 190–202, ZT
Untersuchungen über die Natur 231
Uran 161, 162, 164, 167, 172, 174, 175, *175*, ZT
Uranus 161, 181, *182*, ZT
Uratom 199
Urey, Harold ZT
Urknall 199–202, ZT
USA 120, 121, 128, 174–175, 177, ZT

Vail, Alfred 119
Vakzination 146 siehe auch Impfung
Venera 7 (Raumsonde) ZT
Venus 38, 68, *70*, 80–81, *80–81*, *83*, *84*, ZT
Verbrennungsmotor ZT
Vererbung 139, 143, 203–208, 213
Vesalius, Andreas 85–86, ZT
Vespucci, Amerigo ZT
Viking (Raumsonden) 226, ZT
Virgo 197
Virus 153, 156, 163, ZT
Vitamine ZT
Vögel 65, *65*
Volta, Alessandro 115–116, 117, ZT
Vom Ursprung der Arten 138, 140, 204
Voyager (Raumsonden) ZT
Vredeman de Vries, Jan 63
Vulkanisierung ZT

Wallace, Alfred 138
Wasser 12–13, 33–35, 158, 160, 209, ZT
Wasserklosett 112
Wasserrad 59, 109, ZT
Wasserstoff 158, 160–161, 165, 166–167, *166*, *169*, 170, 209, 216 , ZT

Watson, James 210–212, ZT
Watson-Watt, Sir Robert Alexander ZT
Watt, James 108–109
Wegener, Alfred ZT
Wein 148–149
Weitsichtigkeit 58
Wellenlänge 126, *126–127*, 195
Weltbild 71
– geozentrisches *69*, 71, 81, 84
– heliozentrisches 71, 72, 81
– kopernikanisches 71
– mechanistisches 131
– platonisches *70*
– ptolemäisches *70*
– tychonisches 71
Weltkarte 38, *38*
Wettrüsten 177
Wideroe, Rolf ZT
Wilson, Robert 200, ZT
Windmühle 59, *59*, ZT
wirbellose Tiere 134
Wirbeltiere 134
wissenschaftliche Revolution 90–93
wissenschaftliche Zeitschriften 229
Wissenschaftsphilosophie 224, 228
Wissenschaftstheorie 228–229
Wolfram 122
Woodall, John ZT
Wright, Wilbur *und* Orville 33, ZT

X

X-Strahlen *siehe* Röntgenstrahlen

Ytterbium 158
Ytterby 158

Z

Zahlen 15–17, 19, 46–49, ZT
Zahlensystem

- arabisches *46*, 48
- indisches 46–49, ZT
- römisches 46–48, *47*, 49
- sumerisches 16

Zeit 188, 191–192
Zeitreise 189
Zelle 143, 144, 153, 206–207, *207*, 209, 212, ZT

- Zellkern 206–207
- Zellteilung 206–207, *207*, 209, 212

Zuse, Konrad ZT

ZEITTAFEL

5 Millionen Erste menschenähnliche Wesen in Afrika

2,5 Millionen Erste Steinwerkzeuge werden hergestellt.

500 000 Feuer kommt in Gebrauch.

400 000 Erfindung des Speers

50 000 Erste Menschen in Europa

30 000 Erste Talglämpchen

24 000 Nähnadeln aus Knochen werden erfunden.

20 000 Erfindung von Pfeil und Bogen

12 000 Im Irak werden Hunde gezähmt.

8000 Erste Landwirtschaft im Nordirak, Kartoffelanbau in Peru, Reisanbau in Südostasien.
Erste Städte werden gebaut.

7000 Gewebte Stoffe in Anatolien erfunden

5000 Gold und Silber als Tauschmittel (Geld) eingeführt

3500 Bronze wird erfunden.

3300 Im Irak wird das Rad erfunden.

3000 Sumerer im Irak erfinden die Bilderschrift.
In Ägypten wird ein Kalender mit Einteilung in 365 Tage und 12 Monate eingeführt.
Erste sehr ungenaue Sonnenuhren in Ägypten

2500 In Sumer wird die Keilschrift erfunden.

1500 Ägypter erfinden die Wasseruhr, den ersten zuverlässigen Zeitmesser.

1000 Chinesen benutzen Kohle als Brennstoff und Eisblöcke zum Kühlen von Lebensmitteln.

650 Lydier (Mittlerer Osten) erfinden das moderne Geld.
In Babylon werden erstmals aus Sternen und Planeten Horoskope gelesen.

585 Eine von Thales vorausgesagte Sonnenfinsternis tritt ein.

580 Thales behauptet, alles bestehe aus Wasser.

530 Pythagoras stellt seinen berühmten Lehrsatz auf.

500 Rechenschieber kommen in Ägypten in Gebrauch.
Griechen verbessern die Sonnenuhr und unterteilen den Tag in Stunden.

470 Der Grieche Alkmäon seziert als Erster tote Menschen und erkennt, dass wir mit dem Gehirn denken.

450 Leukippos behauptet, alles in der Natur habe eine natürliche Ursache und sei nicht auf den Einfluss von Göttern zurückzuführen.

428 Tod des Anaxagoras. Er wurde in den Kerker geworfen, weil er behauptete, Sonne und Mond gehörten zur Welt der Natur und seien keine Götter.

400 Demokrit behauptet, alles bestehe aus Atomen.

387 Platon gründet in Athen die Akademie, die erste Universität der Welt.

352 Chinesische Astronomen erwähnen erstmals eine Supernova (explodierender Stern).

350 Aristoteles beginnt, Tiere in Gruppen einzuteilen und entwickelt seine Theorie über die Position der Erde im Universum.

330 Pytheas segelt über den Atlantik bis in die Deutsche Bucht und nach Norwegen.

320 Theophrastos schreibt erstes systematisches Buch über Pflanzen.

314 Theophrastos schreibt das erste bekannte Buch über Geologie (Gesteinskunde).

300 Der Mathematiker Euklid schreibt das Buch *Die Elemente*.

280 Aristarchos von Samos behauptet, die Erde drehe sich um die Sonne.
Herophilos untersucht das menschliche Nervensystem und seine Funktion.

260 Archimedes entdeckt sein berühmtes Prinzip.

250 Gründung der Universität von Alexandria (größte Bibliothek des Altertums).
In China erscheint das Buch *Neun Kapitel über die Kunst der Mathematik* mit Lösungen zu über 200 prakti-

schen Problemen (Landvermessung, Hausbau, Landwirtschaft usw.).
Ärzteschule von Alexandria seziert als Einzige der Welt Leichen, um das Körperinnere zu studieren.
Griechen erfinden das Astrolabium (Instrument zur Navigation nach den Sternen).

240 Chinesische Astronomen sehen erstmals den Halleyschen Kometen.
Eratosthenes berechnet den Erdumfang.

165 Chinesen entdecken Sonnenflecken.

150 Hipparchos berechnet richtige Entfernung zwischen Sonne und Mond und verfasst den ersten bekannten Sternenkatalog.

100 Römer nutzen Wasserräder, um Getreide zu mahlen.
Heron erfindet die erste Dampfmaschine.

7 v. Chr. - 23 n. Chr Der griechische Historiker und Philosoph Strabon fasst das ihm bekannte Wissen über die Länder der Welt in seinem Buch *Geographia* zusammen

46 Cäsar führt den julianischen Kalender ein, eine verbesserte Ausgabe des ägyptischen. Ein Jahr dauert 365 Tage und 6 Stunden.

60 Der Grieche Dioskurides verfasst erste Übersicht über Heilkräuter.

100 Chinesen entdecken, dass ein frei hängendes magnetisches Eisen immer in Nord-Süd-Richtung zeigt.

105 Der Chinese Tsai Lun erfindet Papier, das aus Holz oder Lumpen hergestellt wird.

160 Der Grieche Galen entdeckt, dass Blut durch Adern strömt.

180 Erste Schriften über Alchimie in Ägypten.

190 Chinesen berechnen die Zahl Pi = 3,14159.

230 Chinesen erfinden die Schubkarre.

390 Die Römerin Fabiola eröffnet das erste öffentliche Krankenhaus Westeuropas.

400 Der indische Arzt Susruta beschreibt Techniken für plastische Operationen.

499 Der Inder Aryabhata entdeckt, dass die Erde rotiert, nicht der Sternenhimmel.

595 Erster Nachweis für Verwendung des heute weltweit üblichen indischen Zahlensystems.

620 Der Inder Brahmagupta verwendet erstmals negative Zahlen (kleiner als 0).

700 Maya in Mittelamerika entwickeln ein eigenes Zahlensystem, das das Rechnen mit sehr hohen Zahlen ermöglicht.
Chinesen erfinden Porzellan.
In Persien (Iran) wird die Windmühle erfunden.

750 Der Alchimist Jabir ibn Hayyan stellt Essigsäure her.

751 Chinesische Gefangene bringen den Arabern Herstellung von Papier bei.

770 Araber übersetzen indische mathematische Bücher.

Nebenstehende Illustration zeigt den belebten Sternenhimmel der Griechen (Holzschnitt aus dem 15. Jahrhundert).

820 Der Mathematiker Muhammed ibn Al-Khwarizmi stellt Regeln für das Rechnen mit dem indischen Zahlensystem auf.

827 Astronomiebuch des Ptolemäus wird ins Arabische übersetzt.

868 In China wird das erste gedruckte Buch veröffentlicht.

880 Persischer Arzt Ar-Razi verwendet Gips, um gebrochene Knochen ruhig zu halten.

1000 Bjarne Herjolfsson segelt als einer der ersten Europäer nach Amerika. Später gründet Leif Eriksson dort eine Kolonie.
 Chinesen verbessern Magnetkompass für die Seefahrt.

1025 Der Araber Abu Ali Muhammed ben el Hasan Alheitham befasst sich mit Fragen der Optik.

1045 Der Chinese Pi Sheng druckt Bücher mit losen Drucktypen (wieder verwendbare Tonklötze mit Schriftzeichen).

1142 Euklids mathematisches Buch *Die Elemente* und andere griechische Werke werden ins Lateinische übersetzt (Wiedergeburt der griechischen Philosophie).

1202 Der italienische Mathematiker Leonardo Fibonacci veröffentlicht ein Buch über das vorteilhafte indische Zahlensystem.

1249 Der englische Mönch Roger Bacon erkennt die Wirkung geschliffener Glasstücke (Linsen) bei Weitsichtigkeit.
 Roger Bacon erwähnt die chinesische Erfindung des Schießpulvers.

1260 In Peking wird ein großes astronomisches Observatorium gebaut.

1269 Die Bücher des Archimedes werden ins Lateinische übersetzt.

1280 Der arabische Arzt Al-Quarashi erkennt, wie sich das Blut zwischen Herz und Lunge bewegt.

1288 In China wird die erste Kanone gebaut.

1300 In Europa werden mechanische Uhren erfunden.

1350 Chinesische Erfindung des Papiers hält in Europa Einzug.

1402 Chinesische Entdeckungsreisende segeln westwärts nach Sri Lanka, zum Roten Meer und nach Ägypten.

1428 In Samarkand konstruiert der mongolische Astronom Ulugh Beg einen Quadranten von 42 m Höhe und verbessert damit die ptolemäische Berechnung der Sternpositionen.

1440 Der deutsche Gelehrte Nikolaus von Kues (Cusanus) behauptet, das Universum sei unendlich, die Sterne seien Sonnen, und um die Sterne kreisten bewohnte Planeten.

1450 In den Niederlanden wird eine tragbare Kanone (das erste Gewehr) erfunden.

1451 Nikolaus von Kues erfindet Linsen für Kurzsichtige.

1455 Johannes Gutenberg druckt das erste Buch (die Bibel) mit beweglichen Typen.

1473 Erstes medizinisches Lexikon wird in Europa veröffentlicht.

1473 Europäische Wissenschaftler lernen Demokrits Atomlehre kennen.

1476 Aristoteles' Bücher über Tiere werden ins Lateinische übersetzt.

1481 In Deutschland erscheint das erste gedruckte Buch mit Bildern von Tieren.

1492 Am 12. Oktober erreichen drei Schiffe unter Christoph Kolumbus Amerika.

1492 Der italienische Mathematiker Francesco Pellos führt das Komma als Dezimalzeichen ein, um Zahlen kleiner als 1 auszudrücken.

1497/98 Der portugiesische Entdeckungsreisende Vasco da Gama segelt von Europa aus um Afrika herum nach Indien.

1500 Leonardo da Vinci seziert Tote und fertigt präzise Zeichnungen an.

1506 Leonardo da Vinci hält Fossilien für Reste von Tieren, die im Meer gelebt haben.

1507 Deutscher Kartograf nennt den von Kolumbus entdeckten Kontinent auf einer Karte nach Amerigo Vespucci, einem italienischen Entdeckungsreisenden, Amerika.

1510 Leonardo da Vinci erfindet ein Wasserrad, das große Ähnlichkeit mit modernen Turbinen hat.
Peter Henlein erfindet die erste tragbare Uhr mit einem Federwerk (Nürnberger Ei).

1514 Plus- und Minuszeichen werden zum Addieren und Subtrahieren von Zahlen eingeführt.

1519 Der portugiesische Seefahrer Ferdinand Magellan bricht zur ersten Erdumseglung auf.

1527 Der Schweizer Arzt Paracelsus verbrennt öffentlich die Bücher des Galen, die er als gefährlich für Patienten einstuft.

1534 Kopernikus veröffentlicht sein Buch *Über die Umläufe der Himmelskörper*.

1540 Paracelsus benutzt Opium als Schmerzmittel.

1543 Andreas Vesalius veröffentlicht das Werk *Über die Struktur des menschlichen Körpers*.

1546 Der Deutsche Georg Bauer bezeichnet Knochenreste, die im Erdreich gefunden werden, erstmals als Fossilien.

1551-58 Der Arzt Conrad Gesner veröffentlicht die erste brauchbare Übersicht über die Tierwelt seit Aristoteles.

1557 In der Mathematik wird das Gleichheitszeichen (=) eingeführt.

1569 Der belgische Kartograf Gerhard Mercator zeichnet die erste moderne Weltkarte. Noch heute werden Karten nach seiner Technik hergestellt.

1572 Im Sternbild Cassiopeia ist für 16 Monate eine strahlende Supernova zu sehen, die von chinesischen Astronomen und dem Dänen Tycho Brahe beobachtet wird.

1577 Tycho Brahe beweist, dass sich ein in jenem Jahr sichtbarer Komet hinter dem Mond befindet. Das widerspricht den Theorien des Aristoteles.

1580 Der italienische Forscher Prospero Alpini entdeckt, dass es auch bei Pflanzen zwei Geschlechter gibt.

1582 Der moderne Kalender, wie wir ihn heute noch benutzen, wird von Papst Gregor XIII. in den katholischen Ländern eingeführt.

1589 In England wird die Strickmaschine erfunden.

1590 Galilei veröffentlicht ein Buch, in dem er die aristotelischen Theorien über die Bewegungen von Gegenständen widerlegt.

1590 Der niederländische Optiker Zacharias Janssen erfindet das Mikroskop.

1592 Galilei erfindet ein einfaches Thermometer.

1599 Der Italiener Ulisse Aldrovandi veröffentlicht ein Buch über Ornithologie (Vogelkunde).

1600 Giordano Bruno wird in Rom auf dem Scheiterhaufen verbrannt, unter anderem weil er behauptet hatte, die Sonne sei nur einer unter vielen Sternen.

1603 Der deutsche Astronom Johann Bayer benennt die Sterne nach den Buchstaben des griechischen Alphabets. Der hellste Stern erhält den Namen α.

1604 Galilei entdeckt, dass sich die Geschwindigkeit, mit der eine Kugel zu Boden fällt, steigert, je näher die Kugel dem Boden kommt.

1606 Der niederländische Optiker Hans Lippershey erfindet das erste Teleskop, das in den Handel kommt.

1609 Johannes Kepler schreibt in einem Buch, dass sich die Planeten in ellipsenförmigen Bahnen um die Sonne bewegen.

1610 Galilei entdeckt vier Jupitermonde, die Phasen des Planeten Venus und die Sterne in der Milchstraße.

1611 Der englische Arzt John Woodall empfiehlt Seeleuten, auf langen Reisen Zitronen zu essen, um der Krankheit Skorbut zu entgehen.

1611 Gleichzeitig mit zwei weiteren Astronomen entdeckt Galilei dunkle Flecken auf der Sonne.

1613 Galilei bekennt sich erstmals öffentlich zu den Theorien des Kopernikus.

1615 In Europa wird erstmals Gummi arabicum (aus Fruchtmilch asiatischer Gummibäume) verwendet.

1616 Die katholische Kirche erklärt das heliozentrische Weltbild für "verlogen und sinnlos" und verbietet das Buch des Kopernikus.

Der englische Arzt William Harvey hält vor seinen Kollegen einen Vortrag über den Blutkreislauf.

1620 Der englische Philosoph Francis Bacon fordert Forscher zum Experimentieren auf, um neues Wissen zu erlangen.

1624 Der französische Philosoph Pierre Gassendi misst erstmals die Schallgeschwindigkeit.

1630 Der Arzt Peter Chamberlain erfindet eine Zange, mit der bei schwierigen Geburten Kinder aus dem Mutterleib gezogen werden können.

1632 Galileis Buch *Dialog über das ptolemäische und das kopernikanische Weltsystem* wird veröffentlicht und von der katholischen Kirche verboten.

1633 Der englische Arzt Stephen Bradley veröffentlicht das Buch *Hilfe bei plötzlichen Unfällen*, eine frühe Anleitung zur ersten Hilfe.

1637 René Descartes veröffentlicht das Buch *Abhandlung über die Methode*, das Regeln für das Vorgehen von Forschern aufstellt.

1647 Der französische Philosoph Blaise Pascal beweist, dass die Luft nach oben hin immer dünner wird und die Atmosphäre nicht, wie bisher angenommen, unendlich weiterreicht.

1655 Der Franzose Isaac de la Peyère behauptet, dass manche Steine eigentlich Werkzeug seien, das von Menschen, die lange vor Adam lebten, hergestellt wurde.

Der Ingenieur Edward Somerset entwirft eine einfache Dampfmaschine.

1656 Der Niederländer Christiaan Huygens entdeckt einen Mond des Planeten Saturn.

Huygens konstruiert die allererste präzise Uhr, die mit einem Pendel versehen ist. Huygens verdankt die Idee Galileis Pendelgesetz.

1660 Der niederländische Forscher Antoni van Leeuwenhoek baut ein Mikroskop, das zweihundertfach vergrößert.

1662 Der irische Chemiker Robert Boyle entdeckt, dass sich alle Gase zusammenpressen lassen, und vermutet, dass Gas aus Atomen besteht. Wenn das Gas zusammengepresst wird, verringere sich die Entfernung zwischen den Atomen.

1665 Der englische Biologe Robert Hooke studiert unter dem Mikroskop Strukturen von Pflanzen und ist der Erste, der in diesem Zusammenhang den Begriff "Zelle" verwendet.

1667 Der französische Arzt Jean-Baptiste Denis führt die erste moderne Bluttransfusion durch.

1668 Newton erfindet das Spiegelteleskop.

1669 Der Däne Nicolaus Steno hält Fossilien für versteinerte Reste von uralten Tieren und Pflanzen.

1670 Der französische Astronom Jean Picard schafft die erste genaue Berechnung des Erdumfangs seit Eratosthenes (240 v. Chr.).

1672 Newton experimentiert mit einem Prisma und entdeckt, dass weißes Licht in ein Farbband (Spektrum) zerlegt wird.

1673 Der Astronom Giovanni Cassini berechnet die Entfernung zwischen Sonne und Erde auf 140 Millionen km (korrekt 149,5 Millionen km).

1674 John Mayow stellt fest, dass es in der Luft einen Stoff gibt, der beim Atmen wichtig ist.

1675 Der dänische Astronom Ole Rømer entdeckt die Lichtgeschwindigkeit und errechnet sie auf 225 000 km pro Sekunde (korrekt 300 000 km/s).

1677 Antoni van Leeuwenhoek entdeckt Mikroorganismen mit dem Mikroskop.

1678 Christiaan Huygens beschreibt Lichtstrahlen als eine Art Welle, die sich durch den Raum bewegt, Isaac Newton hält Licht für eine Art Partikel. Der Streit hält Jahrhunderte an.

1679 Edmund Halley legt den ersten Katalog des südlichen Sternenhimmels an.

1685 Denis Papin baut die erste funktionierende Dampfmaschine.

1688 Der Franzose Lucas de Nehon erfindet das Gießverfahren für große flache Glasplatten und ermöglicht so die Herstellung von Fenstern und Spiegeln.

1694 Joseph Pitton veröffentlicht ein Buch über Botanik, in dem er über achttausend Pflanzen beschreibt und in Gruppen einzuteilen versucht.

Newtons Prismaanordung, mit der er bewies, daß das weiße Licht nicht weiß ist.

1698 Der englische Ingenieur Thomas Savery erfindet eine Pumpe mit Dampfantrieb, mit der Wasser aus Bergwerken gepumpt werden kann.

1705 Edmond Halley sagt voraus, dass ein Komet, den er 1682 gesehen hat, auch im Jahr 1758/59 auftauchen wird, und behauptet anhand alter Kometenberichte, dass der Komet schon oft, immer im Abstand von 75 Jahren, gesehen wurde.

Der englische Physiker Francis Hauksbee erkennt, dass sich Schall nur durch Luft oder einen anderen Stoff bewegen kann.

1712 Thomas Newcomen erfindet eine Dampfmaschine, die in England weite Verbreitung findet.

1718 Edmond Halley stellt fest, dass sich Sterne innerhalb einiger Jahrtausende im Verhältnis zueinander verschieben, und widerlegt die alte griechische Vorstellung, dass sich (Fix-)Sterne nicht bewegen.

1735 Der schwedische Forscher Carl von Linné veröffentlicht die erste Fassung seines Systems der Einteilung von Pflanzen in Arten und Familien.

1742 Der schwedische Astronom Anders Celsius erfindet eine Temperaturskala mit Wasser als Ausgangspunkt. Bei 0 Grad Celsius gefriert es, bei 100 Grad erreicht es den Siedepunkt.

1745 An der niederländischen Universität Leiden wird die sog. Leidener Flasche erfunden, die statische Elektrizität speichern kann.

1748 Der französische Philosoph Julien Offray de Lamettrie behauptet, die Gedanken der Menschen stammten nicht aus ihrer unsterblichen "Seele", sondern entstünden im Nervensystem.

1749 Der französische Forscher Georges Louis de Buffon behauptet, die Erde sei vor 75 000 Jahren entstanden, also wesentlich älter als in der Bibel behauptet.

1751 In Frankreich erscheint der erste Band der *Encyclopédie*. Es ist das erste moderne Lexikon, in dem sämtliches Wissen nach dem Alphabet aufgeführt wird.

1752 Benjamin Franklin lässt einen Drachen in eine Gewitterwolke aufsteigen. Im folgenden Jahr erfindet er den Blitzableiter.

1754 Dorothea Erxleben aus Quedlinburg legt an der Universität Halle ihre Doktorprüfung in Medizin ab. Sie ist die erste studierte Ärztin in Deutschland und allgemein die erste Frau mit Doktortitel.

1758 Der Komet, den Edmond Halley vorausgesagt hat, erscheint wirklich und wird, zu Ehren seines längst verstorbenen Entdeckers, Halleyscher Komet genannt.

1766 Der Chemiker Henry Cavendish entdeckt die Grundstoffe Wasserstoff und Stickstoff und weist die Wichtigkeit von Stickstoff für das Wachstum der Pflanzen nach.

1771 Joseph Priestley entdeckt, dass das in der Luft befindliche Gas, das zum Atmen notwendig ist, von Pflanzen produziert wird. Später erhält dieses Gas den Namen Sauerstoff.

1779 Der niederländische Botaniker Jan Ingenhousz beweist, dass grüne Pflanzen nur unter Sonnenlicht Sauerstoff produzieren.

1781 Der deutsch-englische Astronom William Herschel entdeckt den Planeten Uranus.

1783 Die französischen Brüder Montgolfier erfinden den Heißluftballon. Am 21. November unternehmen Jean Pilâtre de Rozier und François d'Arlandes den ersten Flug.

1784 Henry Cavendish entdeckt, dass Wasser aus Sauerstoff und Wasserstoff besteht.

1787 In den USA wird ein versteinerter Knochen entdeckt. Möglicherweise handelt es sich um den ersten von Wissenschaftlern gefundenen Saurierknochen.

1790 Herschel entdeckt "planetarische Nebel", Wolken aus Gas, die alte Sterne umgeben.

In Frankreich wird das metrische System erfunden. Heute werden die französischen Maßeinheiten (Meter, Kilometer, Gramm, Kilogramm usw.) fast in der ganzen Welt benutzt.

1793 Der deutsche Botaniker Christian Spengel zeigt auf, wie wichtig Wind und Insekten sind, wenn sich Pflanzen durch Übertragung von Pollen (Blütenstaub) vermehren sollen.

1796 Edward Jenner experimentiert erstmals mit der Pockenimpfung.

1798 Der französische Astronom Pierre de Laplace nimmt an, dass es Sterne gibt, die alles Licht zurückhalten. Heute werden solche Sterne "schwarze Löcher" genannt.

1799 Der englische Geologe William Smith nimmt an, dass die Steinschichten unterschiedlich alt sind, und zwar umso älter, je tiefer sie im Boden liegen.

In Sibirien wird ein im Eis eingefrorenes Mammut gefunden.

1800 Der Italiener Alessandro Volta erfindet die elektrische Batterie (Voltasäule).

1801 Der deutsche Physiker Johann Ritter entdeckt ultraviolette Strahlung, eine unsichtbare Form von Licht.

1802 Ein amerikanischer Bauer baut den ersten Eisschrank, einen Vorläufer des modernen Kühlschranks.

1803 John Dalton behauptet, alle Materie bestehe aus Atomen.

1804 Die erste Eisenbahn (konstruiert von Richard Trevithick) geht in England auf Probefahrt.

1807 Der schwedische Chemiker Jakob Berzelius entdeckt den Unterschied zwischen organischen und anorganischen chemischen Stoffen. Die unbelebte Natur besteht vorwiegend aus anorganischen, Pflanzen und Tiere aus organischen Stoffen.

1809 Der Franzose Jean-Baptiste de Lamarck stellt die Theorie auf, dass sich heutige Arten aus früheren Arten entwickelt haben.

1811 Herschel nimmt an, dass Sterne draußen im Universum in "Sternennebeln" entstehen.

Die britische Paläontologin Mary Anning findet das Skelett eines Sauriers, der im Meer gelebt hat (Ichthyosaurus).

1814 Der Deutsche Joseph von Fraunhofer studiert das Spektrum der Sonne und entdeckt dunkle Linien, die auf andere chemische Verbindungen schließen lassen (Beginn der astronomischen Spektralanalyse).

1817 Französische Chemiker entdecken das Chlorophyll, das alle Pflanzen grün sein lässt.

1819 "Die Savannah" überquert als erstes Dampfschiff den Atlantik von den USA nach England.

1820 Der dänische Physiker Hans Christian Ørsted entdeckt, dass elektrischer Strom eine Magnetnadel beeinflusst.

1822 Der Franzose Joseph Niepce überzieht eine Platte mit einer chemischen Verbindung, die unter Lichteinwirkung dunkel wird, und macht das erste Foto der Welt.

1824 Ein englischer Geologe veröffentlicht die Beschreibung eines ausgestorbenen Raubtiers (Megalosaurus), nachdem er fossile Skelettreste untersucht hat. Im folgenden Jahr findet ein Arzt versteinerte Zähne einer ausgestorbenen Echsenart (Iguanodon).

1827 Charles Lyell behauptet, die Erdoberfläche habe sich langsam und über einen gewaltigen Zeitraum entwickelt.

1831 Michael Faraday entdeckt das Prinzip der Stromerzeugung.
  Joseph Henry erfindet den Elektromotor.

1834 Der Engländer Charles Babbage beginnt mit der Konstruktion einer Rechenmaschine, dem Vorläufer des modernen Computers. Lady Ada Lovelace schlägt ihm vor, "Programme" zu entwickeln, die die Maschine steuern. Die Verwirklichung scheitert an der Technik.
  J. Perkins entwickelt einen mit Äther betriebenen Vorläufer des Kühlschranks.

1835 Geologen beginnen mit der Einteilung der Erdgeschichte in Perioden. Der Engländer Adam Sedgwick gibt der Periode vor 600 - 500 Mio. Jahren den Namen Kambrium.

1837 Samuel Morse lässt in den USA einen elektrischen Telegrafen patentieren.

1838 Friedrich Bessel misst die Entfernung zu einem Stern.

1839 Charles Goodyear entwickelt eine Methode, Gummi unter allen Verhältnissen weich bleiben zu lassen (Vulkanisierung) und bereitet damit die Produktion von Reifen vor.

1843 Der Deutsche Heinrich Schwabe stellt fest, dass Sonnenflecken in jedem elften Jahr besonders häufig auf der Sonnenoberfläche vorkommen.

1846 Johann Galle und Heinrich d'Arrest entdecken den Planeten Neptun.
  Der amerikanische Arzt W. Morton führt die erste Operation unter Vollnarkose durch.

1847 Ignaz Semmelweis stellt fest, dass Kindbettfieber durch schmutzige Hände seiner Medizinstudenten verursacht wird.

1855 James Clerk Maxwell stellt mathematische Formeln auf, die die elektrischen und magnetischen Entdeckungen von Michael Faraday erklären.

1856 Im Neandertal bei Düsseldorf wird das Skelett eines ausgestorbenen Menschentyps (Neandertaler) gefunden.

1859 Charles Darwin veröffentlicht sein Buch *Vom Ursprung der Arten*.

1861 In Solnhofen wird ein Fossil des Archaeopteryx entdeckt, ein Mittelding zwischen Saurier und Vogel. Der Fund gilt als Beweis für Darwins Entwicklungslehre.

1862 Louis Pasteur beschreibt in einem Artikel krankheitserregende Bakterien.

1863 Der deutsche Biologe Julius Sachs entdeckt, wie Pflanzen mithilfe von Chlorophyll Kohlendioxid in Sauerstoff verwandeln.
  Ein englischer Astronom vergleicht das Spektrum der Sterne mit dem von Sonne und Erde und stellt fest, dass es überall im Kosmos dieselben chemischen Stoffe gibt.

1864 Louis Pasteur beweist, dass die Luft voller Bakterien ist und rät, vor Operationen bakterientötende Mittel zu verwenden.

1866 Gregor Mendel erklärt, dass Pflanzen ihre Eigenschaften nach festen Regeln vererben (mendelsche Vererbungslehre).

1866 Erste Telegrafenleitung zwischen Europa und den USA wird durch den Atlantik verlegt.

1867 Der Schwede Alfred Nobel erfindet den Sprengstoff Dynamit.
  Nikolaus Otto erfindet den modernen Verbrennungsmotor.

1868 Der französische Paläontologe Lartet entdeckt bei Cro-Magnon (Frankreich) Knochenreste von 30 000 Jahre alten Menschen, deren Ähnlichkeit zur heutigen Knochengestalt verblüfft.
  Der Franzose A. Guilmet baut das erste moderne Fahrrad.

1871 Charles Darwin versucht in seinem Buch *Die Abstammung des Menschen* zu beweisen, dass sich die Menschen aus affenähnlichen Wesen entwickelt haben, die vor Jahrmillionen in Afrika gelebt haben.

1872-76 Das britische Schiff "Challenger" legt rund 100 000 Kilometer zurück und misst die Meerestiefen.

1873 Zum ersten Mal können Forscher die Teilung einer menschlichen Zelle beobachten.

1874 Carl von Linde baut den ersten modernen Kühlschrank.

1875 Der Deutsche Oskar Hertwig beweist, dass eine Eizelle durch Eindringen einer Samenzelle befruchtet wird und sich zu einem Embryo entwickelt.

1876 Robert Koch weist erstmals nach, dass bestimmte Bazillen bestimmte Krankheiten hervorrufen.

1879 Thomas Alva Edison konstruiert die erste (über 40 Stunden) haltbare Glühbirne.

1880 Louis Pasteur entdeckt weitere krankheitserregende Bakterien und experimentiert mit Hühnercholera, einer Krankheit, die Geflügel befällt.

1882 Robert Koch entdeckt die Bakterie, die Tuberkulose verursacht.

1884 Der deutsche Chemiker Ludwig Knorr stellt das erste Medikament – ein Fiebermittel – vor, das nicht aus Pflanzenextrakten besteht.

Ein Kongress in den USA beschließt, dass der Nullmeridian, von dem aus die Längengrade auf der Erde gemessen werden, in Greenwich in England liegen soll.

Der Deutsche Paul Nipkow lässt sich eine Erfindung patentieren, die später zur Entwicklung des Fernsehens führt.

1885 Der Engländer Francis Galton stellt fest, dass die Fingerspitzen aller Menschen ein unterschiedliches Muster aufweisen.

1885/86 Gottlieb Daimler und Carl Friedrich Benz bauen die ersten fahrbaren Automobile.

1888 Der Deutsche Heinrich Hertz entdeckt eine Strahlung, die James Maxwell bereits 1865 vermutet hat. Sie wird "Radiowellen" genannt.

1889 Der amerikanische Fabrikant Singer bringt die ersten elektrischen Nähmaschinen auf den Markt.

1890 Auf der Insel Java im Stillen Ozean wird das Fossil eines menschenähnlichen Wesens entdeckt. Heute wird dieser Vormensch "Homo erectus" genannt (der aufgerichtete Mensch), und wir wissen, dass er vor 1,8 Millionen Jahren gelebt hat.

1894 Die französischen Brüder Lumière lassen ein System patentieren, mit dem sich bewegende Bilder auf einem Bildschirm gezeigt werden können (Kino).

1895 Der britische Chemiker Sir William Ramsay stellt fest, dass der bis dahin nur auf der Sonne nachgewiesene Grundstoff Helium auch auf der Erde vorkommt.

Wilhelm Röntgen entdeckt die nach ihm benannten Strahlen.

Der Italiener Guglielmo Marconi erforscht die Radiowellen, erfindet die drahtlose Telegrafie und legt damit die Grundlagen für den Rundfunk.

1896 Der Franzose Henri Becquerel stellt fest, dass bestimmte Stoffe eine bisher unbekannte Art von Strahlen aussenden.

1897 Marie Curie weist nach, dass die von Becquerel entdeckte Strahlung aus dem Grundstoff Uran stammt. Im selben Jahr entdeckt der Engländer Ernest Rutherford, dass es sich im Grunde um mehrere Formen von Strahlung handelt.

1898 Der Russe Konstantin Tsiolkowski stellt mathematische Regeln für die Raumfahrt auf.

Marie und Pierre Curie entdecken zwei weitere Grundstoffe, die Strahlen aussenden: Radium und Polonium. Marie Curie prägt für solche Stoffe den Begriff "radioaktiv".

1901 Die Astronomin Anny Jump Cannon stellt fest, dass sich Sterne in unterschiedliche Gruppen einteilen lassen, abhängig von ihrer Strahlungskraft und ihrer Oberflächentemperatur.

Guglielmo Marconi sendet

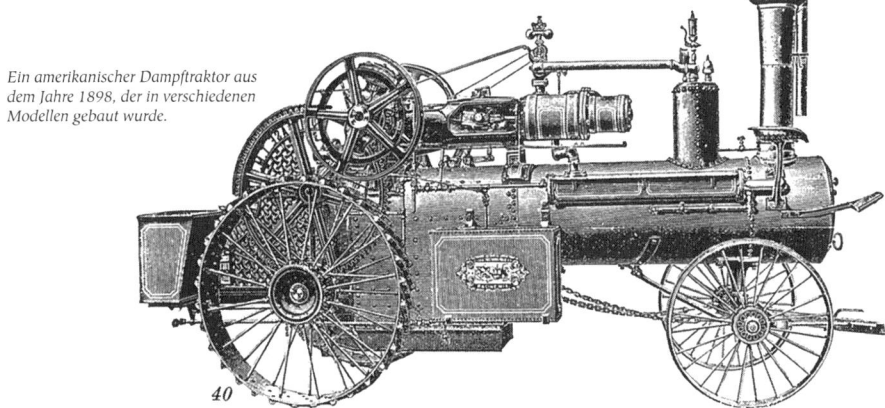

Ein amerikanischer Dampftraktor aus dem Jahre 1898, der in verschiedenen Modellen gebaut wurde.

die ersten Funksignale über den Atlantik.

1902 Der Franzose Teisserenc entdeckt, dass die Atmosphäre aus zwei Schichten besteht: Troposphäre (in der wir leben) und Stratosphäre.

1903 Wilbur und Orville Wright starten erfolgreich mit dem ersten motorgetriebenen Flugzeug.

1905 Albert Einstein veröffentlicht die spezielle Relativitätstheorie. Mithilfe dieser Theorie entwickelt er die berühmte Formel $E = mc^2$.

1906 Der niederländische Astronom Jacobus Kapteyn kartiert erstmals die Milchstraße und ermittelt einen Durchmesser von 23 000 und eine Dicke von 6 000 Lichtjahren, was sich beides als viel zu wenig herausstellt.

1908 Der genaue Durchmesser eines Atoms wird auf 0,00000000001 Meter berechnet.

1909 Der kroatische Geologe Andrika Mohorvicic entdeckt eine Trennung zwischen den Steinschichten in der Erde (Erdkruste/Mantel), die ca. 20 km unter der Erdoberfläche verläuft.

1909-1913 Fritz Haber und Carl Bosch entwickeln ein Verfahren zur künstlichen Massengewinnung von Stickstoff.

1911 Der Däne Ejnar Hertzsprung und der Amerikaner Henry Russell entdecken unabhängig voneinander eine Methode, um sich einen Überblick über sämtliche Sterne zu verschaffen (Hertzsprung-Russell-Diagramm über die Entwicklung der Sterne).

Der Amerikaner Thomas Morgan erforscht die Erbanlagen der Fruchtfliege.

Ernest Rutherford entdeckt, dass alle Atome einen Atomkern haben, der von winzigen Elektronen umkreist wird.

1912 Die Astronomin Henrietta Leavitt stellt fest, dass die Strahlung gewisser Sterne (Cepheiden) berechnet werden kann, was bei großen Entfernungen im Universum hilfreich ist.

Der Geologe Alfred Wegener stellt die Theorie auf, dass sich die Kontinente auf der Erde langsam voneinander fortbewegen und alle Erdteile einmal einen Urkontinent (Pangea) gebildet haben.

Chemiker in England, den Niederlanden und den USA entdecken die Vitamine, die für die menschliche Gesundheit wichtig sind.

1913 Der Deutsche Johannes Geiger erfindet ein Instrument zum Messen radioaktiver Strahlung (Geigerzähler).

Der Franzose Charles Fabry weist nach, dass es hoch oben in der Atmosphäre eine Ozonschicht gibt.

Der Däne Niels Bohr entwickelt ein neues, richtungsweisendes Modell für den Aufbau der Atome (inzwischen überholt, aber in der Schulchemie noch angewandt).

1915 Amerikanische Genforscher (u. a. Thomas Morgan) weisen nach, dass die Gene, die unser Aussehen entscheiden, mitten in den Zellkernen in den Chromosomen liegen.

1916 Albert Einstein veröffentlicht seine allgemeine Relativitätstheorie.

1918 Der amerikanische Astronom Harlow Shapley misst die wirkliche Größe der Milchstraße aus (Durchmesser 75 000, Dicke 15 000 Lichtjahre) und berechnet die ungefähre Position der Sonne in der Milchstraße (25 000 Lichtjahre vom Zentrum entfernt).

1919 Der amerikanische Physiker Robert Goddard arbeitet an Raketenmotoren (u. a. für einen als möglich erachteten Flug zum Mond).

1922 Der Amerikaner Elmer McCollum entdeckt im Fett das lebensnotwendige Vitamin D.

1923 In der Mongolei werden die ersten Sauriereier gefunden – ein endgültiger Beweis, dass Saurier eierlegende Echsen waren.

1924 Der Amerikaner Edwin Hubble stellt fest, dass der Andromedanebel eine Galaxis wie unsere Milchstraße ist.

1926 Hubble entdeckt unterschiedliche Formen von Galaxien: spiralförmig, rund, stabförmig.

Der Amerikaner Thomas Rivera entdeckt den Unterschied zwischen Bakterien und Viren.

1927 Der belgische Astronom Georges Lemaître nimmt an, dass das Universum vor Milliarden Jahren aus einem winzigen "kosmischen Ei" entstanden ist (Frühform der Urknall-Theorie).

R. Wideroe und M. Steenbeck entdecken das Prinzip der "Elektronenschleuder".

1928 Der Engländer Alexander Fleming stellt fest, dass der Schimmelpilz Penicillium Bakterien tötet, kann die Entdeckung aber nicht praktisch nutzen.

Der Schotte John Logie Baird lässt eine Technik patentieren, mit der farbige Fernsehbilder hergestellt werden können.

1929 Hubble stellt fest, dass sich die Galaxien im Universum von der Milchstraße entfernen, daraus folgt, dass sich das Universum erweitert.

Der Deutsche Hans Berger misst elektrische Ströme im Gehirn. Er erfindet den Apparat Elektroenzephalograph (abgekürzt EEG).

1930 Der Amerikaner Clyde Tombaugh entdeckt den neunten Planeten unseres Sonnensystems, Pluto.

1931 Die Entwicklung des Elektronenmikroskops beginnt.

Der Schweizer Auguste Picard fliegt mit einem speziell konstruierten Ballon mehr als 15 km in die Atmosphäre, um die Stratosphäre zu studieren.

1932 Der Amerikaner Karl Jansky entdeckt Radiostrahlung aus dem Weltraum. Er begründet einen neuen Zweig der Astronomie, die Radio-Astronomie.

Der Engländer James Chadwick entdeckt das Neutron, was zur Erkenntnis führt, dass alle Atome einen Kern aus Neutronen und Protonen haben, der von Elektronen umkreist wird.

1934 Der Amerikaner W. Beebe lässt sich in einer Metallkugel mehrere Kilometer ins Meer absenken und stellt fest, dass es tief unter der Meeresoberfläche Leben gibt.

1935 Der amerikanische Geologe Charles Richter entwickelt eine Skala für die Stärke von Erdbeben (Richterskala).

Der deutsche Arzt Gerhard Domagk entwickelt eines der ersten Medikamente, die bei Bakterieninfektionen wirken. Robert Watson-Watt entwickelt die Radartechnik (Radarortung).

1936 Der russische Chemiker Alexander Oparin nimmt an, dass vor Milliarden Jahren in der Erdatmosphäre Leben von selbst entstanden ist.

Ein englischer Geologe bestimmt mithilfe der Radioaktivität des in alten Steinen befindlichen Urans deren Alter: je älter die Steine, desto schwächer die Radioaktivität.

1937 Ein kanadischer Physiker baut ein Elektronenmikroskop, das 7000-fach vergrößern kann.

Ein amerikanischer Chemiker der Firma Du Pont erfindet eine künstliche Faser, die den Namen Nylon erhält.

1938 Otto Hahn und Friedrich Straßmann spalten ein Uranatom mithilfe von Neutronen, wobei sehr viel Energie freigesetzt wird.

1939 Die Engländer Howard Florey und Ernst Chain stellen reines Penizillin her. Das erste wirkungsvolle Medikament gegen Bakterieninfektionen ist gefunden.

Albert Einstein bittet den Präsidenten der USA, Roosevelt, eine Atombombe entwickeln zu lassen, um Deutschland im 2. Weltkrieg zuvorzukommen.

Der Physiker Hans Bethe stellt fest, wie Sonne und Sterne leuchten: Atome in der Mitte des Sterns verschmelzen (Fusion), wobei Energie frei wird, die wir als Licht erkennen.

1940 Der deutsche Erfinder Manfred von Ardenne baut das erste technisch ausgereifte Elektronenmikroskop.

1941 Präsident Roosevelt unterzeichnet ein Geheimpapier zum Aufbau des "Manhattan-Projekts" für den Bau der Atombombe.

Der deutsche Ingenieur Konrad Zuse baut mit seinem Modell Z-3 den ersten digitalen, programmierbaren modernen Computer.

1942 Der Astronom Grote Reber entdeckt eine Galaxis, die sehr starke Radiostrahlen aussendet (Radiogalaxis). Sie ist 700 Millionen Lichtjahre entfernt.

Ein italienischer Biologe stellt mit dem Elektronenmikroskop das erste detaillierte Bild eines Virus her.

Amerikanische Physiker setzen unter der Leitung des Italieners Enrico Fermi zum ersten Mal eine Kettenreaktion bei der Spaltung eines Uranatoms in Gang.

Deutsche Forscher und Ingenieure schießen die ersten V2-Raketen ab, von denen alle späteren Raketen abstammen.

1944 Der Amerikaner Howard Aiken erfindet den Computer noch einmal, weil durch den 2. Weltkrieg keine Information über Konrad Zuses Erfindung in die USA gelangt.

Der Kanadier Oswald Avery beweist, dass es sich bei dem Erbstoff, der über unser Aussehen entscheidet, eigentlich um ein riesiges Molekül namens DNS handelt.

1945 Bei Alamogordo (New Mexico) wird die erste Atombombe gezündet. Im Sommer werden die japanischen Städte Hiroshima und Nagasaki von zwei Atombomben zerstört.

Konrad Zuse entwickelt mit "Plankalkül" die erste höhere Programmiersprache.

1946 An der Pennsylvania-Universität in den USA wird der erste elektronische Computer mit dem Codenamen ENIAC gebaut. Er arbeitet mit 18 000 Elektroröhren.

1947 Der Amerikaner Willard Libby entwickelt eine Technik zur Ermittlung des Alters organischer Materialien. Mit einer besonderen Form von Kohle, dem Kohlenstoffisotop 14, kann Libby das Alter von bis zu 50 000 Jahre alten Objekten bestimmen.

1948 Das bislang größte Teleskop der Welt mit einem Spiegel von 5 m Durchmesser wird auf dem Mount Palomar in Kalifornien in Betrieb genommen.

1949 Der Astronom George Gamow nimmt an, dass, wenn das Universum tatsächlich mit einer gigantischen Explosion begonnen habe, vom ganzen Himmel eine schwache Radiostrahlung messbar sein muss.

1950 Der Astronom Jan Oort nimmt an, dass die Kometen aus einer riesigen Wolke stammen, die weit außerhalb unseres Sonnensystems liegt.

Erwin Müller entwickelt ein Elektronenmikroskop, das 10 Mio. Mal vergrößern kann. Mit ihm können Atome direkt sichtbar gemacht werden.

1951 In den USA werden die ersten Farbfernsehprogramme ausgestrahlt, Farbfernseher kommen aber erst 1954 in den Handel.

1952 Die Chemiker Stanley Miller und Harold Urey senden elektrischen Strom durch eine Gasmischung, wie es sie vermutlich vor vier Milliarden Jahren auf der Erde gegeben hat, und weisen so nach, dass in den Gasen die "Bausteine des Lebens" von selbst entstehen.

1953 Francis Crick und James Watson entdecken, dass das DNS-Molekül, der "Erbstoff", aussieht wie zwei miteinander verbundene Spiralen.

Der Amerikaner Jonas Salk probiert einen Impfstoff gegen die gefürchtete Kinderlähmung aus.

1956 Astronomen, die die Strahlung der Venus untersuchen, stellen fest, dass die Oberfläche des Planeten sehr warm ist (mehrere hundert Grad).

1957 Die Sowjetunion schießt am 4. Oktober den ersten Satelliten (Sputnik 1) ins All. Am 3. November folgt Sputnik 2 mit der Hündin Laika an Bord.

Der englische Forscher Alick Isaacs entdeckt das Interferon, einen Stoff, den der Körper produziert, um sich vor Virusinfektionen zu schützen. Um die gleiche Zeit entdecken andere Wissenschaftler die Funktionsweise der körpereigenen Immunabwehr.

1958 Der schottische Arzt Ian MacDonald benutzt erstmals bei der Untersuchung von Patienten Ultraschall.

1959 Die sowjetische Raumsonde Luna 3 macht Fotos von der Rückseite des Mondes.

Die Paläontologin Mary Leakey und ihr Mann Louis entdecken in Tansania das 2,5 Millionen Jahre alte Skelett eines Urmenschen.

1960 Zwei amerikanische Forscher stellen fest, dass Delfine Geräuschsignale verwenden, um unter Wasser "sehen" zu können – ungefähr so wie Fledermäuse an Land.

Der Amerikaner Theodore Maiman erfindet die Lasertechnik, bei der sehr stark konzentrierte Lichtstrahlen produziert werden.

1961 Am 12. April wird der Russe Juri Gagarin als erster Mensch in den Weltraum geschossen.

In der medizinischen Forschung wird ein Virus entdeckt, das Masern auslöst.

1962 Die amerikanische Raumsonde Mariner 2 fliegt am 14. Dezember an der Venus vorbei und funkt Bilder zur Erde.

1964 Arno Penzias und Robert Wilson entdecken Radiostrahlung am Himmel, die George Gamows These von 1949 bestätigt und als starkes Argument für die Urknall-Theorie gilt.

Genforscher entdecken, dass das DNS-Molekül bei allen Lebewesen in derselben "Sprache" geschrieben ist, weshalb Gene einer Art auf andere übertragen werden können.

Der Amerikaner Murray Gell-Mann entwickelt die Theorie, dass Protonen und Neutronen nur aus vier kleineren Partikeln (Quarks) zusammengesetzt sind.

1965 Der amerikanische Paläontologe Elso Barghoorn entdeckt Fossilien von einzelligen Organismen, die vor 3,5 Milliarden Jahren auf der Erde gelebt haben.

1966 Die sowjetische Raumsonde Luna 9 landet am 3. Februar als erstes Fahrzeug auf dem Mond.

1967 Der englische Astronom Jocelyn Bell entdeckt Pulsare, Reste explodierter Sterne, die rhythmische Radiosignale aussenden.

Ein britischer Arzt stellt eine exakte Kopie eines Lebewesens (Frosch) her, indem er die Erbanlagen aus einem Zellkern in einen andern verpflanzt. Die Technik wird Klonen genannt.

Ein Schädel des affenähnlichen Wesens Aegyptopithecus (des frühesten uns bekannten Vorläufers des Menschen) wird gefunden.

1968 Astronomen entdecken, dass es im Weltraum in riesigen Wolken Moleküle aus Wasser und Ammoniak gibt. Bis dahin galt, dass es Moleküle nur auf Planeten gebe.

1969 Der Amerikaner Neil Armstrong setzt am 20. Juli, nachdem Apollo 11 auf dem Mond gelandet ist, als erster Mensch den Fuß auf einen anderen Himmelskörper.

1970 Die sowjetische Sonde Venera 7 landet auf der Oberfläche der Venus.

Ein Forschungsmitarbeiter der Firma Intel in den USA erfindet den Mikroprozessor, das "Gehirn" aller modernen Computer.

1971 Die Zoologin Jane Goodall veröffentlicht die Ergebnisse ihrer jahrelangen Forschungen bei den Schimpansen in Tansania. Goodall gelingen wichtige Beobachtungen, die Parallelen zwischen Menschen und Affen belegen.

Die amerikanische Raumsonde Mariner 9 macht die ersten detaillierten Aufnahmen vom Planeten Mars.

1972 Die Computertomographie hält Einzug in die Medizin.

1973 Eine Kuh, der ein zuvor eingefroren gewesenes befruchtetes Ei eingepflanzt wurde, bringt ein Kalb zur Welt.

Die Raumsonde Pioneer 10 macht die ersten Nahaufnahmen vom Planeten Jupiter.

1974 Zwei amerikanische Forscher vertreten erstmals die Ansicht, das Chlor-Fluor-Karbone (FCKW), wie sie seit Jahren in Kühlschränken verwendet werden, die Ozonschicht in der Atmosphäre angreifen.

Französische und amerikanische Paläontologen entdecken das Skelet eines Vormenschen, der vor über drei Millionen Jahren gelebt hat. Das Skelett gehört zu den vollständigsten, die wir kennen, und wird "Lucy" genannt.

Pioneer 11 passiert den Planeten Jupiter in nur 42 000 km Entfernung.

1976 Zwei amerikanische Raumsonden, Viking 1 und 2, landen auf dem Mars, machen Fotos, studieren die Oberfläche, finden aber keine Hinweise auf Leben.

1978 Louise Brown wird als erstes "Retortenbaby" geboren.

1979 Die amerikanischen Raumsonden Voyager 1 und 2 erreichen den Jupiter.

Der amerikanische Physiker Walter Alvarez verfolgt die Theorie, dass vor 65 Millionen Jahren ein riesiger Meteorit die Dinosaurier ausgerottet hat.

1980 Die Raumsonde Voyager 1 erreicht den Planeten Saturn, ebenso Voyager 2, die ein Jahr später folgt.

1982 Forscher erklären öffentlich, dass sie eine neue Krankheit entdeckt haben, die die Immunabwehr zersetzt: AIDS.

1984 Genforscher vergleichen das DNS-Molekül von Menschen und Affen und entdecken, dass Menschen und Schimpansen tatsächlich eng miteinander verwandt sind, was Darwins These vom Uraffen, dem Mensch und Schimpanse entstammen, bestätigt.

Die Forscher Luc Montagnier und Roberto Gallo behaupten beide, das AIDS-Virus entdeckt zu haben. Im Streit obsiegt später Montagnier.

1985 Baubeginn für das größte Teleskop der Welt, dessen Spiegel – auf einem Berggipfel Hawaiis – einen Durchmesser von 10 m hat.

Britische Forscher entdecken über der Antarktis ein "Loch" in der Ozonschicht. Das Loch wurde vermutlich durch die Verwendung von FCKW verursacht.

1986 Die Raumsonde Voyager 2 passiert den Planeten Uranus und entdeckt zehn neue Uranus-Monde.

In den USA wird der erste genmanipulierte Organismus eingesetzt: ein Virus für einen Schweineimpfstoff.

1987 Auf einem Feld in den USA wird – unter starken Protesten – ein genmanipuliertes Virus freigesetzt.

1988 Ein amerikanischer Biologe stellt Moleküle her, die an die "Bausteine" in Lebewesen erinnern. Die Moleküle

NASA-Illustration des Röntgensatelliten AXAF.

ballen sich selbstständig zu zellenartigen Klumpen zusammen.

1989 Die Raumsonde Voyager 2 passiert den Planeten Neptun und entdeckt einen Ring und zwei neue Monde. In Australien wird der älteste Stein der Welt (3960 Millionen Jahre) gefunden.

Forscher entdecken das Gen, das zystische Fibrose verursacht, eine langsam zum Tod führende Erbkrankheit.

1990 Das Weltraumteleskop Hubble wird in seine Umlaufbahn um die Erde geschossen.

1991 "Ötzi" wird in den österreichischen Alpen gefunden, eine über fünftausend Jahre alte Menschenleiche, die im Eis eingefroren war.

Mit dem Hubble-Teleskop stellen Astronomen fest, dass den Stern Beta Pictoris eine flache, runde Gasscheibe umgibt, was darauf hinweist, dass die Theorie, Sonnensysteme entstünden aus Gas und Staub, zutrifft.

1992 Französische und amerikanische Forscher erstellen die erste richtige "Karte" von zwei menschlichen Chromosomen.

In Mexiko werden die Reste eines 65 Millionen Jahre alten Kraters gefunden, was Walter Alvarez' Meteoriten-Theorie aus dem Jahre 1979 stützt.

1993 Der amerikanische Biologe Raul Cano findet die Reste des DNS-Moleküls eines Insekts, das vor mindestens 120 Millionen Jahren gestorben ist.

1994 Die amerikanische Raumsonde Galileo macht Aufnahmen eines Asteroiden namens Gaspra und entdeckt, dass dieser winzige Planet einen noch viel kleineren Mond hat.

1995 Amerikanische Forscher können eine Karte aller Gene im DNS-Molekül der Bakterie Haemophilus influenza erstellen.

Die Raumsonde Galileo erreicht ihre Umlaufbahn um den Jupiter und sendet eine Sonde in die Atmosphäre des riesigen Planeten. Die Sonde macht Entdeckungen, die dazu führen, dass mehrere Theorien über den Jupiter geändert werden müssen.

1996 Amerikanische Astronauten entdecken Hinweise auf Planeten bei drei nahe gelegenen Sternen. Auf zwei dieser Planeten könnte es fließendes Wasser geben, was für die Entstehung von Leben unabdingbar ist.

Amerikanische Astronomen finden in einem Meteoriten Spuren, die von einem einzelligen Organismus stammen könnten. Vermutlich stammt der Meteorit vom Mars, was bedeutet, dass es auch dort einmal Leben gegeben haben könnte.

1997 Die US-Sonde Pathfinder setzt Messfahrzeug Sojourner auf dem Mars aus und findet Hinweise, dass es früher auf dem Planeten Wasser gegeben haben könnte.

Die *Zukunft* ist eine unbekannte *Galaxie*

Die Zukunft ist eine unbekannte Galaxie: Wird es einen Homo interstellar geben? Werden Computer die Leistung des Gehirns steigern? Wird man Nanomaschinen zur Müllverwertung einsetzen? Eirik Newth erzählt von faszinierenden Modellen, Ideen und Visionen für das 3. Jahrtausend. Startklar? Die Zukunft erwartet uns.

Aus dem Norwegischen von Ina Kronenberger
312 Seiten. Gebunden, Fadenheftung